清华电脑学堂

大学计算机基础标准教程

Windows 10+Office 2016 实战微课版

钱慎一◎编著

清华大学出版社
北京

内 容 简 介

本书以实用、够用为创作原则，以普及计算机使用方法为指导思想，在主流Windows 10操作系统的基础上，用通俗易懂的语言对计算机的基础知识及基本应用进行详细阐述。

全书共9章，包括计算机的发展历史、系统组成、硬件设备、Windows 10的基本操作、个性化设置、文件与文件夹的管理、系统自带工具的使用、三大办公组件的使用、多媒体技术的应用、计算机网络与信息安全、网络新技术等。除了详细的说明与操作外，还穿插了“知识点拨”“注意事项”“动手练”等版块，以便读者全面了解计算机的应用。

本书结构合理、内容全面丰富、上手简单，且能做到边学边练，可作为计算机入门读者、计算机爱好者的参考工具书，也可作为高等院校广大师生的学习用书，还可作为计算机培训班的教学用书。

图书在版编目（CIP）数据

大学计算机基础标准教程：Windows 10+Office 2016：实战微课版 / 钱慎一编著. —北京：清华大学出版社，2023.8（2024.9 重印）
（清华电脑学堂）
ISBN 978-7-302-64238-1

Ⅰ. ①大… Ⅱ. ①钱… Ⅲ. ①Windows操作系统－高等学校－教材 ②办公自动化－应用软件－高等学校－教材 Ⅳ. ①TP316.7 ②TP317.1

中国国家版本馆CIP数据核字（2023）第136011号

责任编辑： 袁金敏
封面设计： 杨玉兰
责任校对： 胡伟民
责任印制： 刘海龙

出版发行： 清华大学出版社
网　　址： https://www.tup.com.cn，https://www.wqxuetang.com
地　　址： 北京清华大学学研大厦A座　　**邮　　编：** 100084
社 总 机： 010-83470000　　**邮　　购：** 010-62786544
投稿与读者服务： 010-62776969，c-service@tup.tsinghua.edu.cn
质 量 反 馈： 010-62772015，zhiliang@tup.tsinghua.edu.cn
课 件 下 载： https://www.tup.com.cn，010-83470236
印 装 者： 小森印刷霸州有限公司
经　　销： 全国新华书店
开　　本： 170mm×240mm　　**印　　张：** 15.25　　**字　　数：** 355千字
版　　次： 2023年9月第1版　　**印　　次：** 2024年9月第3次印刷
定　　价： 69.80元

产品编号：100648-02

前言

首先，感谢您选择并阅读本书。

党的二十大报告指出，必须坚持科技是第一生产力、人才是第一资源、创新是第一动力，深入实施科教兴国战略、人才强国战略、创新驱动发展战略，开辟发展新领域新赛道，不断塑造发展新动能新优势。随着计算机技术和网络技术的日益普及，现如今已迈入信息化时代，计算机应用水平已经成为人们最基本的素质，也是人们必备的基本技能。对于学生来讲，计算机基础知识不仅是学生的必修课，也是走向社会的必备技能和立足之本。

作为生产、生活、娱乐、工作、学习必不可少的重要设备，计算机的使用已经是必备技能。本书致力于向读者介绍计算机的常用操作方法和使用技巧，让读者在短时间内掌握大量实用的操作本领。本书不仅介绍了计算机的发展历程、系统组成，还介绍了计算机的硬件构成、Windows 10操作系统的体验。同时，对Office办公软件的三大组件做了必要的介绍。以让读者在掌握计算机常用技能外，也能掌握常用办公软件的操作。通过本书的学习，读者可以更好地使用并管理自己的计算机，为以后的学习、工作打下坚实的基础。

本书特色

- **简单易学**。零基础入门，按照书中的操作可以达到熟悉计算机、使用计算机、管理计算机的目的。
- **涵盖面广**。计算机的使用本身就是一门综合的学科，书中涵盖了计算机硬件、计算机软件、系统使用、系统管理优化、系统的日常维护、Office软件的使用等多方面知识。
- **逻辑严谨**。按照计算机的发展、组成、系统软件、应用软件、网络安全、网络新技术的总体脉络进行介绍。对文中内容的介绍更加突出表现在操作技能和实际应用等方面。

内容概述

全书共9章，各章内容如下。

章	内容导读	难度指数
第1章	介绍计算机的发展、计算机系统的组成、计算机中信息的表示与存储等	★☆☆
第2章	介绍计算机工作原理、微型计算机的硬件组成、总线与接口、计算机硬件检测常用软件等	★★☆

（续表）

章	内容导读	难度指数
第3章	介绍操作系统基础知识、Windows 10操作系统、Windows 10个性化设置、Windows 10文件管理、系统自带工具的使用、系统的维护和更新等	★★★
第4章	介绍Word的基础操作、输入并编辑文档内容、图文混排、在文档中插入表格、对文档进行排版、文档高级操作等	★★★
第5章	介绍Excel的基础操作、数据录入、表格美化、数据处理与分析、公式与函数的应用、数据的图形化展示等	★★★
第6章	介绍演示文稿的基本操作、为幻灯片添加多媒体、为幻灯片添加动画效果等	★★★
第7章	介绍多媒体技术相关概念、图像处理技术、音视频处理技术等	★★☆
第8章	介绍计算机网络相关知识、Internet基础、Internet信息安全、计算机安全与病毒防护等	★★☆
第9章	介绍众多网络新技术，包括云计算技术、大数据技术、虚拟现实技术、物联网等	★☆☆

附赠资源

- **案例素材及源文件。**附赠书中所用到的案例素材及源文件，方便读者实践学习。
- **扫码观看教学视频。**本书涉及的疑难操作均配有高清视频讲解，读者可以边看边学。
- **作者在线答疑。**作者团队具有丰富的实战经验，随时随地为读者答疑解惑。在学习过程中如有任何疑问，可与作者联系交流（QQ群号在随书附赠资源包中）。

本书由钱慎一编著，在编写过程中，得到了郑州轻工业大学教务处的大力支持，在此对所有老师表示感谢。写作过程中作者虽力求严谨细致，但由于时间与精力有限，书中疏漏之处在所难免，望广大读者批评指正。

编　者

2023年7月

目录

计算机基础知识

计算机硬件组成

计算机操作系统

Word文档的日常处理

Excel电子表格的处理

PowerPoint演示文稿的处理

多媒体技术的应用

计算机网络与信息安全

网络新技术

第1章 计算机基础知识

计算机是一种用于高速计算的电子计算机器，从出现到现在的几十年间，在推动社会生产力发展中扮演着重要的角色。本章从基础层面介绍计算机的相关历史、系统组成、计算机中信息的表示与存储方式等内容。

1.1 计算机的发展

计算机是一种可以按照设计程序运行、自动且高速处理海量数据的现代化智能电子设备。日常接触较多的计算机是个人计算机，是计算机的一种。计算机出现也是历史的必然，下面首先介绍计算机的发展历史。

1.1.1 电子计算机的诞生

为了计算弹道轨迹，宾夕法尼亚大学电子工程系教授约翰·莫克利（John Mauchley）和他的研究生埃克特（John Presper Eckert）计划采用真空电子管组建一台通用的电子计算机。1943年，莫克利和埃克特开始研制ENIAC（Electronic Numerical Intergrator And Computer，电子数字积分计算机），并于1946年2月14日研制成功。ENIAC被广泛认为是第一台实际意义上的电子计算机，如图1-1、图1-2所示。它不仅通过不同部分之间的重新接线编程，还拥有并行计算能力，但功能受限制，速度也慢，并且体积和耗电量都非常大。

图 1-1

图 1-2

ENIAC长30.48m，宽6m，高2.4m，占地面积约170㎡，共30个操作台，重达28吨，耗电量150kW，造价48万美元。它包含17840根真空电子管，7200根晶体二极管，1500个中转件，70000个电阻器，10000个电容器，1500个继电器，6000多个开关。每秒能进行5000次加法运算或400次乘法运算。原来需要20多分钟才能计算出来的一条弹道，现在只要30s。

不久之后，两人又研制了新型EDVAC（Electronic Discrete Variable Automatic Computer，离散变量自动电子计算机）。

同时，冯·诺依曼开始研制自己的EDVAC计算机，其设计思想一直沿用至今，主要内容包括二进制、存储程序以及计算机的五大组成部分。根据电子元件双稳工作的特点，冯·诺依曼建议在电子计算机中采用二进制。二进制的采用大大简化了计算机的逻辑线路。根据程序和数据的存储引出存储程序的概念，计算机执行程序是完全自动化的，不需要人为干扰，能连续自动地执行给定的程序并得到理想的结果。计算机的组成包括运算器、控制器、存储器、输入和输出设备，如图1-3所示。冯·诺依曼对EDVAC中的两大设计思想作了进一步论证，为计算机的设计树立了一座里程碑。因此，冯·诺依曼被誉为“现代计算机之父”。

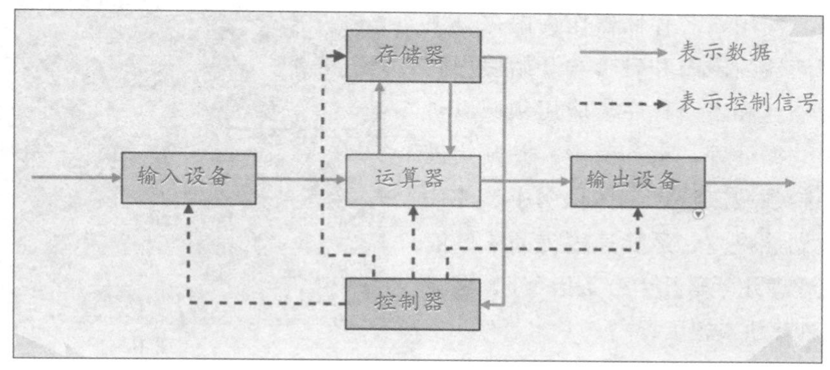

图 1-3

冯·诺依曼体系结构计算机的特点如下。

- 使用单一的处理部件来完成计算、存储以及通信的工作。
- 存储单元是定长的线性组织。
- 存储空间的单元是直接寻址的。
- 使用低级机器语言，指令通过操作码来完成简单的操作。
- 对计算进行集中的顺序控制。
- 采用二进制形式表示数据和指令。
- 在执行程序和处理数据时必须将程序和数据从外存储器装入主存储器中，然后才能使计算机在工作时从存储器中取出指令并加以执行。

1.1.2 计算机发展历程

计算机发展至今，一般按照逻辑元件进行划分，主要分为以下四个阶段。

1. 第一代：电子管数字机（1946—1958年）

第一代计算机逻辑元件采用的是真空电子管，如图1-4所示，主存储器采用汞延迟线及阴极射线示波管静电存储器、磁鼓、磁芯；外存储器采用的是穿孔卡片和纸带。软件方面采用的是机器语言、汇编语言，整个过程异常复杂。应用领域以军事和科学计算为主。特点是体积大、功耗高、可靠性差、速度慢（每秒处理几千条指令）、价格昂贵，但为以后的计算机发展奠定了基础。

图 1-4

2. 第二代：晶体管数字机（1958—1964 年）

第二代计算机逻辑元件采用晶体管，如图1-5所示，计算机系统初步成型。相较于电子管，晶体管体积更小，寿命更长，效率也更高。使用磁芯存储器作为内存，主要辅助存储器为磁鼓和磁带。开始使用高级计算机语言和编译程序。应用领域以科学计算、数据处理、事务管理，并开始进入工业控制领域。特点是体积缩小、能耗降低、可靠性提高、运算速度提高（一般每秒可以处理几万至几十万条指令），性能比第一代计算机有很大提高。

图 1-5

3. 第三代：集成电路数字机（1964—1970 年）

第三代计算机逻辑元件采用中、小规模集成电路，如图1-6所示，内存采用半导体存储器，外存采用磁盘、磁带，如图1-7所示。软件方面出现了分时操作系统以及结构化、规模化程序设计方法，可以实时处理多道程序。特点是速度更快（每秒可以处理几十万至几百万条指令），而且可靠性有了显著提高，价格进一步下降，产品走向了通用化、系列化和标准化。应用领域为自动控制、企业管理，并开始进入文字处理和图形图像处理领域。第三代计算机形成了一定规模的软件子系统，操作系统也日益完善。

图 1-6

图 1-7

知识拓展

计算机的历史也是IBM公司的发展历史：IBM公司于1952年正式对外发布自己的第一台电子计算机——IBM 701。1958年IBM公司制成了第一台全部使用晶体管的计算机RCA 501。后来IBM 360的研制成功，标志着大量使用集成电路的第三代计算机正式登上历史舞台。

4. 第四代：大规模集成电路机（1970 年至今）

第四代计算机逻辑元件采用大规模和超大规模集成电路（LSI和VLSI），如图1-8所示。内存使用半导体存储器，外存使用磁盘、磁带、光盘等大容量存储器。操作系统也不断成熟，软件方面出现了数据库管理系统、网络管理系统和面向对象的高级语言等。处理能力大幅度提升（每秒处理上千万至万亿条指令）。

图 1-8

1971年世界上第一台微处理器在美国硅谷诞生，开创了微型计算机的新时代。应用领域从科学计算、事务管理、过程控制逐步走向家庭，并在办公自动化、数据库管理、文字编辑排版、图像识别、语音识别中发挥更大的作用。

随着网络的发展和计算机的更新换代，计算机从传统的单机发展成依托于网络的终端模式。多核心、多任务，更高的稳定性、处理能力，更专业的显示、存储技术出现，使计算机的应用领域和高度都达到了前所未有的程度。

1.1.3 计算机发展的新热点

由于纳米技术、光技术、生物技术、量子技术等技术的发展，新一代计算机将会继续推动生产力快速发展。

1. 模糊计算机

模糊计算机对问题的判断不以准确值进行反馈，而取模糊值，包括接近、几乎、差不多等表示。通过这样的方式，让计算机具有学习、思考、判断和交互的能力，可以识别物体，甚至可以帮助人们从事复杂的脑力劳动。

2. 生物计算机

生物计算机又称仿生计算机，是以生物芯片取代在半导体硅片上集成的数以万计的晶体管而制成的计算机。涉及计算机科学、大脑科学、神经生物学、分子生物学、生物物理、生物工程、电子工程、物理学、化学等多学科。主要研究有关大脑和神经元网络结构的信息处理、加工原理，建立全新生物计算机原理，探讨适于制作芯片的生物大分子的结构和功能。

3. 光子计算机

光子计算机是由一种光信号进行数字运算、逻辑判断、信息存储和处理的新型计算机。

4. 量子计算机

量子计算机主要解决计算机中的能耗问题，概念源于对可逆计算机的研究。

5. 超导计算机

超导计算机是利用超导技术研制的计算机，运算速度是电子计算机的100倍以上，而能耗仅仅为电子计算机1%。

1.2 计算机系统的组成

计算机从整个系统而言，由硬件系统和软件系统组成，下面首先介绍计算机系统的组成结构。

1.2.1 计算机硬件系统

计算机的硬件是计算机的身体，计算机的性能高低也由硬件系统决定。计算机的硬件系统包括机箱中的内部组件以及外部组件。

内部组件是计算机主要的运算、中转、存储和功能中心，按照冯·诺依曼的理论，计算机硬件系统包括控制器、运算器、存储器、输入及输出设备。常见的计算机组成部件主要包括CPU、主板、内存、硬盘、显卡、电源以及散热系统等，被放置在机箱内部。而外部组件和用户的接触最多，主要由各种输入/输出设备组成，例如键盘、鼠标、显示器、音箱、打印机、摄像头、其他信息采集和USB外设等。

1.2.2 计算机软件系统

只有硬件系统的计算机是无法使用的，就如同人们只有身体而没有灵魂一样。计算机的灵魂就是计算机的软件系统。软件系统是为了运行、管理和维护计算机而编制的各种程序、数据和文档的总称。

1. 软件的概念

软件是计算机的灵魂，是用户与硬件的接口，用户通过软件来使用计算机的硬件资源。在了解软件时，需要了解程序和程序设计语言。

程序是按照一定顺序执行的、能够完成某一任务的指令集合。计算机的运行要有时有序、按部就班，需要程序控制计算机的工作流程，实现一定的逻辑功能，完成特定的设计任务。

程序设计语言是人与计算机“沟通”使用的语言种类，包括以下几种。

- **机器语言：** 指挥计算机完成某个基本操作的命令。所有指令的集合为指令系统，直接用二进制代码表示指令系统的语言及机器语言。
- **汇编语言：** 是一种把机器语言“符号化”的语言。
- **高级语言：** 最接近人类自然语言和数学公式的程序设计语言，基本脱离了硬件系统，常用的有C、C++、Java、Python等，具有严格的语法和语义规则。

2. 软件系统及组成

计算机软件分为系统软件和应用软件两大类。

（1）系统软件

系统软件是指控制和协调计算机及外部设备，支持应用软件开发和运行的软件。系统软件的主要功能是调度、监控和维护计算机系统，合理分配系统资源，管理计算机系统中各独立硬件，使它们协调地工作，确保计算机正常高效地运行。系统软件包括操作系统、语言处理系统、数据库管理系统和系统辅助处理程序等。其中最主要的是操作系统，它提供了一个软件运行环境。

- **操作系统：** 最主要、最基本的系统软件，控制计算机上运行的程序，并管理整个计算机软硬件资源，是计算机硬件与应用程序及用户之间的桥梁。
- **语言处理系统：** 把一种语言的程序翻译成等价的另一种语言的程序。
- **数据库管理系统：** 用于建立、使用和维护数据库，通过把不同性质的数据进行组织，以便能够有效地查询、检索、管理这些数据。
- **系统辅助处理程序：** 为计算机系统提供服务的工具软件和支撑软件，如编辑程序、调试程序、系统诊断程序等。

（2）应用软件

应用软件是用户可以使用的各种程序设计软件以及用各种程序设计语言编制的应用程序的集合，分为应用软件包和用户程序。常见的应用软件有如下几种。

- **办公软件套装：** 如Microsoft Office、WPS Office等。
- **多媒体处理软件：** 如Photoshop、会声会影、Camtasia等。
- **Internet工具软件：** 如Web服务器软件、浏览器、FTP、Telnet、下载工具等。

知识拓展

计算机通过软件系统控制和管理硬件系统的工作，而强大的硬件系统又是软件系统高效运行的平台，两者相辅相成，组成了整个计算机系统，为使用者提供强大的运算和数据处理能力。

1.3 计算机中信息的表示与存储

计算机的工作过程包括数据信息的收集、存储、处理和传输。输入计算机并能被计算机识别的数字、文字、符号、声音和图像等，都可以称为数据。而信息指的是对各种事物变化和特征的反映，是经过加工处理并对人类客观行为产生影响的数据表现形式，人们通常通过接收信息来了解具体事物。下面从数据信息的角度出发，介绍计算机中信息的表示与存储。

1.3.1 信息表示的形式

数据经过处理产生了信息，信息具有针对性、时效性。信息是有意义的，而数据是纯数字，没有实际意义。经过对数字的处理产生的有用的数据就是信息。在计算机中，所有的信息都是以二进制（0或1）形式存储和表示的。

ENIAC是十进制的计算机，逢十进一。而冯·诺依曼提出了二进制，也就是逢二进一，从而提高计算机的处理效率。

二进制运算简单，易于在电路中实现，通用性强，便于逻辑判断，可靠性高。当然单纯的二进制只是方便计算机处理数据，对用户而言属于透明层。

计算机的各种输入设备，将各种模拟信号通过技术手段转换成数字信号，交由计算机处理，再通过数/模转换，将其转换为模拟信号，通过输出设备展示给用户，例如让耳麦发出声音、让显示器显示等。

1.3.2 计算机中的数据单位

计算机中的数据单位如下。

- **位（bit）：** 计算机中最小单位是“位”，例如0或1。
- **字节（Byte）：** 存储容量的基本单位，1个字节是8位，也就是1Byte=8bit。通常字节被简写成B。计算机中的存储换算关系为1KB=1024B（2^{10}B），1MB=1024KB（2^{20}B），1GB=1024MB（2^{30}B），1TB=1024GB（2^{40}B）。

一般来说，计算机在同一时间内所能处理的一个二进制数统称为一个计算机“字”，而这组二进制的数便称为“字长”。在其他指标相同的情况下，字长越大，计算机处理数据的速度就越快。早期计算机字长一般为8位、16位和32位，目前大多数计算机处理的字长都是64位。而对应该字长的CPU是64位CPU，支持64位数据传输的操作系统是常说的64位操作系统。

1.3.3 字符的编码

非数值型数据包括字符编码以及汉字编码。

1. 字符编码

字符是计算机处理的主要对象。字符编码是规定用怎样的二进制码来表示字母、数字及各种符号，以便使计算机能够识别、存储和处理它们。最广泛的字符编码是美国信息交换标准代码ASCII。ASCII码已被国际标准化组织接受为国际标准，在世界范围内通用。

2. 汉字编码

在计算机中汉字的应用占有十分重要的地位。例如，用计算机编辑一篇文章时，需要将文章中的汉字及各种符号输入计算机，并进行排版、显示或打印输出。因此，必须解决汉字的输入、存储、处理和输出等一系列技术问题。由于汉字比西文字符数量多，而且字形复杂，所以用计算机处理汉字要比处理西文字符困难得多。汉字处理技术的关键是汉字编码问题。根据汉字处理过程中不同的要求，汉字编码可分为国际码、输入码、机内码和字形码等几大类。

随着需求的变化，这两种编码又有被统一的Unicode码所取代的趋势。所以信息在计算机中的二进制编码是一个不断发展的、跨学科的综合型知识领域。

知识拓展：计算机软件工程

计算机软件工程是一门研究计算机软件设计、开发、实施和维护的工程学科。它将计算机科学、工程技术和软件工程原理结合起来，以满足软件开发过程中的技术要求。

1. 软件系统基本概念

计算机软件是计算机系统中与硬件相互依存的一部分，软件是程序、数据及相关文档的完整集合。程序是按事先设计的功能和性能要求执行的指令序列，数据是使程序能正常操纵信息的数据结构，文档是与程序开发、维护和使用有关的图文材料。

软件按功能分为应用软件、系统软件、支撑软件或工具软件。

（1）软件的特点

软件在开发、生产、维护和使用方面与硬件有较大差异，软件的主要特点如下。

- 软件是一种逻辑实体，而不是物理实体，具有抽象性。
- 软件的生产与硬件不同，没有明显的制作过程。
- 软件在运行、使用期间不存在磨损、老化问题。
- 软件的开发、运行对计算机系统具有依赖性，受计算机系统的限制，导致了软件移植的问题。
- 软件复杂性高，成本昂贵。
- 软件开发涉及诸多的社会因素。

（2）软件危机

软件危机是指在计算机软件的开发和维护过程中遇到的一系列严重问题。主要解决的问题是如何开发软件，满足用户对软件日益增长的需求，以及如何维护数量不断膨胀的已有软件。软件危机主要表现在以下方面。

- 对软件开发成本和进度的估计不准确。
- 用户对“已完成的”的软件系统不满意的现象经常发生。
- 软件质量不高、可靠性差。
- 软件常常不可维护。
- 软件缺乏适当的文档资料。
- 软件成本占系统总成本的比例逐年上升。
- 软件的开发速度跟不上计算机硬件的发展速度。

（3）软件工程

软件工程是指导计算机软件开发和维护的一门工程学科。采用工程的概念、原理、技术和方法来开发与维护软件，把经过时间检验的、正确的管理技术和当前能够得到的最好的技术方法结合起来，以开发出高质量的软件并有效维护，这就是软件工程。软件工程三要素如下。

- **软件工程过程：**将软件工程划分为若干阶段，定义每个阶段的先后顺序和完成标志。
- **软件工程方法：**为软件开发提供“如何做”的技术。如怎样制定项目计划、怎样实施需求分析、如何测试等。
- **软件工程工具：**为软件工程方法提供自动或半自动软件支撑环境。如软件开发工具、测试工具等。软件开发的不同阶段可使用不同的工具。

（4）软件生命周期

软件生存周期又称为软件生命期或生存期，是指从形成开发软件概念起，经过开发、使用，直到失去使用价值直至消亡的整个过程。

一般来说，整个生存周期包括计划（定义）、开发、运行维护三个时期，每一个时期又划分为若干阶段。每个阶段有明确的任务，这样使规模大、结构复杂和管理复杂的软件开发变得容易控制和管理。

（5）软件工程的目标与原则

软件工程的目的是建造一个优良的软件系统，在给定成本、进度的前提下，开发出具有有效性、可靠性、可理解性、可维护性、可重用性、可适应性、可移植性、可追踪性和可操作性且满足用户需求的产品，它所包含的内容概括为以下两点。

- 软件开发技术主要有软件开发方法学、软件工具、软件工程环境。
- 软件工程管理主要有软件管理、软件工程经济学。

软件工程需要达到的基本目标：付出较低的开发成本；达到要求的软件功能；取得较好的软件性能；开发软件易于移植；能按时完成开发并及时交付使用。

软件工程的原则包括以下几部分。

- **抽象**：抽象是事物最基本的特性和行为，忽略非本质细节，采用分层次抽象，自顶向下，逐层细化的办法控制软件开发过程的复杂性。
- **信息隐蔽**：采用封装技术，将程序模块的实现细节隐蔽起来，使模块接口尽量简单。
- **模块化**：模块是程序中相对独立的成分，一个独立的编程单位应有良好的接口定义。模块的大小要适中，模块过大会使模块内部的复杂性增加，不利于模块的理解和修改，也不利于模块的调试和重用；模块太小会导致整个系统表达过于复杂，不利于控制系统的复杂性。
- **局部化**：保证模块间具有松散的耦合关系，模块内部有较强的内聚性。
- **确定性**：软件开发过程中所有概念的表达应是确定、无歧义且规范的。
- **一致性**：程序内外部接口应保持一致，系统规格说明与系统行为应保持一致。
- **完备性**：软件系统不丢失任何重要成分，完全实现系统所需的功能。
- **可验证性**：应遵循容易检查、测评、评审的原则，以确保系统的正确性。

（6）软件开发工具与开发环境

软件工程的理论和技术性研究内容主要包括软件开发技术和软件工程管理。

软件开发工具包括需求分析工具、设计工具、编码工具、排错工具和测试工具等。软件开发工具的完善和发展将促使软件开发方法的进步和完善，促进软件开发的高速度和高质量。软件开发工具的发展是从单项工具的开发逐步向集成工具发展的，软件开发工具为软件工程方法提供了自动的或半自动的软件支撑环境。同时，软件开发方法的有效应用也必须得到相应工具的支持，否则方法将难以有效实施。

软件开发环境（或称软件工程环境）是全面支持软件开发全过程的软件工具集合。计算机辅助软件工程（Computer Aided Software Engineering，CASE）将各种软件工具、开发机器和一个存放开发过程信息的中心数据库组合起来，形成软件工程环境，极大降低软件开发的技术难度并保证软件开发的质量。

2. 结构化分析方法

软件开发方法是软件开发所遵循的办法和步骤，以保证得到的运行系统和支持的文档满足质量要求。在软件开发实践中有很多方法可供软件开发人员选择。

（1）需求分析

需求分析是指开发人员要准确理解用户的要求，进行细致的调查分析，将用户非形式的需求陈述转化为完整的需求定义，再由需求定义转换到相应的形式功能规约（需求规格说明）的过程。常见的需求分析方法包括结构化需求分析方法和面向对象的分析方法。需求分析需要进行以下几方面的工作。

- **识别需求：** 与用户交流，分析问题定义系统的功能需求、性能需求、环境需求、用户界面需求，还有可靠性、安全性、保密性、可移植性、可维护性等方面的需求。
- **分析综合：** 对获取的需求进行分析，逐步细化软件功能，划分各个子功能，确定系统的构成及主要成分，并用图文结合形式，建立新系统的逻辑模型。
- **编写文档：** 完成需求规格说明书、初步用户使用手册等，确认测试计划等。

（2）结构化分析方法

结构化分析方法是结构化程序设计理论在软件需求分析阶段的应用，结构化分析方法的实质：着眼于数据流，自顶向下，逐层分解，建立系统的处理流程，以数据流图和数据字典为主要工具，建立系统的逻辑模型。其基本步骤如下。

- **构造数据流模型：** 根据用户需求，在创建实体关系图的基础上，依据数据流图构造数据流模型。
- **构建控制流模型：** 一些应用系统除了要求用数据流建模外，通过构造控制流图，构建控制流模型。
- **生成数据字典：** 对所有数据元素的输入/输出、存储结构，甚至是中间计算结果进行有组织的列表。目前一般采用CASE的“结构化分析和设计工具”来完成。
- **生成可选方案，建立需求规约：** 确定各种方案的成本和风险等级，据此对各种方案进行分析，然后从中选择一种方案，建立完整的需求规约。

（3）结构化分析常用工具

数据流图（Data Flow Diagram，DFD）以图形的方式描绘数据在系统中流动和处理的过程，反映系统必须完成的逻辑功能，是结构化分析方法中用于表示系统逻辑模型的一种工具。数据流图中的主要元素如图1-9所示。

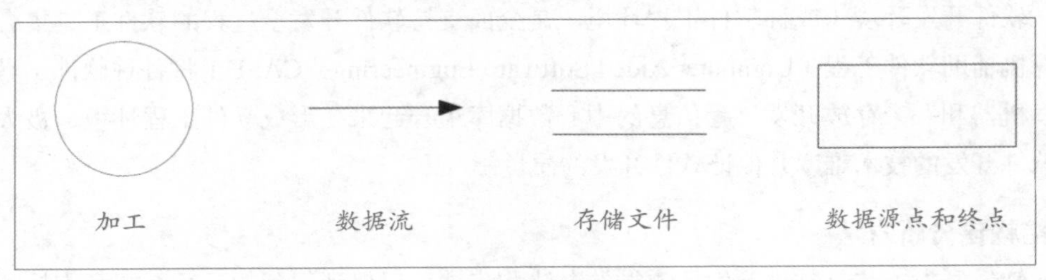

图 1-9

- **加工（转换）：** 输入数据经加工变换产生输出。
- **数据流：** 沿箭头方向传送数据的通道，一般在旁边标注数据流名。
- **存储文件（数据源）：** 表示处理过程中存放各种数据的文件。
- **数据源点和终点：** 表示系统和环境的接口，属系统之外的实体。

画数据流图的基本步骤：自外向内，自顶向下，逐层细化，完善求精。

知识拓展

> 数据字典是对所有与系统相关的数据元素的一个有组织的列表，以及精确的、严格的定义，使得用户和系统分析员对于输入/输出、存储成分和中间计算结果有共同的理解。数据字典的作用是对数据流图中出现的被命名的图形元素的确切解释。数据字典是结构化分析方法的核心。

3. 结构化设计方法

需求分析主要解决“做什么”的问题，而软件设计主要解决“怎么做”的问题。

（1）软件设计基础

从技术观点来看，软件设计包括软件结构设计、数据设计、接口设计、过程设计。

- **结构设计：** 定义软件系统各主要部件之间的关系。
- **数据设计：** 将分析时创建的模型转化为数据结构的定义。
- **接口设计：** 描述软件内部、软件和协作系统之间以及软件与人之间如何通信。
- **过程设计：** 将系统结构部件转换成软件的过程性描述。

从工程角度来看，软件设计分两步完成，即概要设计和详细设计。

- **概要设计：** 又称结构设计，将软件需求转化为软件体系结构，确定系统级接口、全局数据结构或数据库模式。
- **详细设计：** 确定每个模块的实现算法和局部数据结构，用适当方法表示算法和数据结构的细节。

（2）软件设计基本原理

软件设计的基本原理包括抽象、模块化、信息隐蔽和模块独立性。

- **抽象：** 抽象是一种思维工具，把事物本质的共同特性提取出来而不考虑其他细节。
- **模块化：** 解决一个复杂问题时，自顶向下逐步把软件系统划分成一个个较小的、相对独立但又相互关联的模块的过程。
- **信息隐蔽：** 每个模块的实施细节对于其他模块来说是隐蔽的。
- **模块独立性：** 软件系统中每个模块只涉及软件要求的具体的子功能， 而和软件系统中其他的模块的接口是简单的。

> 在结构化程序设计中，模块划分的原则：模块内具有高内聚度，模块间具有低耦合度。

（3）概要设计任务

软件概要设计的基本任务如下。

- 设计软件系统结构。
- 数据结构及数据库设计。
- 编写概要设计文档。

- 概要设计文档评审。

常用的软件结构设计工具是结构图，也称程序结构图。程序结构图的基本符号如图1-10所示。

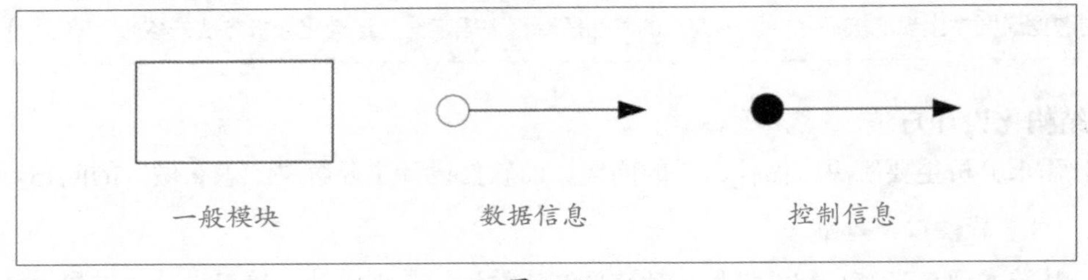

图 1-10

模块用矩形表示，箭头表示模块间的调用关系。在结构图中，带注释的箭头表示模块调用过程中来回传递的信息，带实心圆的箭头表示传递的是控制信息，带空心圆箭头表示传递的是数据信息。

经常使用的结构图有四种模块类型：传入模块、传出模块、变换模块和协调模块，如图1-11所示。

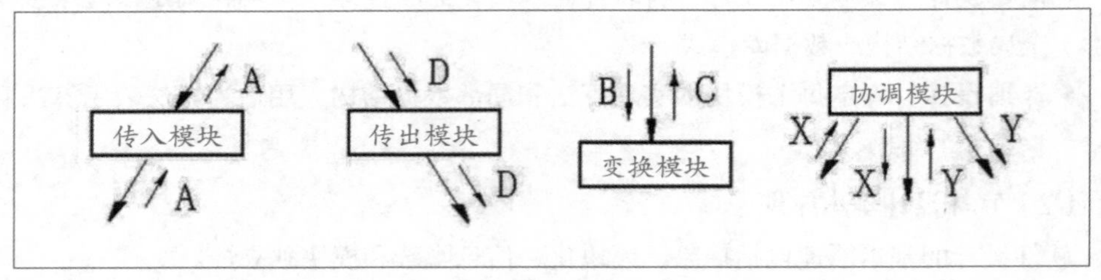

图 1-11

- **传入模块：** 从下属模块取得数据，经处理再将其传送给上级模块。
- **传出模块：** 从上级模块取得数据，经处理再将其传送给下属模块。
- **变换模块：** 从上级模块取得数据，进行特定的处理， 转换成其他形式，再传送给上级模块。
- **协调模块：** 对所有下属模块进行协调和管理的模块。

（4）面向数据流的结构化设计方法

面向数据流的设计方法定义了一些不同的映射方法，利用这些方法可以把数据流图变换成结构图来表示软件的结构。数据流的类型大致可以分为两种：变换型和事务型。

- **变换型：** 变换型数据处理问题的工作过程大致分为三步，即取得数据、变换数据和输出数据。变换型系统结构图由输入、中心变换、输出三部分组成。
- **事务型：** 事务型数据处理问题的工作机理是接受一项事务，根据事务处理的特点和性质，选择分派一个适当的处理单元，然后给出结果。

（5）详细设计

详细设计是为软件结构图中的每一个模块确定实现算法和局部数据结构，用某种选定的表达工具表示算法和数据结构的细节。详细设计的任务是确定实现算法和局部数据结构，不同于编码或编程。

4. 软件测试

软件测试是使用人工或自动手段来运行或测定某个系统的过程，其目的在于检验软件是否满足规定的需求，或是弄清预期结果与实际结果之间的差别。软件测试的目的：尽可能地发现程序中的错误，不能也不可能证明程序没有错误。软件测试的关键是设计测试用例，一个好的测试用例能找到迄今为止尚未发现的错误。

软件测试方法包括静态测试和动态测试。

- **静态测试：** 包括代码检查、静态结构分析、代码质量度量。不实际运行软件，主要通过人工进行。
- **动态测试：** 是基于实际运行的测试，包括白盒测试方法和黑盒测试方法。

软件测试一般按照以下过程进行。

（1）单元测试

单元测试是对软件设计的最小单位——模块（程序单元）进行正确性检测的测试，目的是发现各模块内部可能存在的各种错误。单元测试根据程序的内部结构设计测试用例，其依据是详细设计说明书和源程序。单元测试的技术可以采用静态分析和动态测试。对动态测试通常以白盒测试为主，辅之以黑盒测试。单元测试内容包括模块接口测试、局部数据结构测试、错误处理测试和边界测试。

（2）集成测试

集成测试是测试和组装软件的过程，是把模块按照设计要求组装起来的同时进行测试，主要目的是发现与接口有关的错误。集成测试的依据是概要设计说明书。集成测试所涉及的内容包括软件单元的接口测试、全局数据结构测试、边界条件和非法输入的测试等。集成测试通常采用两种方式：非增量方式组装与增量方式组装。

（3）确认测试

确认测试的任务是验证软件的有效性，即验证软件的功能和性能及其他特性是否与用户的要求一致。确认测试的主要依据是软件需求规格说明书。确认测试主要运用黑盒测试法。

（4）系统测试

系统测试的目的在于通过与系统的需求定义进行比较，发现软件与系统定义不符合或与之矛盾的地方。系统测试的测试用例应根据需求分析规格说明来设计，并在实际使用环境下来运行。

知识拓展

系统测试的具体实施一般包括功能测试、性能测试、操作测试、配置测试、外部接口测试、安全性测试等。

5. 程序的调试

程序调试的任务是诊断和改正程序中的错误，主要在开发阶段进行，调试程序应该由编制源程序的程序员完成。程序调试的基本步骤包括错误定位、纠正错误和回归测试。软件调试可分为静态调试和动态调试。静态调试主要是指测试人员主观分析源程序代码和排错，是主要的调试手段，而动态调试是辅助静态调试。软件的调试方法可以采用①强行排错法，主要手段：通过内存全部打印来排错，在程序特定部位设置打印语句，自动调试工具；②回溯法，发现错误，分析错误征兆，确定发现“症状”的位置，一般用于小程序；③原因排除法，通过演绎法、归纳法和二分法来实现。

- **演绎法：**根据已有的测试用例，设想及枚举出所有可能出错的原因作为假设；然后再用原始测试数据或新的测试，从中逐个排除不可能正确的假设；最后，再用测试数据验证余下的假设，确定出错的原因。
- **归纳法：**从错误征兆着手，通过分析它们之间的关系找出错误。大致分四步：收集有关的数据、组织数据、提出假设、证明假设。
- **二分法：**在程序的关键点给变量赋正确值，然后运行程序并检查程序的输出。如果输出结果正确，则错误原因在程序的前半部分；反之，错误原因在程序的后半部分。

第2章 计算机硬件组成

计算机要想正常工作，必须满足整个计算机系统的要求，其中包括硬件系统和软件系统两类。本章将详细介绍计算机的工作原理、硬件组成、内部总线与接口、主要技术指标与性能等基础知识。通过本章的学习，为读者了解、掌握计算机系统打下良好的基础。

2.1 计算机工作原理

计算机是一套精密复杂的系统，但又遵循计算机之父所提出的规律。计算机的工作过程就是完成各种指令的过程。本节主要介绍计算机的工作原理。

2.1.1 计算机指令格式

计算机指令是能够被计算机识别并执行的二进制代码，它规定了计算机能完成的某种操作。计算机指令通常由两部分组成：操作码和操作数（地址码）。

指令中的操作码指出该指令需要完成操作的类型或性质。例如取数、加法、减法、输出等不同的操作具有不同的操作码。计算机就是根据指令的操作码来决定做什么样的操作。由于一条指令是二进制代码，因此，其中的操作码也是二进制码。对于某种类型的计算机来说，各种指令的操作码是互不相同的，它们分别表示不同的操作，因此，指令中操作码的二进制位数决定了该种计算机最多能具有的指令条数（即操作种类）。

指令中的地址码用来描述该指令的操作对象，或者直接给出操作数，或者指出操作数的存储器地址或寄存器地址（即寄存器名）。根据指令中操作数的性质，操作数又可以分为源操作数和目的操作数两类。例如，在一般的加法指令中，其中加数和被加数为源操作数，计算结果（即它们的和）为目的操作数。在大多数情况下（即在大多数指令中），指令中给出的操作数一般是存放数据的地址，而不是具体数据本身，甚至在有些指令中实际给出的只能是地址而不是数据，例如，在转移指令中，除了操作码（指出需要转移），还需要指出转移到什么地方，在这种情况下，实际给出的是地址。因此，指令中的操作数一般又称为地址码。每条指令的地址码个数是不一样的，要视具体的操作需要。当然，在有的指令中只有操作码而没有地址码，这种指令往往只需要指出做什么操作，而不需要具体的操作数，例如暂停指令、停机指令等。

2.1.2 计算机指令的寻址方式

指令中操作数的真实地址称为有效地址，是由寻址方式和形式地址共同决定的。寻址方式是指确定本条指令的数据地址以及下一条将要执行的指令的地址，与硬件结构密切相关。寻址方式分为指令寻址和数据寻址两类。指令寻址分为顺序寻址和跳转寻址两种。常见的数据寻址方式包括立即寻址、直接寻址、隐含寻址以及更复杂的寻址方式，如间接寻址、寄存器寻址、寄存器间接寻址和堆栈寻址等方式。

2.1.3 计算机指令系统

计算机指令系统指一台计算机所能执行的全部指令的集合。无论哪种类型的计算机，指令系统都应该具有以下功能指令。

- **数据处理指令**：包括算术运算指令、逻辑运算指令、移位指令、比较指令等。
- **数据传送指令**：包括寄存器之间、寄存器和主存储器之间的传送指令等（有的数据传送指令包含输入/输出指令）。
- **程序控制指令**：包括条件转移指令、无条件转移指令、转子程序指令等。
- **输入/输出指令**：包括各种外围设备的读、写指令等。有的计算机将输入/输出指令包含在数据传送指令类中。
- **状态管理指令**：例如实现置存储保护、中断处理等功能的管理指令。

2.1.4 计算机执行指令的基本过程

计算机的工作是自动快速地执行程序。在计算机中，用程序计数器（PC）来决定程序中各条指令的执行顺序。计算机开始执行程序时，程序计算器为该执行程序的第一条指令所在的内存单元地址，此后按照如下步骤依次执行程序中的各指令。

1. 取指令

按程序计数器中的地址，从内存器中取出当前要执行的指令并传送到指令寄存器。

2. 解析指令

解析指令为寄存器中的指令，由译码器对指令中的操作码进行译码，将指令中的操作码转换成相应的控制信息。由指令中的地址码确定操作数存放的地址。

3. 执行指令

由操作控制电路发出完成该操作所需要的一系列控制信息，对由源地址码所指出的源操作数做该指令所要求的操作，并将操作结果存放到由目的地址码所指出的地方。

4. 修改程序计数器

一条指令执行完后，根据程序的要求修改程序计算器（PC）的值，如果当前执行完的指令中不产生转移地址，则将程序计数器（PC）加n（当前执行完的指令是n字节指令）；如果当前执行完的指令是转移指令，则将转移地址送入程序计数器，最后转“1. 取指令”继续执行，直到所有指令执行完毕。

CPU从内存中取出一条指令解析并执行，一条指令执行完后，再从内存取出下一条指令分析并执行。CPU不断地取指令、分析指令、执行指令，这就是程序的执行过程。

5. 指令执行时序

每条指令占用的时间称为指令周期，考虑到计算机中存储器的运行速度最慢，通常用内存中读取一个指令字的最短时间来规定CPU周期。分析指令由指令译码电路完成，所需时间极短。执行指令过程中可能访问一次存储器，也可能访问多次存储器，因此，执行指令的指令周期不确定。

2.2 微型计算机的硬件组成

在冯·诺依曼体系结构的计算机中，包括运算器、存储器、控制器、输入设备、输出设备五大部件。

2.2.1 中央处理器

中央处理器（Central Processing Unit）简称为CPU，是计算机的核心，集成了运算器和控制器的功能。

CPU通常是一块超大规模的集成电路，是一台计算机的运算核心和控制核心。它的功能是解释计算机指令以及处理计算机软件中的数据。CPU的外观如图2-1、图2-2所示。

图 2-1

图 2-2

知识点拨

硅是制作CPU芯片的主要材料，经过提纯融化制作出硅锭，切割为晶圆，通过反复蚀刻、影印得到内核。切割、测试并分类后进行封装，再经过多次的测试后进入各种销售渠道。

1. 中央处理器的组成

（1）运算器

运算器（Arithmetic Logic Unit，ALU）可以执行算术运算和逻辑运算，并能控制这些操作的速度。算术运算指的是基本的数学运算：加、减、乘、除。逻辑运算是指比较，就是说ALU可以比较两个数据间的关系，如等于、大于、大于或等于、小于、小于或等于、不等于。

（2）控制器

控制器是整个计算机的控制中心和指挥中心。控制器（Control Unit，CU）解译存储在CPU中的指令，然后执行指令，控制器既能指挥内存和运算器之间电信号的运转，也能指挥内存和输入/输出设备间的信号运转。

（3）寄存器

寄存器是一块特殊的CPU区域，能提高计算机性能。寄存器是高速存储区域，可以在处理过程中临时存储数据。寄存器可以在分析指令时存储程序指令，可以在运算器处理数据时存储数据，或者存储计算结果。所有的数据在处理之前都存在寄存器中，例如要计算两个数的乘积，则将两个数全部放在寄存器中，计算结果也要放在一个寄存器中（寄存器中也可以存放存储数据的内存地址，而不是数据本身）。

CPU中寄存器的数量和每个寄存器的大小（多少位）可以确定CPU的性能和速度。例如，一个64位的CPU是指CPU中的寄存器是64位的。所以，每个CPU指令可以处理64位的数据。寄存器的类型很多，包括指令寄存器、地址寄存器、存储寄存器和累加寄存器。

（4）总线

总线是在CPU内部以及在CPU和主板的其他部件之间传输信息的电子数据线路。总线就像多车道的高速公路，通路越多，信息的传输越快。早期微型处理器为8位总线，只有8条通道；而有64条通道的64位总线，其数据传输宽度是8位总线计算机的8倍。执行指令过程中，CPU除访问内存之外，还可以通过总线访问各种输入/输出设备。

2. CPU 的制造商及主要产品

由于CPU的制造是一项极为精密复杂的过程，目前在桌面级领域，只有Intel（英特尔）和AMD两家公司。

Intel公司的CPU包括服务器的至强（XEON）系列、物联网设备使用的Quark系列、手持设备等低功耗平台使用的凌动（ATOM）系列、入门级使用的赛扬（Celeron）处理器、中低需求的奔腾（Pentium）处理器，以及主流的酷睿（Core）处理器。酷睿属于Intel推出的桌面级系列CPU产品，是Intel公司推出的面向中高端消费者、工作站和发烧友的一系列CPU。酷睿系列的CPU目前主要有i3、i5、i7、i9系列产品。

AMD公司的主要产品包括服务器使用的EPYC（霄龙）、皓龙系列处理器、笔记本电脑使用的特殊型号，以及台式机使用的FX系列、速龙系列、A系列、锐龙系列、锐龙高端的线程撕裂者系列，以及商用PRO处理器系列。锐龙系列是AMD的主打系列，和Intel的酷睿系列一直在桌面级平台进行着角逐。现在已经发展到第7代锐龙技术，和Intel酷睿的命名类似，AMD的锐龙系列也分为3、5、7、9以及高端的线程撕裂者系列，主要针对不同的客户群和不同的需求者。

3. CPU 的主要参数

在了解和选择CPU时需要了解很多常见的参数及含义。

- **主频：** 主频也叫时钟频率（CPU Clock Speed），单位是兆赫（MHz）或千兆赫（GHz），用来表示CPU的运算、处理数据的速度。通常，CPU的主频=外频×倍频系数。

- **外频：** 外频是CPU的基准频率，单位是MHz。CPU的外频决定着整块主板的运行速度。
- **倍频：** 倍频是指CPU主频与外频之间的相对比例关系。在相同的外频下，倍频越高，CPU的频率也越高。常见的超频也是调整的倍频。
- **缓存：** 缓存指可以进行高速数据交换的区域，缓存的容量较小，但是运行频率极高，一般和处理器同频运作。缓存处在CPU和内存之间，用来在两者间建立高速通道。

知识点拨

睿频其实就是CPU支持的临时的超频。注意是临时，而后会随着应用负荷降低而将频率降回去。

2.2.2 存储器

存储器是存储数据和程序的硬件。一般分为主存储器（内存）和辅助存储器（外存）。内存用来存储当前执行的数据、程序和结果。外存属于辅助存储设备，负责存储文件、资料等。内存数据会因断电而丢失，属于易失性存储，速度非常快。外存断电不会丢失，速度相对内存慢一些，但容量要比内存大很多。

1. RAM

随机存取存储器（Random Access Memory，RAM）是与CPU直接进行沟通的桥梁，也叫作主存储器（内存）。计算机中所有程序的运行都是在内存中的。主要作用是调取并暂时存储CPU运算的所需的常用数据，同时与硬盘等外部存储器进行数据交换，断电时存储的内容全部消失。包括静态存储单元SRAM（Static RAM）和动态存储单元DRAM（Dynamic RAM）。

（1）SRAM

SRAM是随机存取存储器的一种。所谓“静态”，是指这种存储器只要保持通电，里面存储的数据就可以保持。相对之下，动态随机存取存储器（DRAM）中所存储的数据就需要周期性地更新。特点是速度快，集成度低，是高速缓冲存储器。静态存储单元中存储信息比较稳定，并且为非破坏性读出，不需要重写或刷新操作。

（2）DRAM

DRAM是最为常见的系统内存，DRAM只能将数据保持很短的时间（速度快）。为了保持数据，DRAM使用电容存储，所以必须隔一段时间刷新一次，如果存储单元没有被刷新，存储的信息就会丢失，关机也会丢失数据。特点集成度高，功耗低，需要不断刷新，一般做内存。DRAM靠电容存储电荷的原理来存储信息，相比于SRAM，DRAM具有集成度更高、功耗更低的特点。常见的内存外观如图2-3所示。

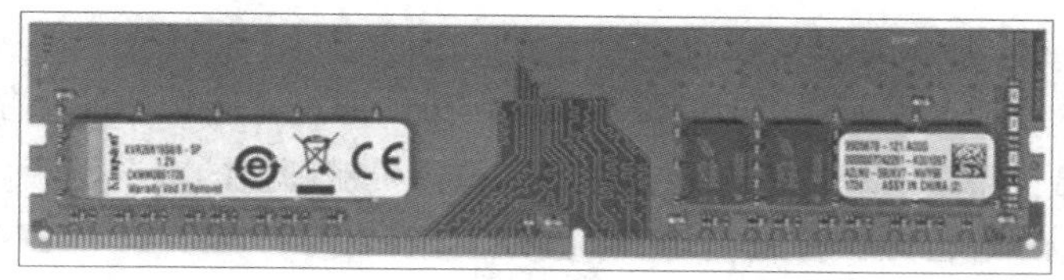

图 2-3

2. 只读存储器

只读存储器是即使停电内容也不会消失的特殊存储器，包括只可读存储器ROM（Read-Only Memory）、只可写一次的可编程只读存储器PROM（Programmable ROM）、可写多次的可擦可编程只读存储器EPROM（Erasable PROM）、可电擦可编程只读存储器EEPROM（Electronically EPROM）。

3. 闪速存储器

闪速存储器也叫闪存（Flash Memory），闪速存储器属于非易失性存储器，兼有EPROM的价格便宜、集成度高和EEPROM电可擦除性等特点，且速度非常快，相对于磁盘，具有抗震、节能、体积小、容量大和价格便宜等特点，作为便携式存储得到了广泛使用。

4. 高速缓冲存储器

CPU的高速缓存（Cache）位于CPU中，用于CPU与内存之间交换数据，容量非常小，但速度非常快，主要用来解决CPU与内存的速度差。

5. 机械硬盘

机械硬盘和下面介绍的固态硬盘都属于辅助存储器（外存），是计算机最重要的大容量外存设备，使用非常广泛。

机械硬盘是一块覆盖了磁性材料的盘面，在中心马达的带动下高速旋转，通过读写磁头进行读写。读写时，磁头和盘片的距离非常小，所以非常怕碰撞。一个硬盘可由多个盘片或者多个磁头组成。

知识点拨

一般台式机使用的是3.5英寸机械硬盘，如图2-4所示。笔记本电脑使用的一般是2.5英寸的机械硬盘，如图2-5所示。

图 2-4

图 2-5

6. 固态硬盘

固态硬盘从原理上和闪存类似，没有机械部分，通过存储颗粒进行存储，不怕碰撞，速度比机械硬盘快得多。现在固态硬盘在逐渐抢占机械硬盘的市场份额。计算机使用的固态硬盘分为M.2接口固态硬盘，如图2-6所示，以及2.5英寸的SATA接口固态硬盘，如图2-7所示。

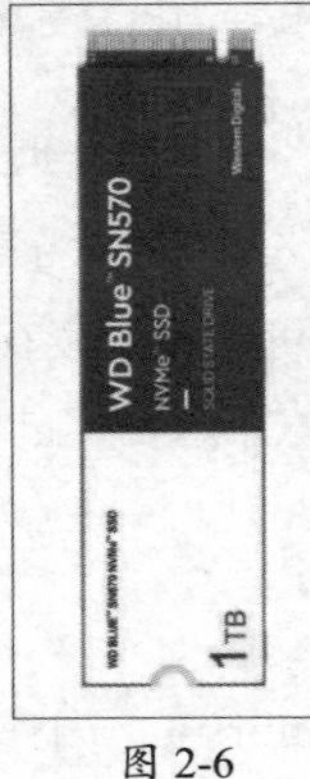

图 2-6

图 2-7

7. 内存的主要参数

内存的主要参数有如下几种。

- **频率：**内存主频和CPU主频一样，习惯上被用来表示内存的速度，代表内存所能达到的最高工作频率。内存主频以MHz（兆赫）为单位来计量。
- **代数：**内存已经从DDR发展到DDR4。现在使用的基本上都是DDR4内存，通过外观和防呆缺口很容易分辨出来。
- **容量：**主流的内存配置，一般以16GB起步，游戏及专业用户的设备一般为32GB。

知识点拨

双通道：在CPU芯片里设计两个内存控制器，这两个内存控制器可相互独立工作，每个控制器控制一个内存通道。这两个内存控制器通过CPU可分别寻址、读取数据，从而使内存的带宽增加一倍，数据存取速度也相应增加一倍（理论上）。

注意事项 若需组建双通道，建议选择相同厂家、相同频率、相同颗粒的内存条。将两条相同的内存插入主板相同颜色的内存插槽中即可。

8. 机械硬盘的主要参数

（1）容量

容量是硬盘最主要的参数，机械硬盘现阶段的一大优势就是容量大。硬盘的容量以TB为单位，1TB=1024GB。但硬盘厂商在标称硬盘容量时通常取1TB=1000GB，因此在计算机中看到的硬盘容量会比厂家的标称值要小。

（2）转速

转速是硬盘内电机主轴的旋转速度，也就是硬盘盘片在一分钟内所能完成的最大转数，它是决定硬盘内部传输率的关键因素之一，单位是rpm（revolutions per minute，转/分钟）。家用的普通硬盘的转速一般有5400r/min、7200r/min，高转速硬盘是台式机用户的首选；而对于笔记本电脑用户则是以4200r/min、5400r/min为主。

（3）传输速度

硬盘的数据传输速率是指硬盘读写数据的速度，单位为兆字节/秒（MB/s）。5400 r/min的笔记本电脑硬盘速度在50MB/s～90MB/s，而7200r/min的台式计算机硬盘速度在90MB/s～190MB/s。

（4）缓存

硬盘存取零碎数据时需要不断地在硬盘与内存之间交换数据，缓存则可以将零碎数据暂存在缓存中，减小系统的负荷，也提高了数据的传输速度。目前主流的硬盘缓存容量为64MB。

9. 固态硬盘的主要参数

因为存储原理的不同，固态硬盘的主要参数有如下几种。

（1）主控

固态硬盘的主控是基于ARM架构的处理核心。功能、规格、工作方式等都是该芯片控制的。作用如同CPU一样，主要是面向调度、协调和控制整个SSD系统而设计的。主控芯片一方面负责合理调配数据在各个闪存芯片上的负荷，另一方面承担整个数据中转，连接闪存芯片和外部SATA接口。除此之外，主控还负责ECC纠错、耗损平衡、坏块映射、读写缓存、垃圾回收以及加密等一系列功能。

（2）闪存颗粒

闪存中存储的数据是以电荷的方式存储在每个存储单元内的，SLC、MLC、TLC以及QLC就是存储的位数不同。单层存储与多层存储的区别在于每个NAND存储单元一次所能存储的“位元数”。在一个存储单元上，一次存储的位数越多，该单元拥有的容量就越大，这样能节约闪存的成本，价格也更低。但随之而来的是可靠性、耐用性和性能都会降低。

（3）协议及速度

SATA固态硬盘使用SATA接口，走的是SATA通道，并使用AHCI协议，最高速度约为600MB/s。而M.2接口的固态硬盘使用PCIE×4通道，使用NVMe协议。如果支持PCI-E3.0标准，那么该通道理论上支持4000MB/s的数据传输速度，该类固态数据读取速度大都在3500MB/s。而如果支持PCI-E4.0的标准，那么×4通道理论上支持8000MB/s，该类固态读取速度大都在7000MB/s。

注意事项 在固态硬盘的参数中，还有一项TBW，一般与保修挂钩，如600TBW，指的是在保修期内，如果超过了600TB，则不予保修。

2.2.3 输入/输出设备

键盘、鼠标、摄像头、扫描仪、手写笔、手绘板、游戏柄、麦克风等都属于输入设备。输入设备可以将模拟信号输入计算机，转换成数字信号，控制或者作为数据进行存储及处理。

输出设备主要有显示器、打印机、绘图仪、数字电视等。主要是将计算机中的非可视数据转换为可视数据，并展示在显示器、纸张上，供使用者浏览。

1. 鼠标

鼠标是计算机主要的输入设备，因其外形酷似一只小老鼠而得名。通过鼠标控制屏幕上的光标移动、选取和点击控制按钮，实现各种控制信息的输入。

光电鼠标内部有一个发光二极管，通过它发出的光线，可以照亮光电鼠标底部表面。光电鼠标经底部表面反射回的一部分光线，通过一组光学透镜后，传输到一个光感应器件（微成像器）内成像。当光电鼠标移动时，其移动轨迹便会被记录为一组高速拍摄的连贯图像，被光电鼠标内部的一块专用图像分析芯片（DSP，即数字微处理器）分析处理。该芯片通过对这些图像上特征点位置的变化进行分析，来判断鼠标的移动方向和移动距离，完成光标的定位。

2. 键盘

键盘的主要作用是输入数据、文字、指令等，用来与计算机交互，是计算机最重要的输入设备。目前薄膜键盘和机械键盘共存。

薄膜键盘无机械磨损、价格低、噪声也小，是目前使用最广的键盘品种。但长期使用后，由于材质问题，手感会有变化，橡胶模也会老化。

机械键盘的每一个按键都由一个单独开关控制，也就是常说的“机械轴”，每一个按键由一个独立的微动组成，按下即反馈信号，与其他按键几乎没有冲突，好的机械键盘可以做到全键盘无冲突。机械键盘的寿命比较长，手感好，但价格稍贵，且防水性较弱。

3. 显示器

显示器也叫液晶显示器，液晶显示器内部由驱动板（主控板）、电源电路板、高压电源板（有些与电源电路板设计在一起）、接口，以及液晶面板组成。

由于显卡只有DP和HDMI接口，所以在选择显示器时，尽量选择有该接口的显示器。

4. 打印机

打印机也是计算机最主要的输出设备，一般计算机中的文字、图像等通过打印机打印出来，作为实体材料使用。打印机从打印原理上分为针式打印机、喷墨打印机和激光打印机。

2.2.4 主板

主板为硬件设备提供了接驳的接口，用来在各硬件之间传输数据。主板一般为矩形电路板，上面安装了组成计算机的主要电路系统，一般有BIOS芯片、I/O控制芯片、面板控制开关接口、指示灯插针、扩展插槽、直流电源供电接插针、各种功能芯片等元件。

主板芯片组（Chipset）相当于主板的大脑，主板各功能的实现都依赖于主板芯片组。芯片组几乎决定了主板的功能，进而影响到整个计算机系统性能的发挥。主板的芯片通常分为北桥芯片和南桥芯片，现在的主板主要是北桥芯片的大部分功能，如PCI-E控制器、内存控制器、GPU图形核心等已经整合进了CPU。

知识点拨

除主要的芯片组外，在主板上还有提供网络功能的网卡芯片；提供声音输入转换的声卡芯片；监控电压、风扇转速、各主要部件温度的传感器监控芯片；供电控制芯片；SATA控制芯片；USB控制芯片；BIOS芯片；等等。

2.3 总线与接口

计算机各个组件之间通过主板提供的接口连接，并在其间通过各种总线来传输、交换数据。下面介绍计算机的总线与接口的相关知识。

2.3.1 计算机的总线

总线（Bus）是计算机各种功能部件之间传送信息的公共通信干线，是由导线组成的传输线束是各个部件共享的传输介质，是CPU、内存、输入/输出设备传递信息的公用通道。主机的各个部件通过总线相连接，外部设备通过相应的接口电路再与总线相连接，从而形成完整的计算机硬件系统。

1. 总线的分类

总线根据功能和实现方式的不同，可以分为片内总线、系统总线和通信总线。

（1）片内总线

片内总线是芯片内部的总线。

（2）系统总线

系统总线是计算机各部件之间的信息传输，包括数据总线、地址总线和控制总线。数据总线（Data Bus）在CPU与RAM之间来回传送需要处理或需要储存的数据，是双向总线；地址总线（Address Bus）用来指定在RAM之中储存的数据的地址，是单向的；控制总线（Control Bus）将微处理器控制单元信号传送到周边设备。

（3）通信总线

通信总线用于计算机系统之间或计算机系统与其他系统之间的通信，依据总线不同的传输方式，又分为串行通信总线和并行通信总线两种。

2. 总线的结构及性能指标

总线的结构通常分为单总线结构和多总线结构。其中单总线结构将CPU、主存、I/O设备（通过I/O接口）连接在一组总线上，允许设备之间或与主存之间直接交换信息。而多总线结构的特点是将速度较低的I/O设备从单总线上分离出来，形成主总线与I/O设备总线分开的结构。

总线的性能指标包括总线宽度（数据总线的根数）、总线带宽（数据传输率）及时钟同步/异步（总线上的数据与时钟同步的称为同步总线，与时钟不同步的称为异步总线）等。

3. 总线仲裁

由于总线上连接着多个部件，因此诸如某一时刻应当由哪个部件发送信息、传输的定时、传输中防止信息丢失、避免多个设备同时发送信息，以及接收部件的确认等一系列问题都需要总线控制器统一管理。总线控制器的工作主要包括总线的判优控制（仲裁逻辑）和通信控制。

知识点拨

总线仲裁逻辑可分为集中式和分布式两种，前者将控制逻辑集中在一处（如在CPU中），后者将控制逻辑分散在总线的各个部件之上。

4. 总线操作

在总线上的操作主要有读和写、块传送、写后读或读后写、广播和广集等。其中读和写操作的读是将从设备（如存储器）中的数据读出并经总线传输到主设备（如CPU）；而写是由主设备到从设备的数据传输过程。块传送操作是主设备给出要传输的数据块的起始地址后，利用总线对固定长度的数据一个接一个地读出或写入。主设备给出地址一次，可以进行先写后读或者先读后写操作，先读后写往往用于校验数据的正确性，而先写后读往往用于多道程序对共享存储资源的保护。对于一个主设备和多个从设备间的数据传输，主设备同时向多个从设备传输数据的操作模式称为广播；与广播操作正好相反，广集操作将多个从设备的数据在总线上完成AND或OR操作，常用于检测多个中断源。

5. 总线标准

总线标准是系统与各模块、模块与模块之间的一个互连的标准界面。目前流行的总线标准有ISA、EISA、VESA、PCI、PCI-Express等。PCI（Peripheral Component

Interconnection，外围设备互连）局部总线是高性能的32位或64位总线，是专门为高集成度的外围部件、扩充插板和处理器/存储器系统而设计的互连机制。PCI-Express（简称PCI-E）总线是完全不同于过去PCI总线的一种全新总线规范，与PCI总线共享并行架构相比，PCI Express总线是一种点对点串行连接的设备连接方式，点对点意味着每一个PCI Express设备都拥有自己独立的数据连接，各个设备之间并发的数据传输互不影响，PCI总线上只能有一个设备进行通信，一旦PCI总线上挂接的设备增多，每个设备的实际传输速率就会下降，性能得不到保证。PCI-Express总线支持双向传输模式，还可以运行全双工模式，并且支持热插拔。

常用的设备总线标准包括IDE、AGP、RS-232C、USB、SATA、SCSI、PCMCIA等。SATA（Serial ATA）即串行高级技术附件，是一种完全不同于并行ATA的新型硬盘接口类型，由于采用串行方式传输数据而知名。可以在较少的位宽下使用较高的工作频率来提高数据传输的带宽。SATA 3.0最高可以实现600MB/s的数据传输率。

知识点拨

常见的主板，根据不同的CPU，系统总线也各不相同，例如Intel CPU的主板，经历了FSB到QPI和DMI总线的更新换代，AMD CPU的主板采用了HT总线。

2.3.2 计算机的接口

计算机的接口包括主板与内部各设备之间连接的接口，也包括计算机与其他外设的接口。在了解计算机的内外部组件后，下面介绍计算机的主要接口及其作用。

1. 主板内部接口

主板内部接口是主板为各内部组件提供接驳的接口，例如，常见的CPU插槽如图2-8所示，内存插槽如图2-9所示，均有防呆设计。

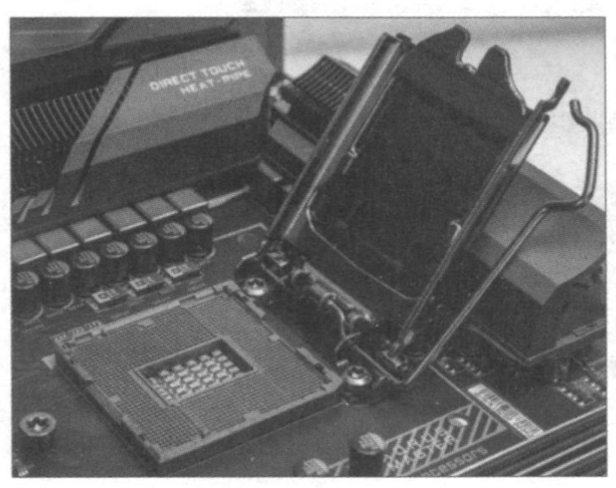

图 2-8

图 2-9

接驳显卡的PCI-E插槽如图2-10所示，M.2固态硬盘的插槽如图2-11所示。

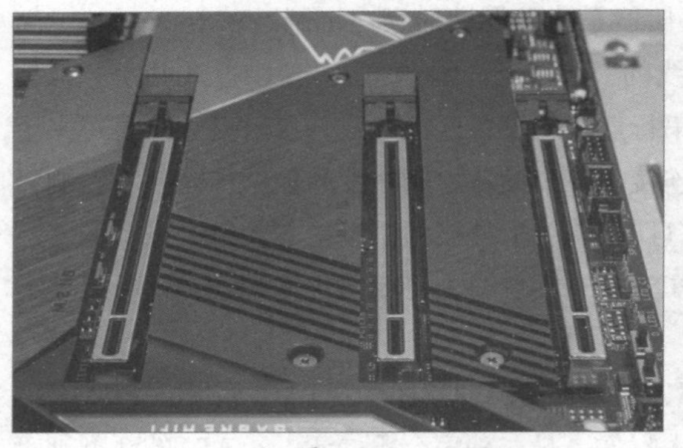

图 2-10

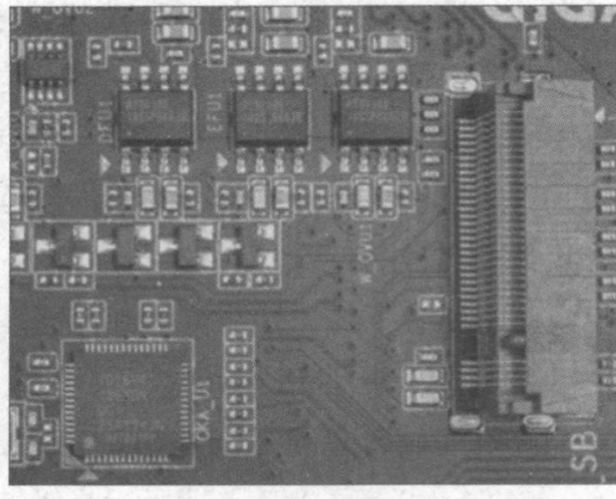

图 2-11

其他的还有SATA硬盘接口插槽、CPU供电插槽、主板24针供电插槽、风扇接口等。

机箱前面板接口使用了跳线连接到主板的插针上，包括机箱开机按钮、重启按钮、电源指示灯、硬盘工作指示灯、USB接口、Type-C接口等。需要连接到主板的对应插针上才能正常工作。

2. 主板外部接口

主板外部接口主要是各种外设连接到主板的接口，除了机箱前面板的接口外，大部分都需要连接到机箱背部主板提供的对外接口上，如图2-12所示。

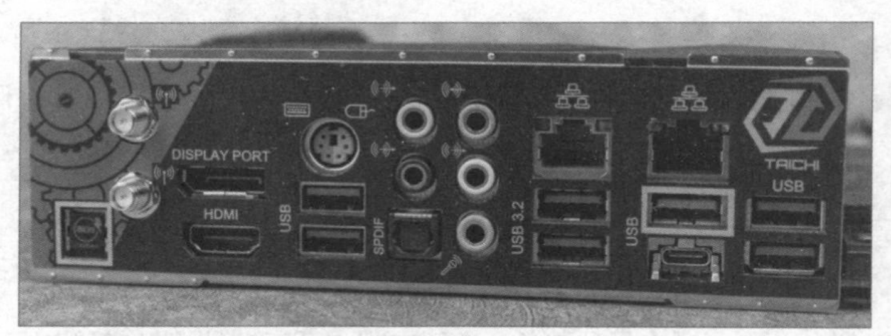

图 2-12

这些接口按照从左往右、从上到下的顺序分别如下。

- BIOS清空按钮。
- 2×天线接口，可以购买天线后安装到该接口上。
- DP1.4和HDMI1.4接口，主要用于CPU核显的输出。
- PS/2接口，用来连接PS/2接口的键盘和鼠标。USB3.2 Gen1接口，也就常说的USB3.0接口。
- 5+1音频输入/输出接口。
- 2.5G网卡接口，USB3.2 Gen2接口。
- 千兆网卡接口，USB3.2 Gen1接口，Type-C接口。
- USB3.2 Gen1接口。

动手练 组装微型计算机的案例

微型计算机的组装步骤如下。

Step 01 将主板放置好后，拉开固定杆，抬起金属固定框，放入CPU，如图2-13所示，注意防呆指示，完成后盖上固定框并放回固定杆，如图2-14所示。

图 2-13

图 2-14

Step 02 将散热器底座固定到主板上，如图2-15所示，为CPU涂抹硅脂后，将散热器固定到底座上，如图2-16所示，并连接风扇接口。

图 2-15

图 2-16

Step 03 掰开内存固定卡扣，将内存条按照缺口位置确定方向，向下压入内存插槽中，如图2-17所示。压到位置后，卡扣自动弹起并固定好内存。

图 2-17

Step 04 为机箱安装电源，推到位置后，用螺丝固定在机箱上，如图2-18所示。

Step 05 将铜柱螺丝按照主板的螺丝孔先拧入机箱，然后将主板放入机箱，用螺丝固定，如图2-19所示。

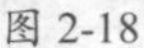

图 2-18

图 2-19

Step 06 将电源的24PIN输出接口连接到主板上，将双8PIN输出接口连接到主板上。

Step 07 将前面板的音箱跳线、USB跳线、指示灯和按钮跳线接入主板的相应位置，如图2-20、图2-21所示。

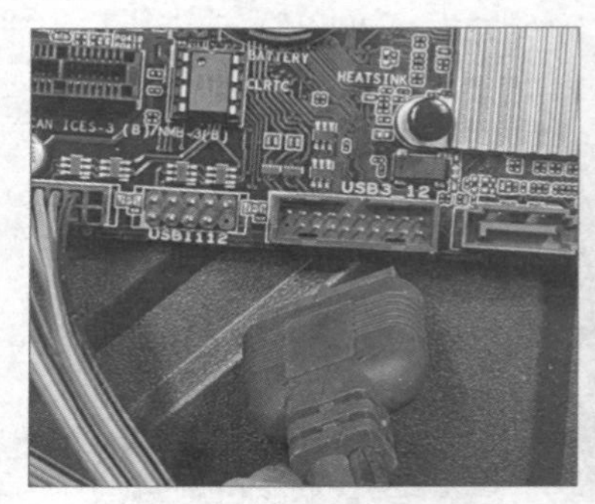

图 2-20

图 2-21

Step 08 安装显卡，如图2-22所示，并拧入机箱固定螺丝。

Step 09 将硬盘放入机箱的硬盘架中并固定，如图2-23所示。

Step 10 接下来使用SATA数据线连接硬盘和主板，再将机箱电源线连接到硬盘、显卡等设备上。

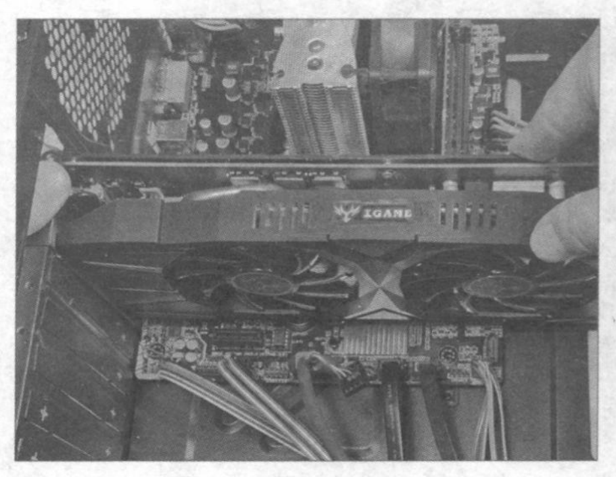

图 2-22

图 2-23

Step 11 机箱内部组建安装完毕后，盖上机箱侧盖，连接键盘鼠标线，如图2-24所示，连接网卡和显卡的视频线，如图2-25所示。

图 2-24

图 2-25

Step 12 连接电源线，并打开电源上的开关键，微型计算机组装完毕。

知识拓展：计算机硬件检测常用软件

计算机硬件的检测需要用专业的工具软件来查看硬件信息，以及对硬件进行测试等。

例如，检测CPU常用的软件CPU-Z如图2-26所示，检测显卡的常用软件GPU-Z如图2-27所示。

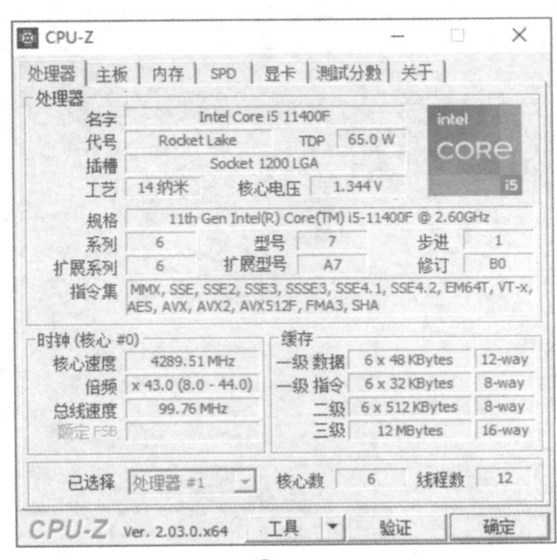

图 2-26

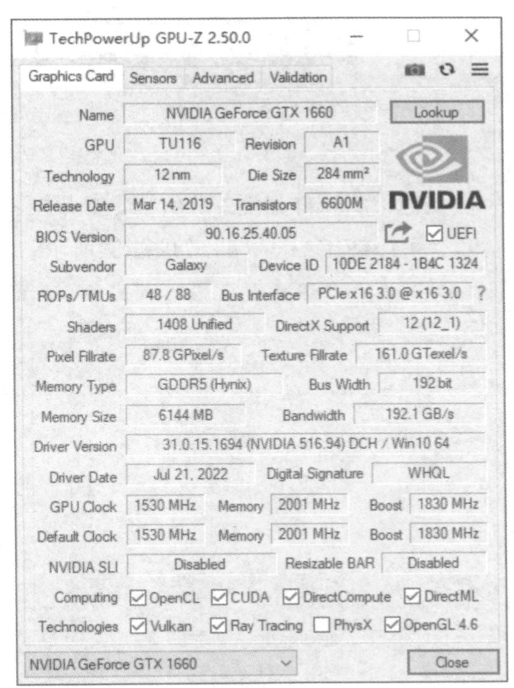

图 2-27

硬盘检测常用的软件Diskinfo如图2-28所示。内存检测工具MemTest如图2-29所示。

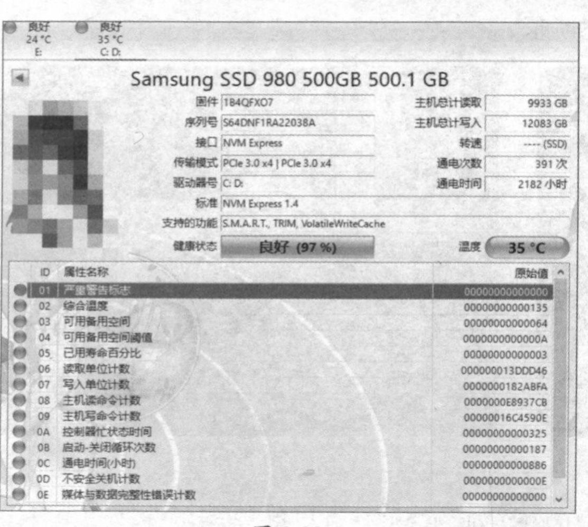

图 2-28

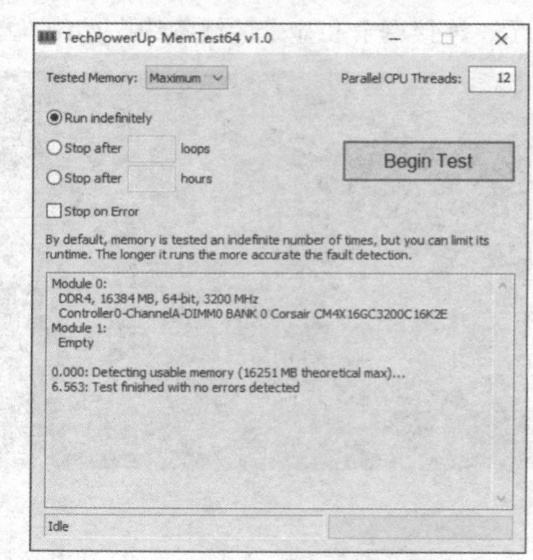

图 2-29

键盘测试软件Keyboard Test Utility如图2-30所示。

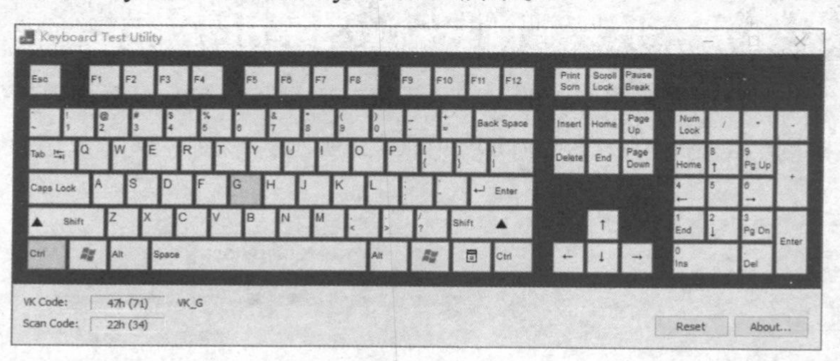

图 2-30

鼠标检测软件如图2-31所示。如果要检测整体的计算机硬件参数、总线等所有硬件信息，可以使用AIDA64，如图2-32所示。

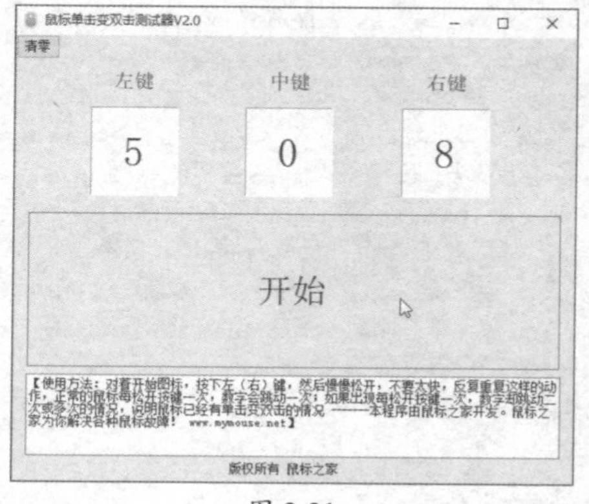

图 2-31

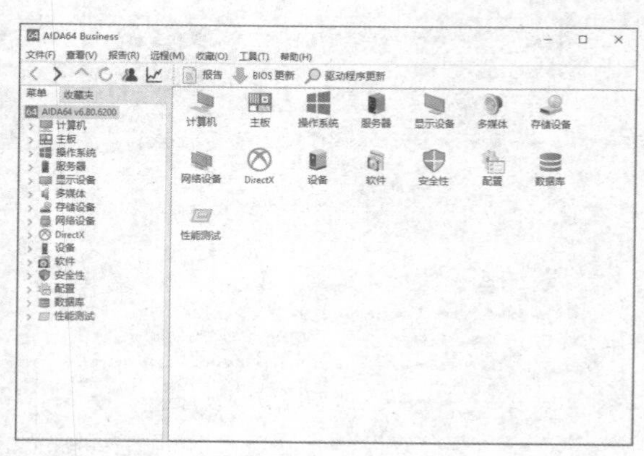

图 2-32

第3章 计算机操作系统

计算机操作系统是一类软件，主要用于控制和管理计算机硬件的底层功能。计算机操作系统还可以处理和管理用户的其他应用程序，使它们能够与硬件通信，例如存储器、打印机和显示器等。本章将介绍操作系统的概念、管理、设置、工具的使用、维护和更新的方法等。

3.1 操作系统基础知识

使用计算机其实就是使用操作系统及各种应用软件。在桌面操作系统中，最常见的是Windows系列操作系统。除Windows外，还有Linux操作系统、Mac操作系统等，下面首先介绍操作系统的相关知识。

3.1.1 操作系统概念

在计算机中，操作系统是最基本也是最为重要的基础性系统软件。从计算机用户的角度，计算机操作系统体现为其提供的各项服务；从程序员的角度，其主要是指用户登录的界面或者接口；从设计人员的角度，是指各式各样的模块和单元之间的联系。经过几十年的发展，计算机操作系统已经成为既复杂又庞大的计算机软件系统之一。

3.1.2 操作系统功能

操作系统的功能可以归纳为以下几点。

1. 进程管理

操作系统的工作主要是进程调度，在单用户单任务的情况下，处理器仅为一个用户的一个任务独占，进程管理的工作十分简单。但在多通道程序或多用户的情况下，组织多个作业或任务时，就要解决处理器的调度、分配和回收等问题。

2. 存储管理

内存储器是计算机系统的重要资源之一，它为多通道程序所共享，也是各程序的竞争对象，因此，对存储器资源进行有效的组织、管理和分配，也是操作系统的主要任务之一。具体包括存储分配、存储共享、存储保护、存储扩张。在多通道程序系统中，存储管理应包含以下一些功能。

- 存储管理和地址重定位。
- 连续存储管理。
- 分页式存储管理。
- 分段式存储管理及段页式存储管理。
- 虚拟存储器管理。

3. 文件管理

文件管理包括文件存储空间的管理、目录管理、文件操作管理、文件保护。

4. I/O 设备管理

为了方便用户使用各种外部设备，I/O设备管理要能为不同设备提供统一界面，发挥系统并行性且方便使用，从而使I/O设备被高效使用，包括设备分配、设备传输控制、设备独立性。

3.1.3 操作系统的种类

操作系统按照应用范围可以分为多个种类，比较常见的是桌面级操作系统和服务器操作系统两类。

1. 桌面级操作系统

桌面级操作系统介于用户和硬件设备之间，其上运行着大量的应用软件，为用户提供各种管理工具，用于信息、资源、各种功能的管理。用户平时看到的图形化界面也是操作系统的一个重要组成部分。

（1）Windows操作系统

Windows 10操作系统界面如图3-1所示，在2015年7月29日发布正式版。该操作系统在易用性和安全性方面有了极大提升，除了针对云服务、智能移动设备、自然人机交互等新技术进行融合外，还对固态硬盘、生物识别、高分辨率屏幕等硬件进行了优化完善与支持。

图 3-1

（2）Linux操作系统

Linux操作系统是一套自由使用和自由传播的类UNIX系统，严格来说，Linux系统只有内核叫Linux，而Linux也只是表示其内核。而用户安装的是开发者在内核的基础上，添加了图形界面、各种应用软件，经过优化和适配后的系统。比较常用的Linux发行版如Ubuntu系统，如图3-2所示。

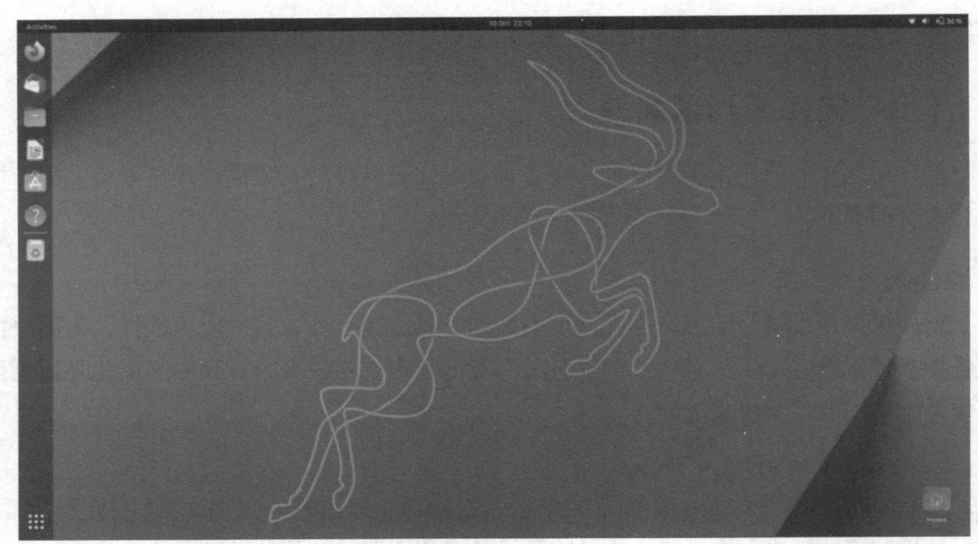

图 3-2

（3）mac OS

mac OS是苹果计算机的专用系统，如图3-3所示，是基于UNIX内核的图形化操作系统，也是首个在商用领域成功应用的图形用户界面操作系统。其优点主要有安全性高、不会产生碎片、设置简单、稳定性高。缺点有兼容性差、软件成熟度稍低等。mac操作系统适合重度办公设计人士使用。

图 3-3

2. 服务器操作系统

服务器操作系统是专门用于服务器的特殊操作系统，与桌面级操作系统相比，服务器操作系统更加专业、稳定，主要用于提供各种网络服务的响应。

（1）Windows Server系列

Server系列是Windows专门为服务器开发的系统，从2003版本开始，到2008、2012、2016、2019以及最新的2022版本，如图3-4所示。用户可以使用Windows Server在服务器上搭建如Web、FTP、DNS、DHCP等服务。

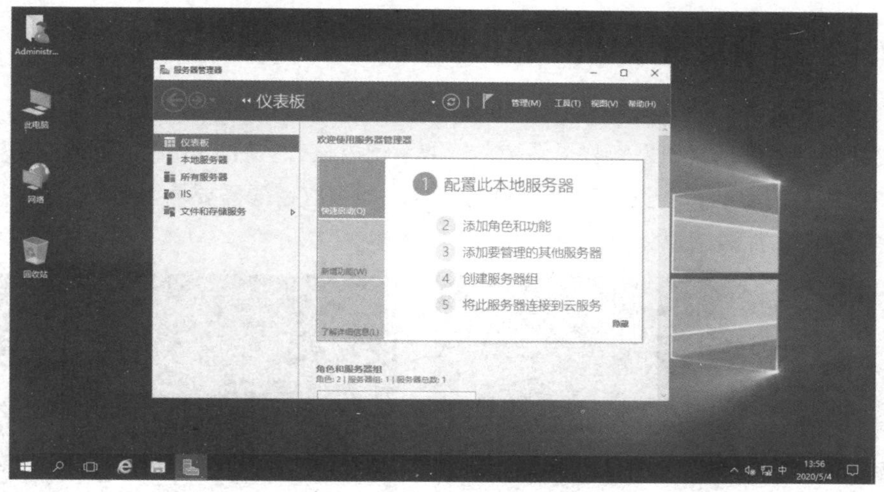

图 3-4

（2）Linux系列

相对于Windows服务器系统来说，Linux服务器系统更加专业且使用量更多。其中的发行版RedHat Enterprise Linux（RHEL）如图3-5所示，是Red Hat公司发布的面向企业用户的Linux操作系统。RHEL可以在桌面、服务器、虚拟机管理程序或云中运行，是世界上使用最广泛的Linux发行版之一。

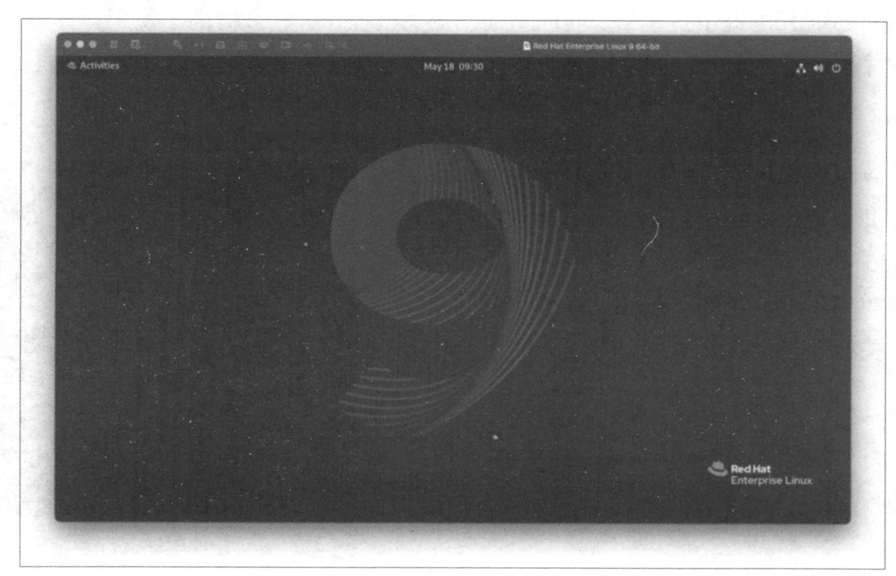

图 3-5

3.2 认识Windows 10

学习计算机的使用，首先要学习开机进入系统以及退出系统的操作。下面首先介绍Windows 10的启动和退出。

3.2.1 启动及登录Windows 10

从原理上来讲，计算机开机后，BIOS加电自检，如图3-6所示。硬件通过自检后，读取硬盘的启动信息。如果安装了系统，读取系统内核，然后加载整个系统，启动各种服务，完成系统启动后会读取登录用户的信息，如果有密码需要输入密码，如图3-7所示，密码正确，加载用户桌面环境，进入系统环境。

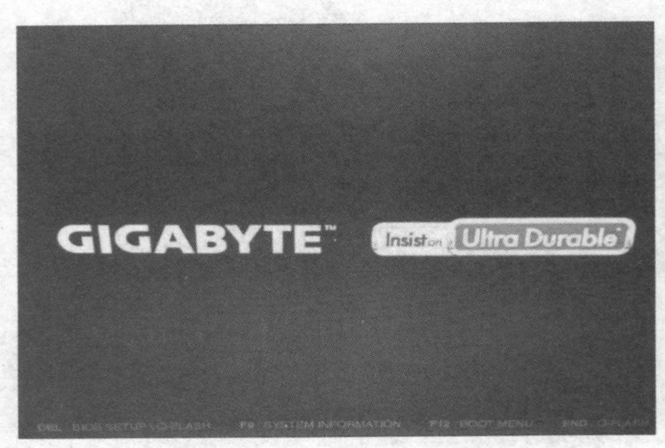

图 3-6

图 3-7

3.2.2 退出Windows 10

Windows 10的退出指包括长时间不使用的关机操作；一段时间不使用计算机，可以睡眠或休眠；临时走开，可以锁定计算机；还有切换登录用户等。

1. 关机

计算机关机过程，包括存储必需的数据、关闭程序和服务、注销用户等，最后断开电源。计算机的关机方法有很多种，最常用的是在“开始”菜单中单击“电源”按钮，在弹出的菜单中选择“关机”选项，如图3-8所示。

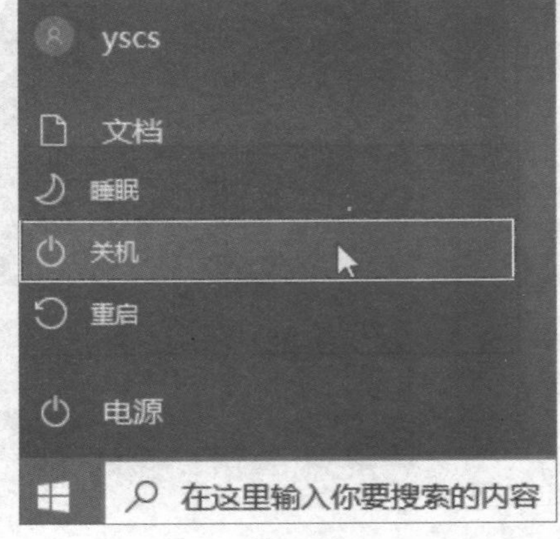

图 3-8

知识点拨

也可以在桌面上使用Alt+F4组合键，调出“关闭Windows”对话框，关闭计算机，如图3-9所示。

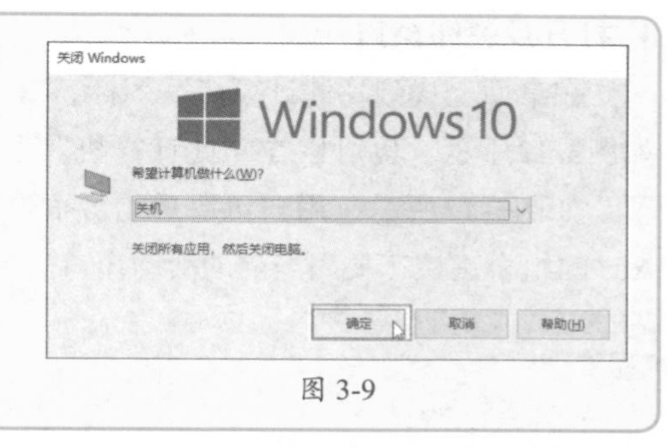

图 3-9

注意事项 Windows 10的关机并没有再次确认的机制，单击后就启动关机流程，所以用户需要注意。

2. 注销

注销时，系统将用户当前数据保存，清除用户登录环境以及缓存等数据，并返回系统的欢迎界面。注销的方式也有很多，可以在左下角“开始”图标上右击，在弹出的“关机或注销”选项组中选择“注销”选项，如图3-10所示。

3. 睡眠

计算机在睡眠时电源只为内存提供电力，保障内存中的数据不会丢失，而其他组件停止工作，从而保障计算机处于低功耗运转。当移动鼠标或者键盘有输入时会唤醒计算机，快速进入睡眠前的状态。下面介绍启动计算机睡眠功能的方法。

在“开始”按钮上右击，在弹出的“关机或注销”选项组中选择“睡眠”选项，如图3-11所示。

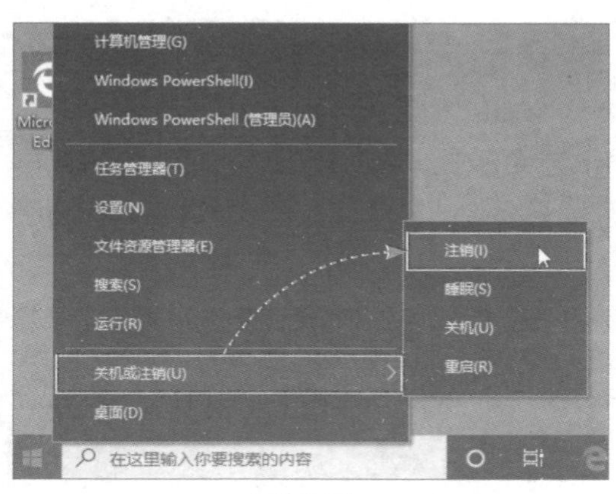

图 3-10

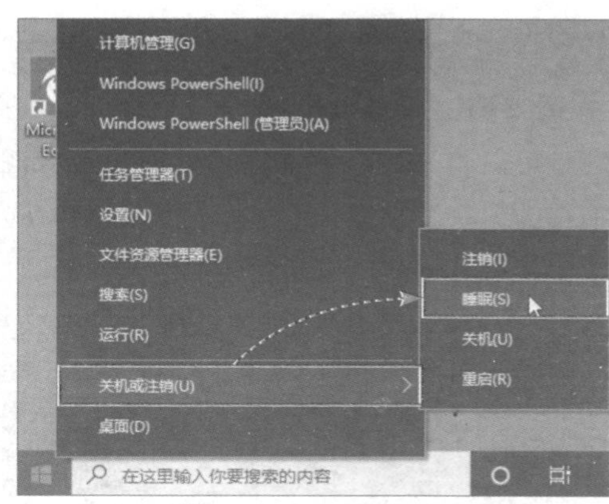

图 3-11

3.2.3 Windows 10窗口的操作

Windows的各种功能界面类似窗口，所以Windows的操作与窗口是密不可分的。下面介绍Windows窗口的各种操作。

1. 打开及关闭窗口

在桌面上找到“此计算机”图标，双击该图标即可打开Windows资源管理器窗口，如图3-12所示。也可以在“此计算机”上右击，在弹出的快捷菜单中选择“打开”选项，如图3-13所示。用户可以单击界面右上角的×按钮来关闭当前窗口，也可以使用Alt+F4组合键快速关闭当前的活动窗口。

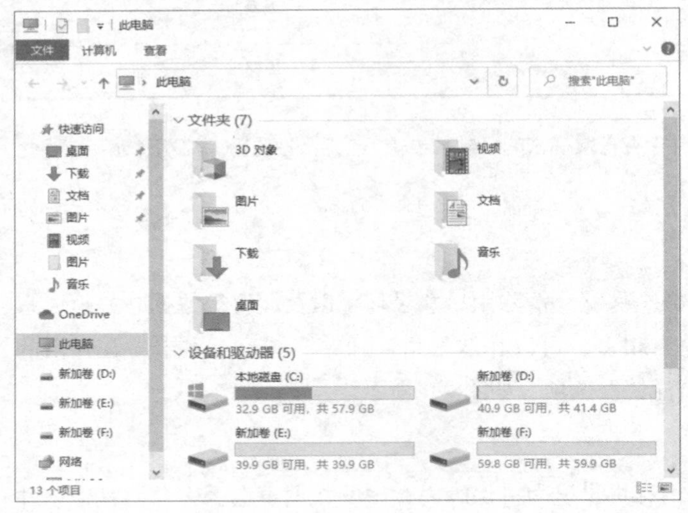

图 3-12

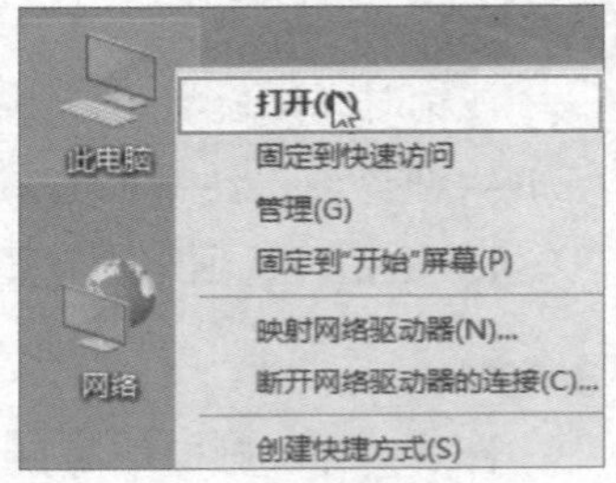

图 3-13

2. 最大化与最小化窗口

在×按钮旁边的是最大化与最小化窗口按钮。最大化窗口按钮可以让窗口内容全部显示，最小化窗口按钮可以将窗口隐藏到任务栏。待需要使用时，在任务栏单击该窗口，可以将窗口还原到最小化之前的状态。

3. 调整窗口尺寸及位置

可以将光标悬停在窗口的四边或者四角上，光标变成双向箭头后，可以使用鼠标拖曳的方法调整窗口的大小，如图3-14所示。如果要移动窗口，将光标放到窗口标题栏上，就可以将窗口拖动到其他位置，如图3-15所示。

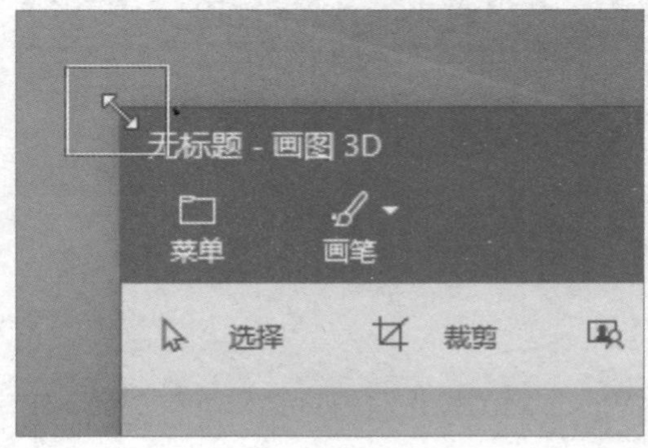

图 3-14

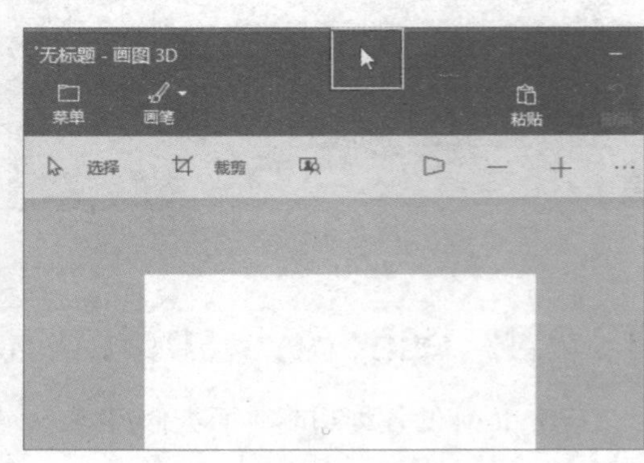

图 3-15

4. 窗口贴边显示

按住鼠标左键拖动窗口的标题栏到显示器的上边缘，松开鼠标左键可以最大化窗口。拖动到左右侧边，松开鼠标左键可以半屏显示窗口，如图3-16所示。

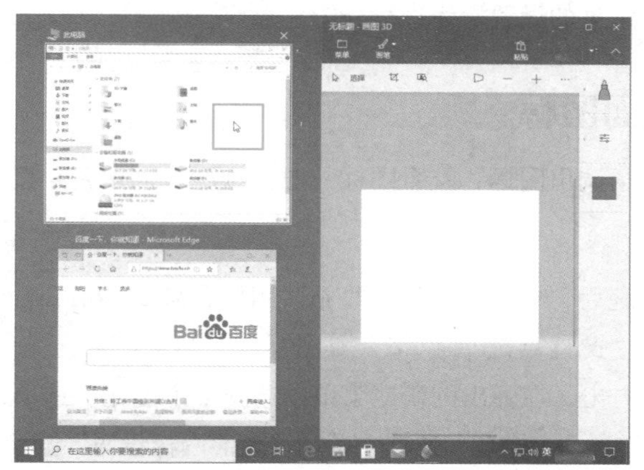

图 3-16

5. 窗口排列

如果开启了多个窗口，可以将窗口整齐排列起来。在任务栏空白处右击，在弹出的快捷菜单中选择“层叠窗口”选项，如图3-17所示，窗口会按照层叠的方式进行排列。

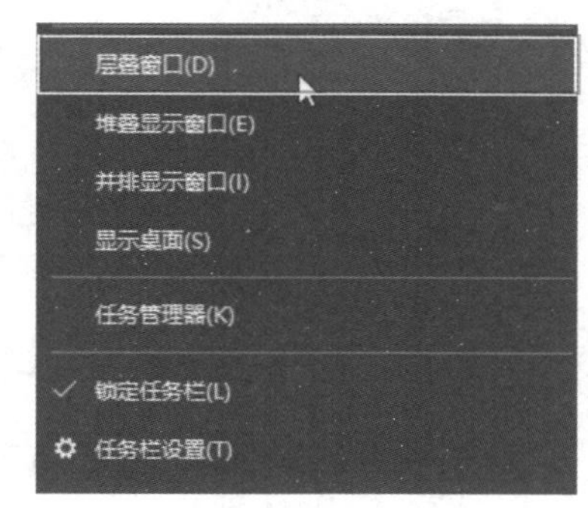

图 3-17

6. 使用组合键切换窗口

用户可以手动更换当前的活动窗口，大多数用户使用组合键进行切换。按住Alt键再按Tab键，可以在窗口之间切换，如图3-18所示，或者使用Win+Tab组合键，在弹出的“时间线”页面中选择需要的窗口，如图3-19所示。

图 3-18

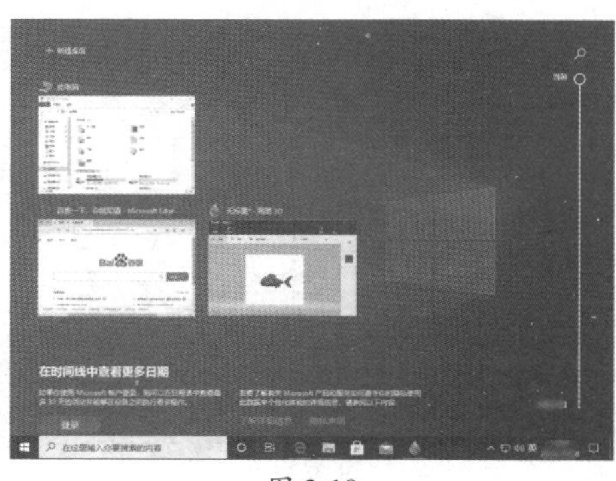

图 3-19

3.3 设置Windows 10

Windows 10的界面包括桌面图标、背景、桌面分辨率、窗口颜色和外观、任务栏、时间日期等，本节将对常见的设置操作进行介绍。

3.3.1 设置桌面图标

桌面图标的设置包括调出图标、查看图标、图标排序、创建超链接等。

1. 调出常见图标

在安装了原版的系统后，桌面只有“回收站”图标和Microsoft Edge浏览器图标。下面介绍如何调出常用的“此计算机”“网络”等图标。

Step 01 在桌面上右击，在弹出的快捷菜单中选择“个性化”选项，如图3-20所示。

Step 02 在“设置”界面“主题”选项中单击“桌面图标设置”链接，如图3-21所示。

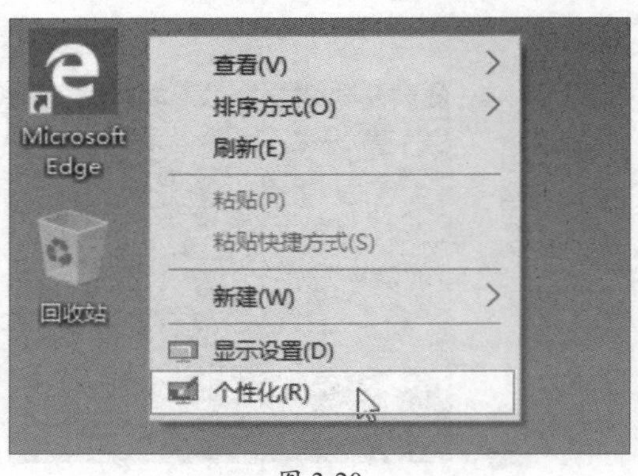

图 3-20

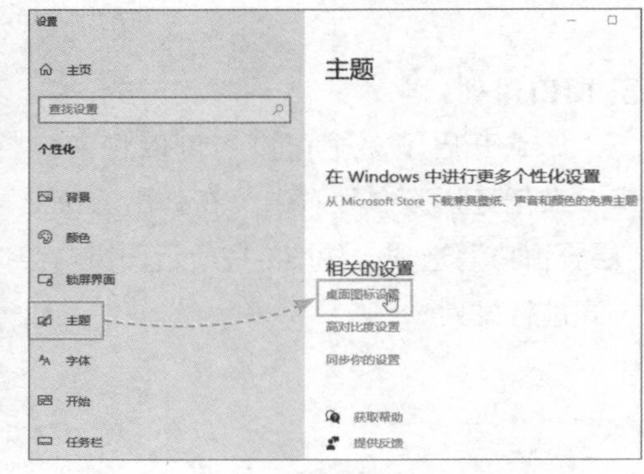

图 3-21

Step 03 勾选要显示的桌面图标复选框，单击“确定”按钮，如图3-22所示。

Step 04 返回桌面可以看到常用的桌面图标，如图3-23所示。

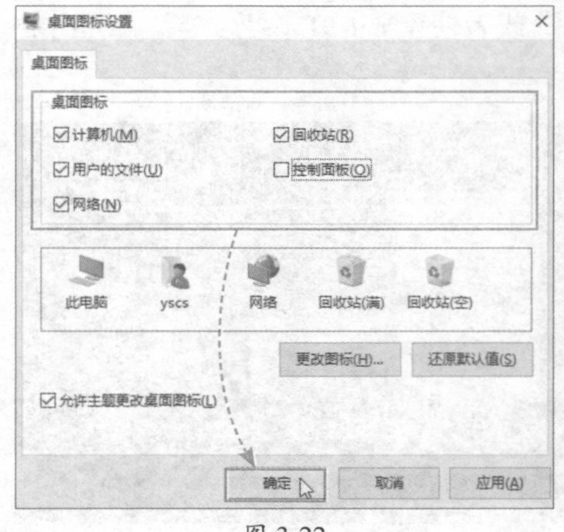

图 3-22

图 3-23

2. 调整图标顺序

用户可以使用鼠标调整图标的顺序，也可以设置图标按照某种规则排列。在桌面上右击，在弹出的“排序方式”级联菜单中选择“名称”选项，如图3-24所示。随后，即可看到图标已经变成了最为常见的排列方式，如图3-25所示。

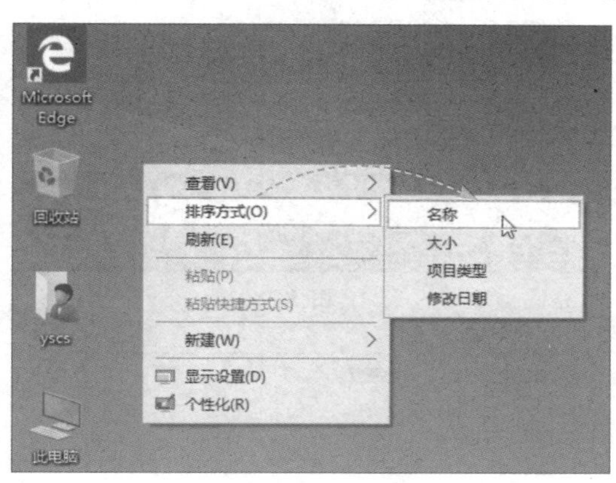

图 3-24

图 3-25

3. 调整图标大小

在桌面上右击，在弹出的“查看”级联菜单中选择“大图标”选项，如图3-26所示。此时，桌面会以大图标显示，如图3-27所示。

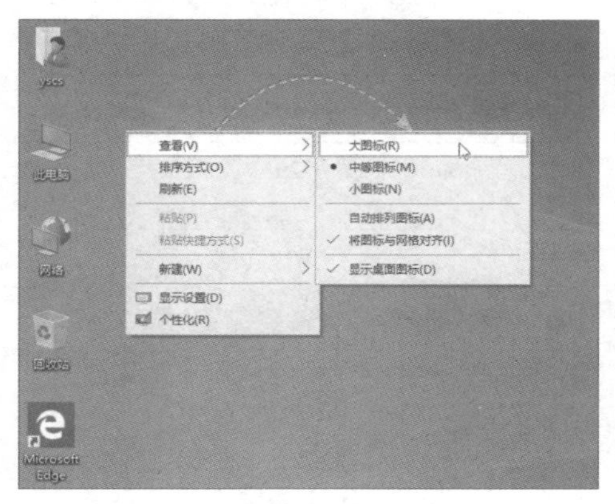

图 3-26

图 3-27

知识点拨

调整桌面上的图标大小，可以按住Ctrl键，使用鼠标滚轮调整图标的大小。该种方法也适用于在文件夹中以不同方式查看文件及文件夹。

动手练 更改图标样式

用户可以更改快捷方式图标样式，可以使用系统自带的，也可以使用下载的ICO格式的图标文件。

Step 01 在快捷方式上右击，在弹出的快捷菜单中选择“属性”选项，如图3-28所示。

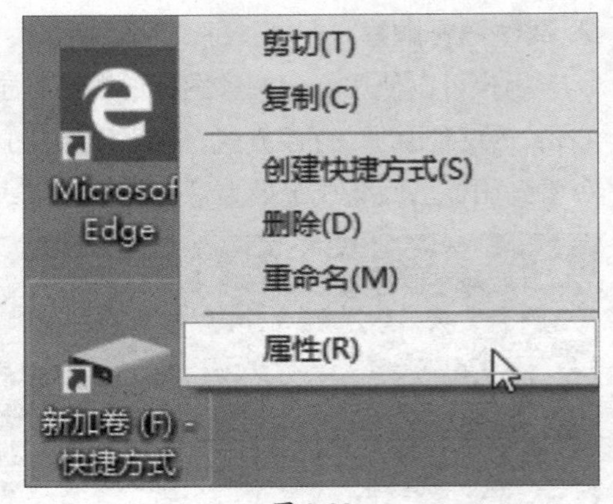

图 3-28

Step 02 在“属性”界面单击“更改图标”按钮，如图3-29所示。

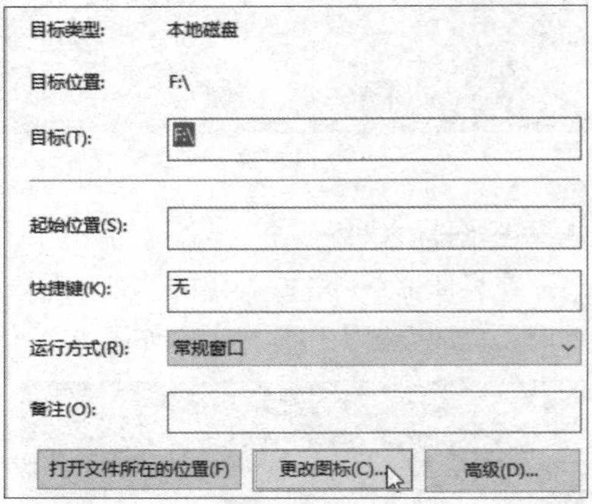

目标类型: 本地磁盘
目标位置: F:\
目标(T): F:\
起始位置(S):
快捷键(K): 无
运行方式(R): 常规窗口
备注(O):
打开文件所在的位置(F) 更改图标(C)... 高级(D)...

图 3-29

Step 03 从图标列表中选择满意的图标，单击“确定”按钮，如图3-30所示。也可以单击“浏览”按钮，查找并使用下载的ICO格式图标。

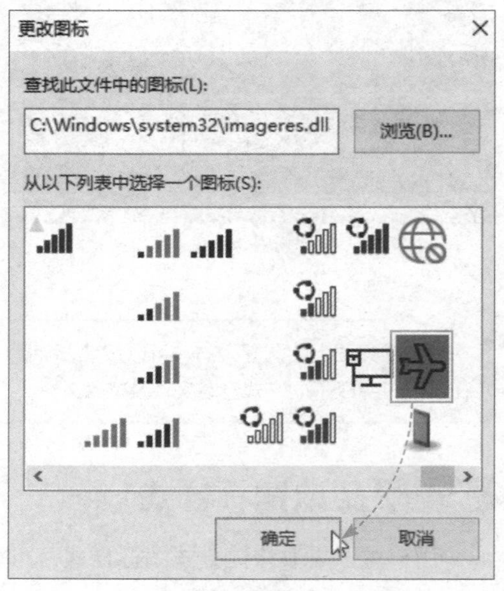

图 3-30

Step 04 继续单击“确定”按钮，返回桌面，可以查看更换后的效果，如图3-31所示。

图 3-31

3.3.2 更改Windows主题

Windows主题指Windows的界面风格，包括桌面背景、窗口、开始菜单、提示音、控件等内容。可以使用内置的成套主题，也可以手动更换。

1. 更换成套的 Windows 主题

Windows提供了多种成套内置主题，可以直接使用。首先在桌面空白处右击，在弹出的快捷菜单中选择“个性化”选项，如图3-32所示。随后选择“主题”选项，并在右侧的“更改主题”中单击需要更换的主题样式，如图3-33所示。

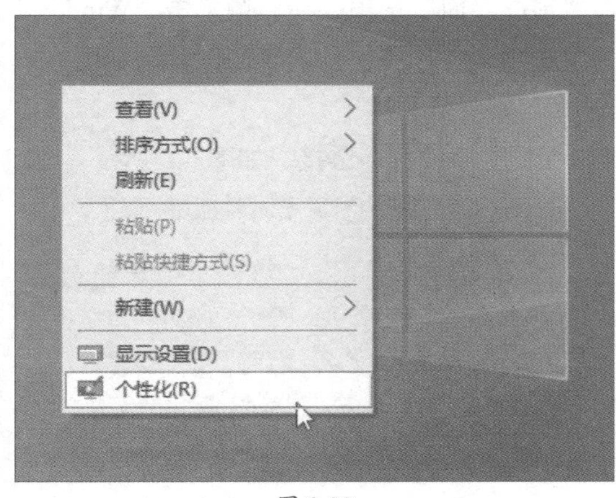

图 3-32

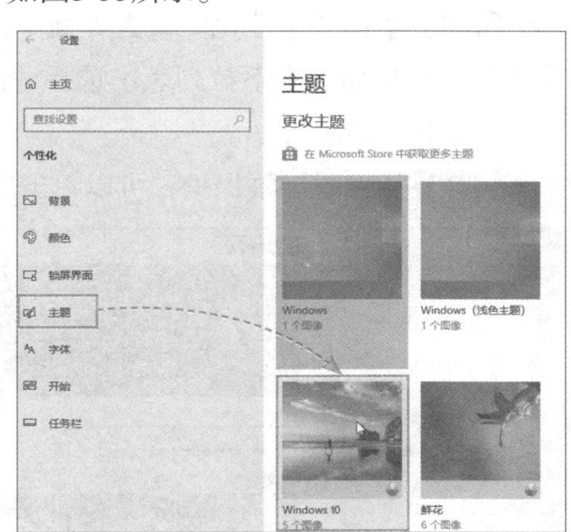

图 3-33

2. 设置 Windows 背景

桌面背景是主题的主要组成部分，用户可以更换成固定背景。进入“个性化”设置界面，在“背景”选项中可以查看到当前的背景图片，选择其他的背景图片就完成了更换，如图3-34所示。也可以单击“浏览”按钮，选择下载的背景图。还可以在下载的背景图片上右击，在弹出的快捷菜单中选择“设置为桌面背景”选项，如图3-35所示。

图 3-34

图 3-35

知识点拨

在图3-34所示中单击“图片”下拉按钮，在下拉列表中可以选择“幻灯片”选项，选择文件夹后，Windows可以将背景定时更换成文件夹中的图片。

动手练 设置锁屏界面

Windows的锁屏界面包括欢迎界面以及屏幕保护程序，欢迎界面是用户输入密码并登录系统的界面。屏幕保护程序是用户离开计算机自动启动并锁定计算机的界面。下面讲解如何设置这两个界面。

Step 01 在“个性化”设置界面中选择“锁屏界面”选项，在右侧单击“Windows聚焦”下拉按钮，在下拉列表中选择“图片”选项，并选择一款内置的图片，如图3-36所示。在锁屏界面显示。

Step 02 设置屏幕保护，可以单击“屏幕保护程序设置”链接，如图3-37所示。

图 3-36

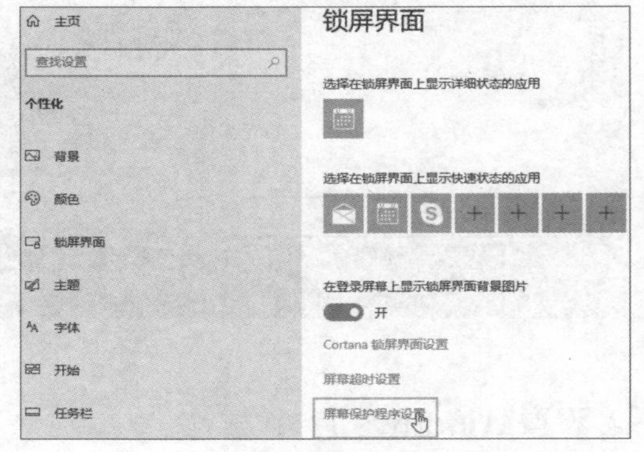

图 3-37

Step 03 在“屏幕保护程序设置”界面中单击“无”下拉按钮，在下拉列表中选择喜欢的样式，这里选择“彩带”选项，如图3-38所示。

Step 04 设置等待时间，勾选“在恢复时显示登录屏幕”复选框，单击“确定”按钮完成配置，如图3-39所示。这里可以预览以及配置屏保的详细参数。

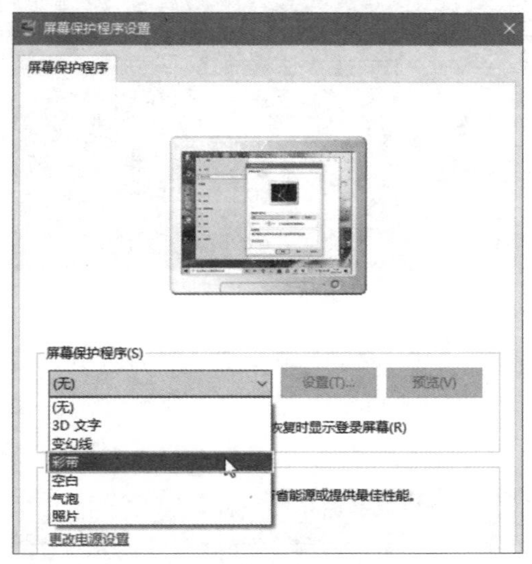

图 3-38

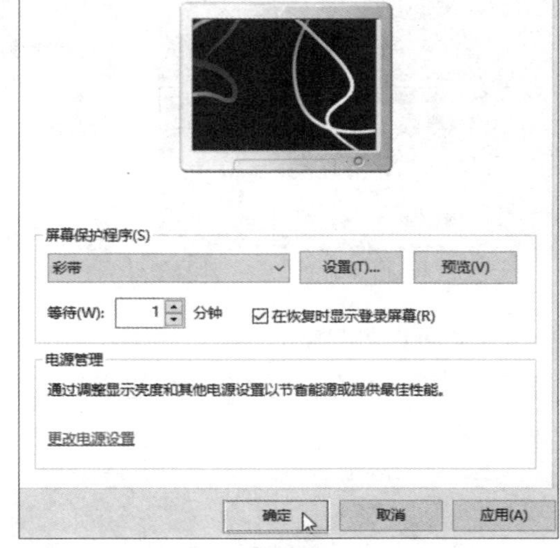

图 3-39

3.3.3 设置Windows任务栏

任务栏默认在Windows桌面下方，显示“开始”按钮、程序、各种系统图标等元素的矩形区域。任务栏是最常使用的功能组件，优化任务栏能提高用户的工作效率。

1. 更改任务栏位置

在任务栏空白位置右击，在弹出的快捷菜单中取消选择“锁定任务栏”选项，如图3-40所示。使用鼠标拖曳的方法，将任务栏拖至界面上方、左侧或右侧，如图3-41所示。

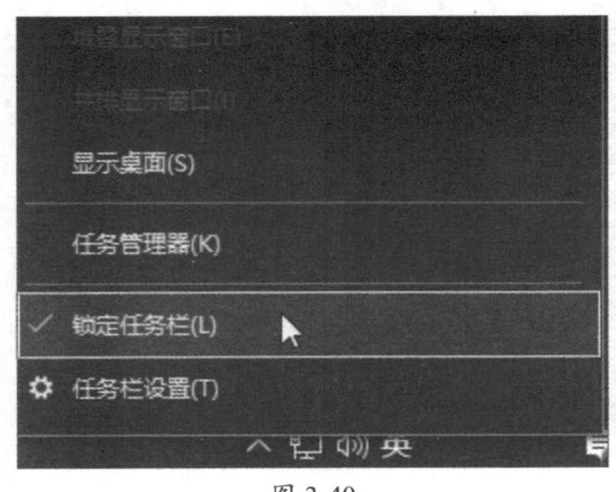

图 3-40

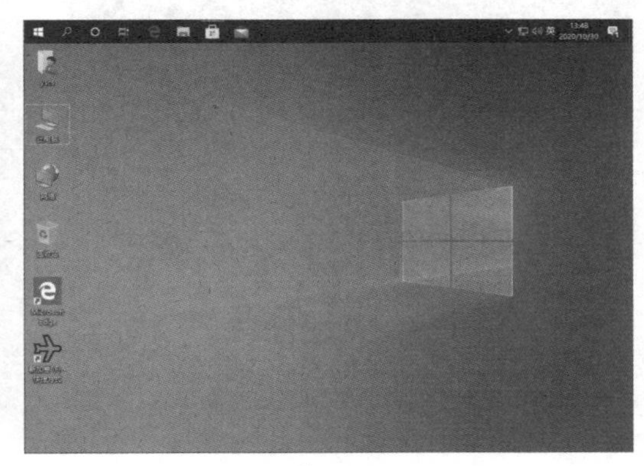

图 3-41

2. 隐藏任务栏图标

在任务栏空白处右击，在弹出的快捷菜单中取消勾选不需要的选项，如“显示Cortana按钮”“显示任务视图按钮”，如图3-42所示，并选择“搜索”级联菜单中的“隐藏”选项，将搜索框隐藏，如图3-43所示。

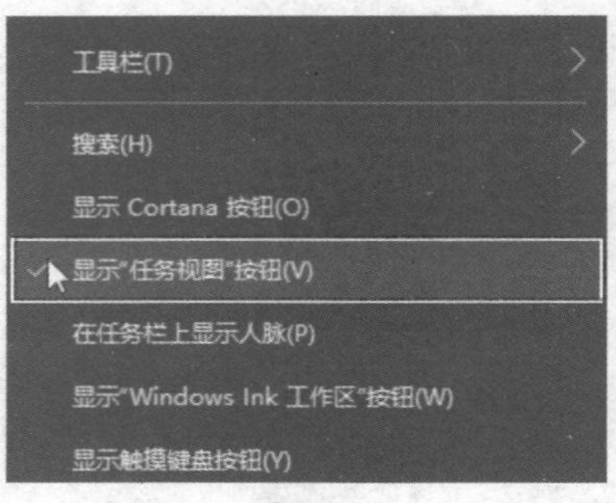

图 3-42

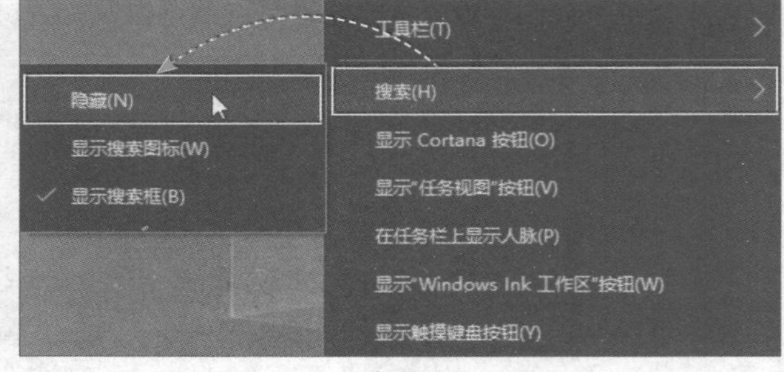

图 3-43

用户可以将程序的快捷方式拖动到任务栏中，创建任务栏图标，如图3-44所示。也可以在图标上右击，在弹出的快捷菜单中选择“从任务栏取消固定”选项来删除图标，如图3-45所示。

图 3-44

图 3-45

在任务栏右侧有网络、声音、输入法、时间、通知等系统默认图标。如果不希望其显示出来，可以在任务栏空白处右击，在弹出的快捷菜单中选择“任务栏设置”选项，如图3-46所示。在弹出的“任务栏”设置页面中单击“打开或关闭系统图标”链接，如图3-47所示。

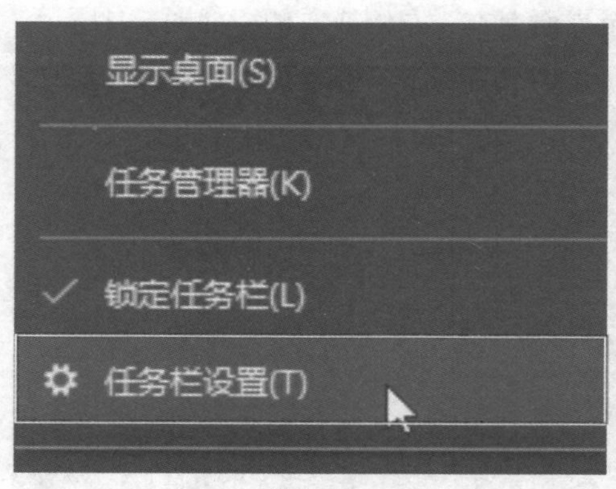

图 3-46

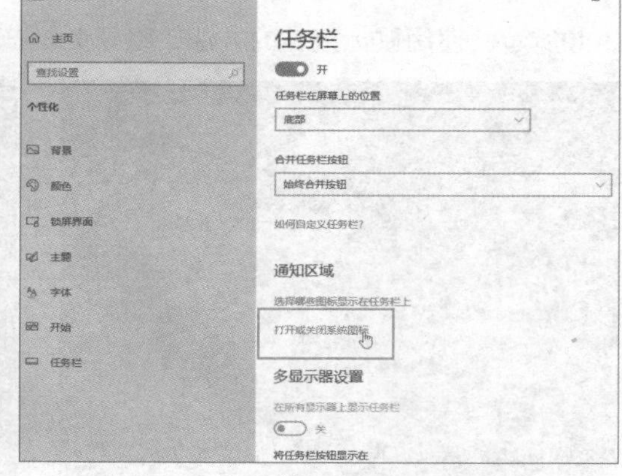

图 3-47

知识点拨

程序图标可以通过鼠标拖动更改固定位置。当打开了很多窗口时，可以通过该方法使图标排列顺序更加清晰。

在弹出的“打开或关闭系统图标”设置界面中找到不想显示的图标，如“时钟”，单击后面的“开”按钮，可以关闭其显示，如图3-48所示。

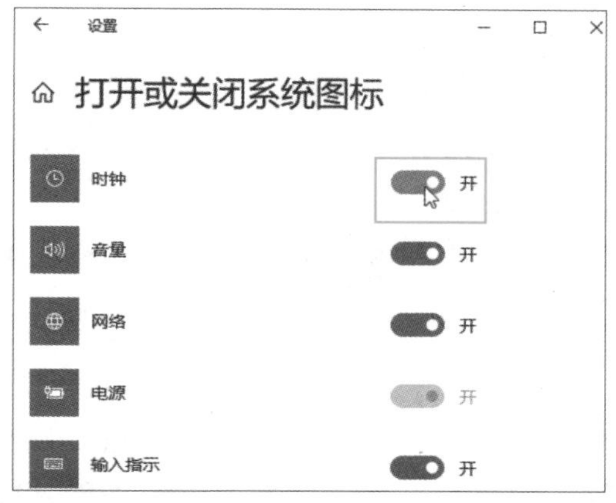

图 3-48

知识点拨

用户可以使用鼠标拖曳的方法将图标拖入隐藏组，如图3-49所示。需要查看时可在该组中直接查看。也可以将其再拖曳出来显示。

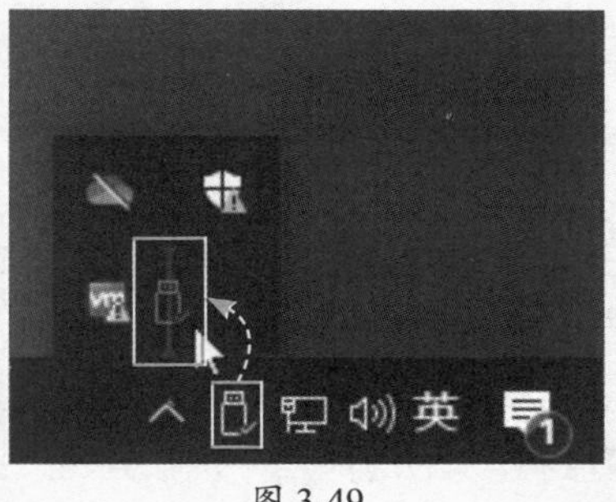

图 3-49

动手练 取消任务栏合并

默认情况下，任务栏会将相同类型的程序实例合并到同一个任务栏图标中，用户使用时需要选择，比较不方便，如图3-50所示。

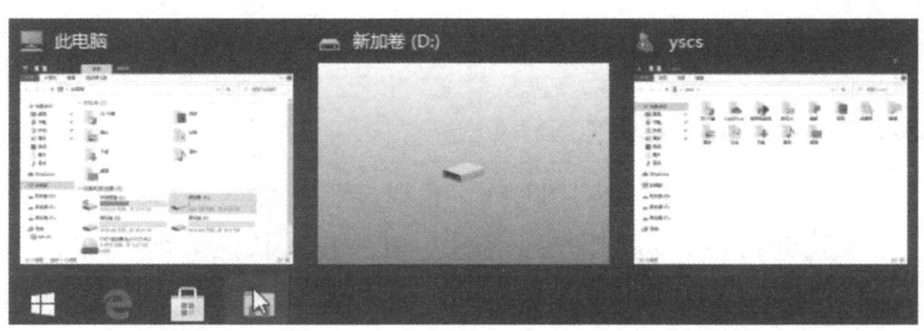

图 3-50

启动“任务栏”界面，找到“合并任务栏按钮”下拉列表，展开后选择“从不”选项，如图3-51所示。

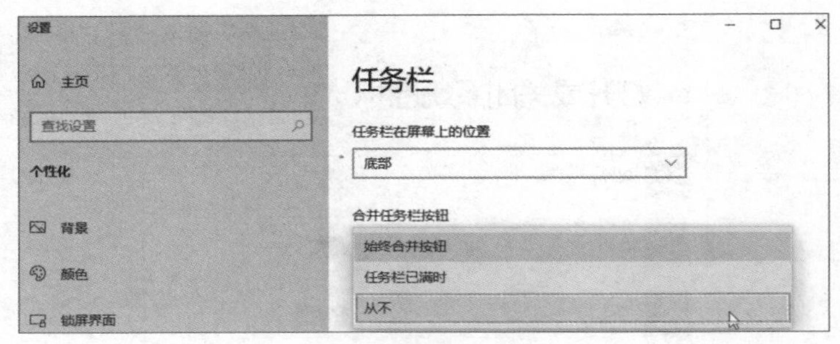

图 3-51

完成后，任务栏的程序就变成了独立的显示模式，如图3-52所示。

图 3-52

3.3.4 设置日期和时间

在前面介绍设置任务栏图标时，讲解了隐藏日期和时间的方法。本节介绍系统日期和时间的设置。

1. 查看日期和时间

将光标移动到界面右下角，悬停到时间和日期上，会显示星期信息，如图3-53所示。单击后，会出现日历表，如图3-54所示。这里可以查看到更详细的信息，包括农历日期以及日程安排等。

图 3-53

图 3-54

动手练 调整时间和日期

如果要修改当前日期和时间，可以按照下面的方法进行。

Step 01 在时间和日期上右击，在弹出的快捷菜单中选择“调整日期/时间”选项，如图3-55所示。

Step 02 当前是自动获取时间，如果要手动设置，可以关闭“自动设置时间”，单击“更改”按钮，如图3-56所示。

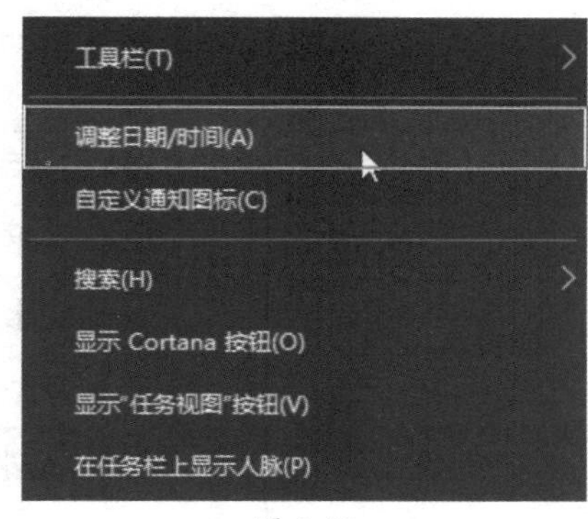

图 3-55

图 3-56

Step 03 在弹出的界面中，手动设置当前时间及日期，完成后，单击“更改”按钮，如图3-57所示。

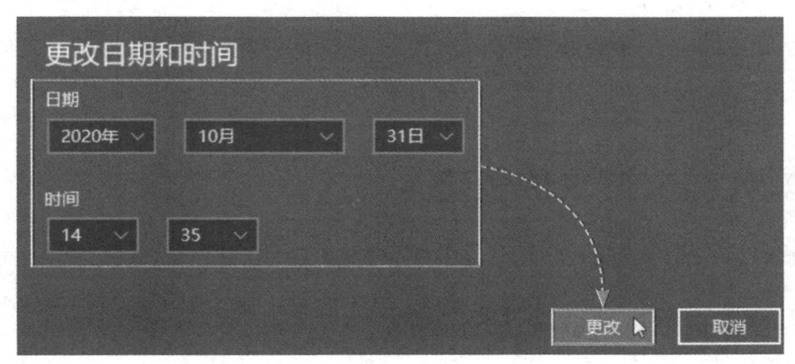

图 3-57

3.4 Windows 10文件管理

计算机中最基本的管理单位是文件与文件夹。文件和文件夹的操作是计算机中经常遇到的，也是必须学习的技能。

3.4.1 文件与文件夹

在介绍具体操作前，先了解文件及文件夹的基本概念和命名注意事项。

1. 文件

这里的文件主要指的是计算机文件，包括用户经常接触的办公文档、表格、演示文稿、图片、电影、网页文件、批处理文件、动态链接库文件、日志文件、可执行程序、图标文件等。这些文件都是使用二进制长期或临时保存到硬盘上，随时可以读取和编辑的数据流。文件的属性包括文件类型、文件长度、文件的存放位置、文件的创建时间等。文件通过文件名进行区分。文件名包括主文件名与文件扩展名。文件扩展名是确定文件的类型与打开或使用方式。文件扩展名非常多，常见的扩展名及其含义如表3-1所示。

表 3-1

EXE	可执行文件	ISO	镜像文件
RAR、ZIP	压缩文件	DOC、DOCX	Word文件
HTML、HTM	网页文件	XLS、XLSX	Excel文件
RM、AVI、MP4	视频文件	PPT、PPTX	演示文稿文件
JPG、PNG、BMP	图片文件	TXT	记事本文件
WMA、MP3、WAV	音频文件	PDF	PDF文件

2. 文件夹

文件夹是用来组织和管理计算机文件的一种结构，用来协助使用者管理计算机文件。每一个文件夹对应一块磁盘空间，它提供了指向对应空间的地址，文件夹没有扩展名。文件夹中可以包含文件，也可以包含子文件夹。

3.4.2 文件与文件夹的管理

下面介绍文件与文件夹的查看方式和查看技巧。

1. 使用资源管理器查看文件及文件夹

Windows资源管理器其实和“此计算机”等显示的内容基本一致。用户双击“此计算机”可以打开资源管理器，进入某分区或文件夹后，可以查看当前目录中的文件及文件夹，如图3-58、图3-59所示。

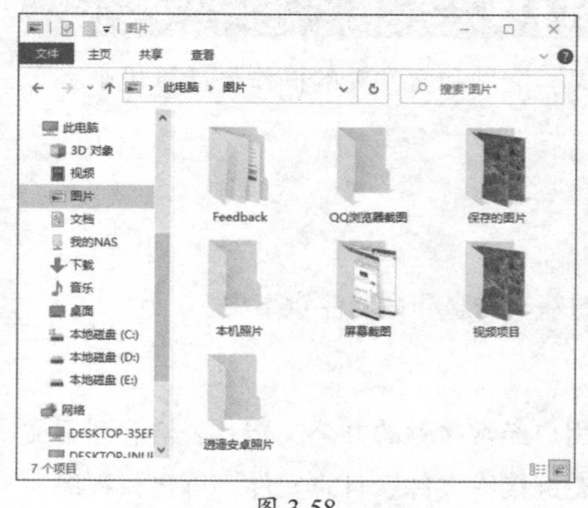

图 3-58

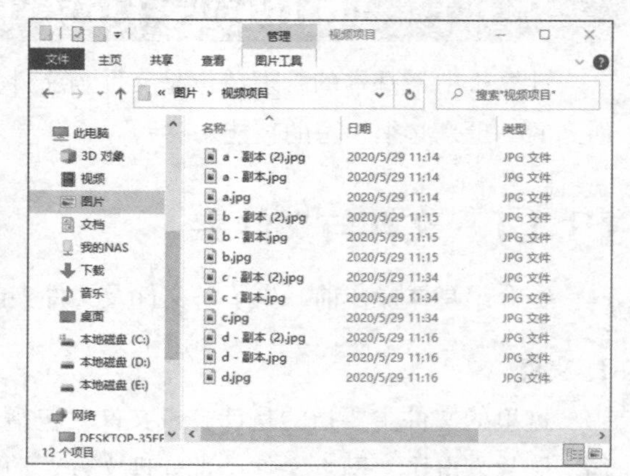

图 3-59

2. 更改文件或文件夹的查看方式

在当前文件夹中，使用的是“详细信息”查看方式。如果想要使用其他查看方式，可以在文件夹空白处右击，在弹出的“查看”级联菜单中选择“大图标”选项，如图3-60所示。在“大图标”显示模式中，文件及文件夹使用了预览功能，如图3-61所示。

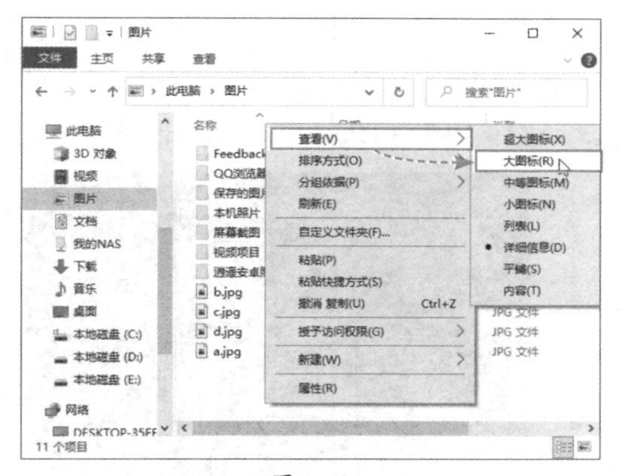

图 3-60

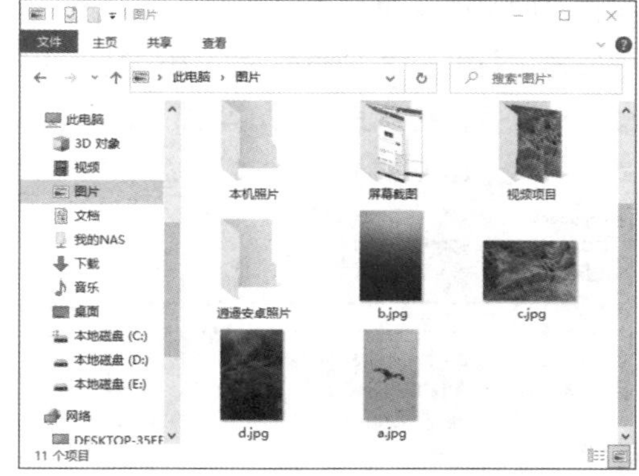

图 3-61

知识点拨

在选项中还有“超大图标”“中等图标”“小图标”“列表”等查看模式，用户可以根据需要选择。

3. 文件或文件夹分组显示

在文件夹空白处右击，在弹出的“分组依据”级联菜单中选择“类型”选项，如图3-62所示。文件和文件夹会按照“类型”归类，并按照默认的“名称”顺序进行显示，如图3-63所示。

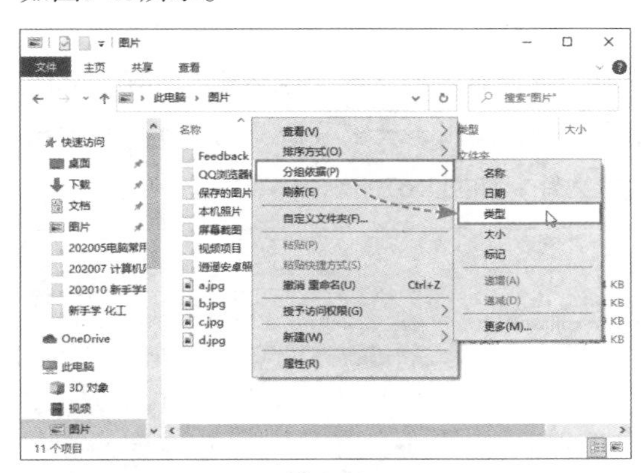

图 3-62

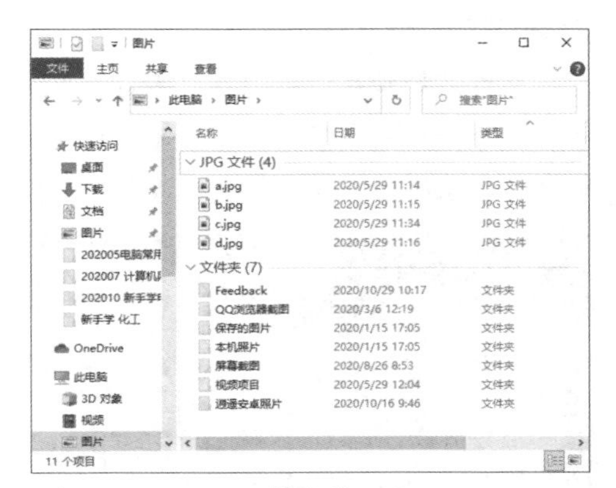

图 3-63

3.4.3 文件与文件夹的操作

前面介绍了文件及文件夹的查看、排序等，本节将介绍文件或文件夹的基本操作方法。

1. 打开文件或文件夹

文件或文件夹的打开操作包括双击打开文件或文件夹，或者在文件或文件夹上右击，在弹出的快捷菜单中选择“打开”选项，如果要更换文件的打开程序，需要在快捷菜单中选择“打开方式”级联菜单中的其他程序，如图3-64所示。通过快捷方式打开文件或文件夹时，快捷方式可以在桌面上、文件夹中、开始菜单中（图3-65），以及任务栏中。

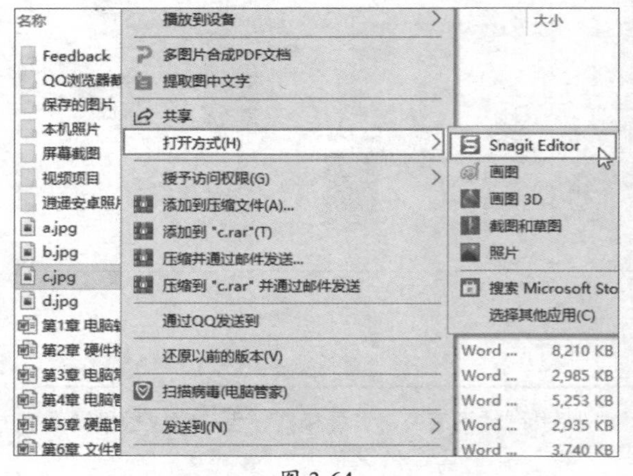

图 3-64

图 3-65

知识点拨

默认情况下，用户双击打开文件夹都是在同一个资源管理器中。按住Ctrl键的同时双击文件夹，就能在新的窗口中打开该文件夹。

2. 新建文件或文件夹

文件的新建可以通过在“新建”级联菜单中选择对应的文件完成新建，如图3-66所示，为文档重命名后，双击启动对应的应用程序进行编辑。大部分情况都是先打开应用程序，编辑好后，通过“另存为”选项保存成文件，如图3-67所示。

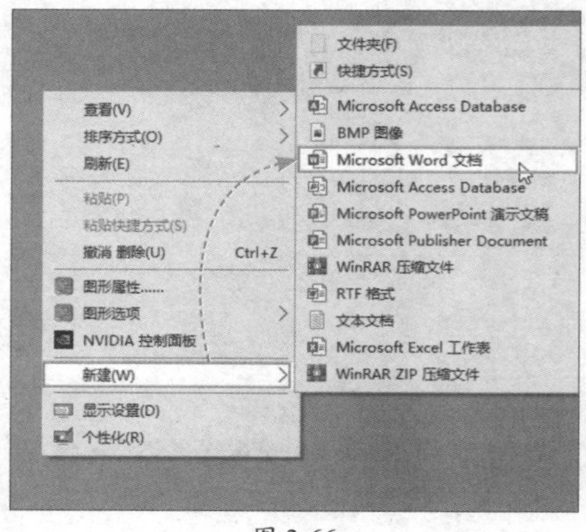

图 3-66

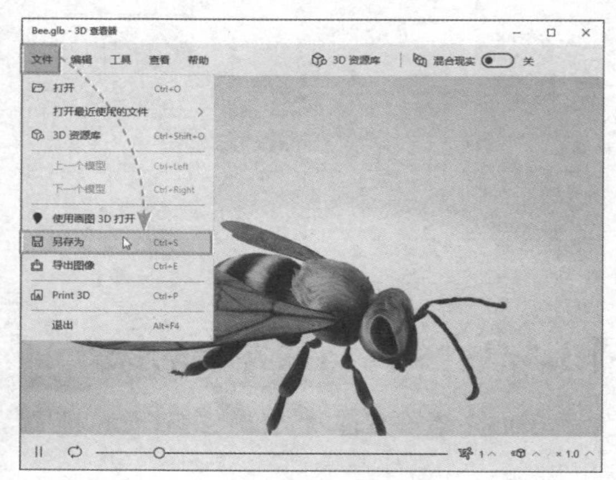

图 3-67

新建文件夹比较简单，在需要新建文件夹的位置右击，在弹出的“新建”级联菜单中选择“文件夹”选项，如图3-68所示，再为文件夹重命名，完成新建。也可以在资源管理器的“主页”选项卡中单击“新建文件夹”按钮，如图3-69所示。

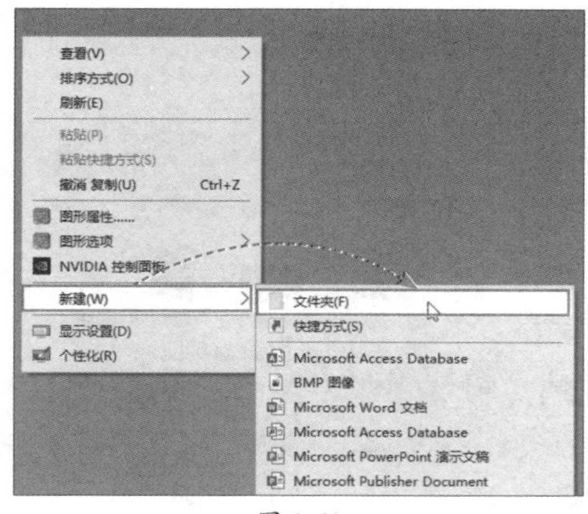

图 3-68

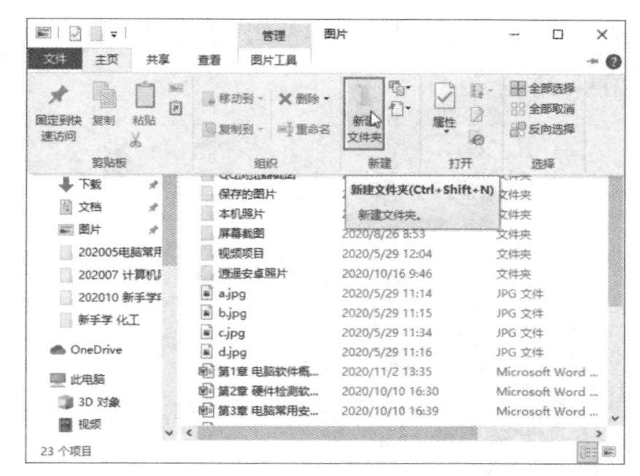

图 3-69

3. 重命名文件或文件夹

选中需要重命名的文件或文件夹右击，在弹出的快捷菜单中选择“重命名”选项，如图3-70所示。文件或文件夹名称变为可编辑状态，输入文件或文件夹的新名，如图3-71所示。按Enter键或者单击其他位置，完成重命名。

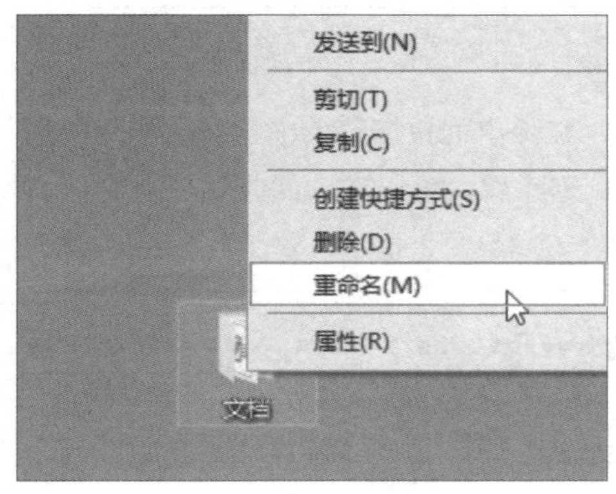

图 3-70

图 3-71

注意事项 一般只重命名文件名，而不修改扩展名，否则可能造成文件无法打开或者程序出现错误的情况。

4. 选择文件或文件夹

可以通过单击文件或文件夹完成选取，选取后的文件或文件夹图标会处于选中状态。如果要全选文件或文件夹，可以使用鼠标框选的方式将全部文件选中。更多的用户使用Ctrl+A组合键选中文件夹中的所有文件及文件夹。

如果要选择连续的文件及文件夹，可以选择第一个文件或文件夹，按住Shift键，然后单击最后一个文件或文件夹，如图3-72所示，系统会将两者及两者间的所有文件或文件夹选中。

不连续的情况选择起来稍微有些麻烦，基本思路是使用上面的功能，尽可能多地先选中一部分文件或文件夹。其他不连续的文件或文件夹，按住Ctrl键单击继续选中，如图3-73所示。

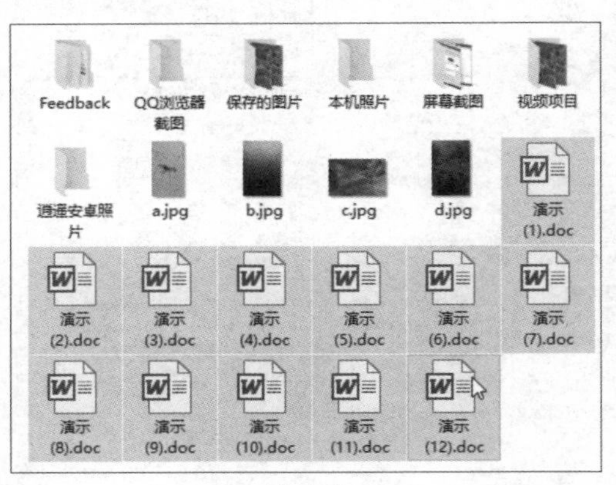

图 3-72

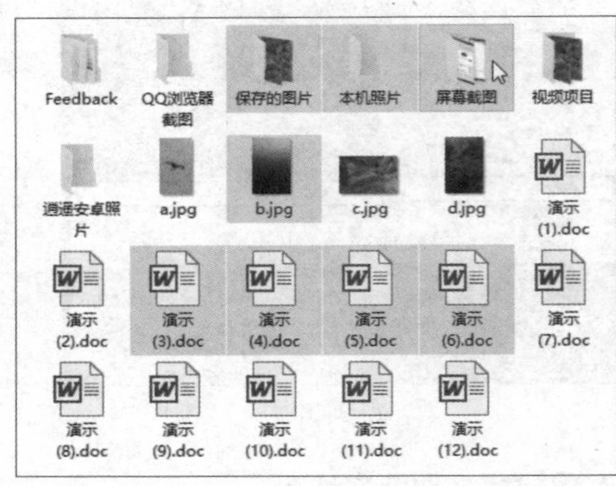

图 3-73

知识点拨

选中后，按住Ctrl键单击不需要的文件或文件夹就可以取消其选中状态。

5. 删除文件或文件夹

如果删除到回收站，可以在选中文件后右击，在弹出的快捷菜单中选择"删除"选项，如图3-74所示。也可以直接按Delete键删除，删除后，可以在"回收站"找到该文件，如图3-75所示。

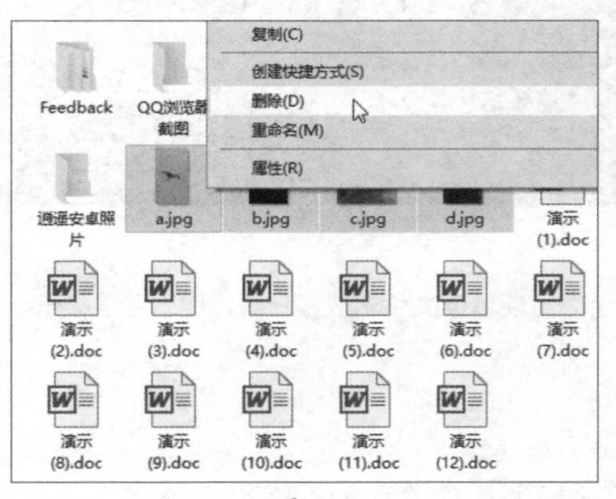

图 3-74

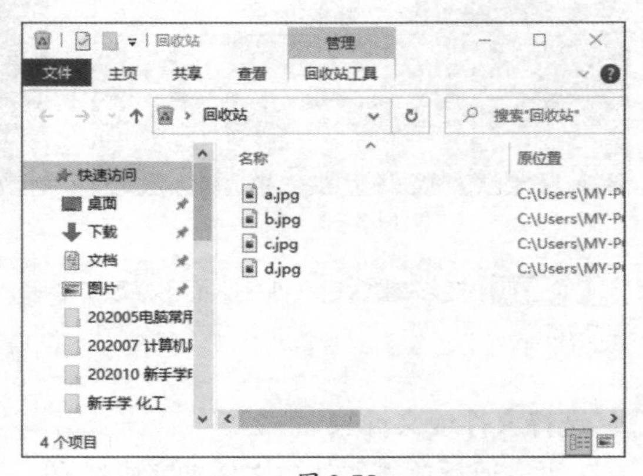

图 3-75

删除到回收站的文件，可以在选中后选择"还原"选项，进行恢复。如果在回收站执行"删除"或者"清空回收站"操作，将会彻底删除文件或文件夹，无法找回。

6. 移动或复制文件或文件夹

移动文件或文件夹时，先选中需要移动的源文件及文件夹，使用Ctrl+X组合键，此时文件或文件夹变成透明状态。在目标文件夹中，使用Ctrl+V组合键进行粘贴，完成文件或文件夹的移动。和移动类似，在选中源文件或文件夹后，使用Ctrl+C组合键进行复制，在目标位置使用Ctrl+V组合键进行粘贴。结果是两处文件和文件夹是相同的，这就是复制操作。

除了使用快捷键外，还可以手动拖曳文件或文件夹到新的位置，如果是不同分区，该操作就是复制。而在相同分区的不同文件夹中进行拖曳，则是移动文件。

也可以通过右键菜单中的“复制”“剪切”“粘贴”选项完成以上操作。

3.5 系统自带工具的使用

Windows 10之所以强大，除了支持最新的硬件、漂亮的外观、更大的兼容性外，其自带了很多实用的工具，本节将对相关的知识进行介绍。

3.5.1 Edge浏览器的应用

Microsoft Edge浏览器是微软在Windows 10中推出的一款新型浏览器，取代了传统的IE浏览器。Microsoft Edge浏览器功能很全面，可以通过登录微软账号，同步浏览器设置和收藏夹。而且Microsoft Edge浏览器还有着支持插件扩展、网页阅读注释等特色功能，为用户带来高效便捷的网页浏览体验。下面介绍Edge浏览器的常见功能。

1. 浏览网页

在桌面上双击Microsoft Edge浏览器图标，打开浏览器，如图3-76所示。在地址栏输入要访问的网站地址，如www.dssf007.com，按Enter键就可以加载网页，如图3-77所示。

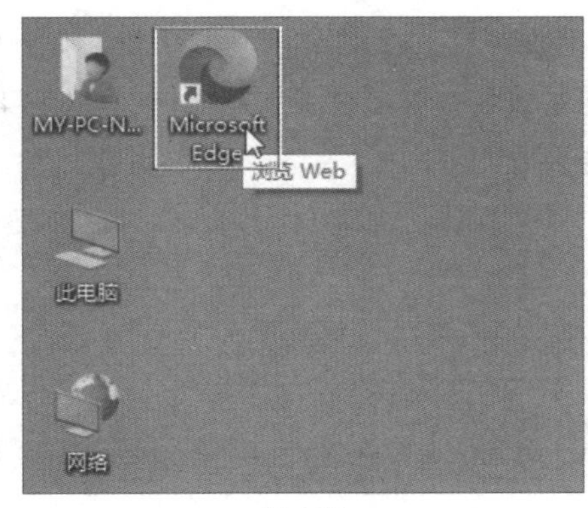

图 3-76

图 3-77

2. 设置主页

打开浏览器，单击右上角的“设置及其他”按钮，选择“设置”选项，如图3-78所示。在“启动时”选项组中选中“打开一个或多个特定页面”单选按钮，并单击“添加新页面”按钮，如图3-79所示。

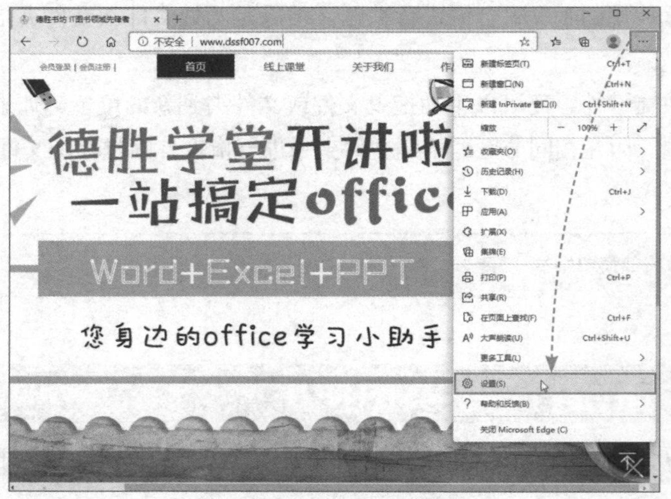

图 3-78

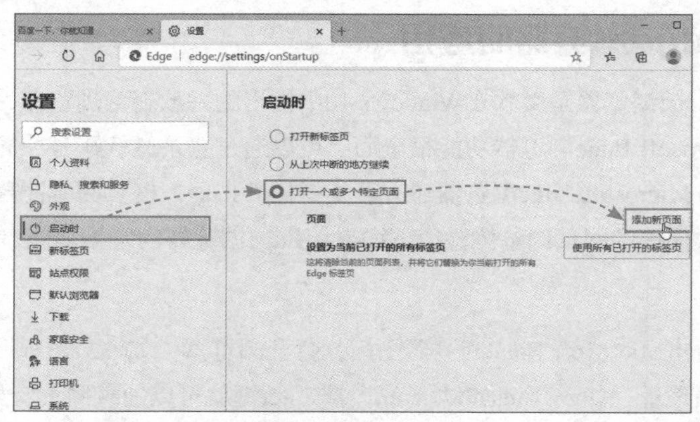

图 3-79

在“添加新页面”界面中输入作为主页的网站域名，单击“添加”按钮，如图3-80所示。再打开Microsoft Edge浏览器，会自动转到设置的界面中。

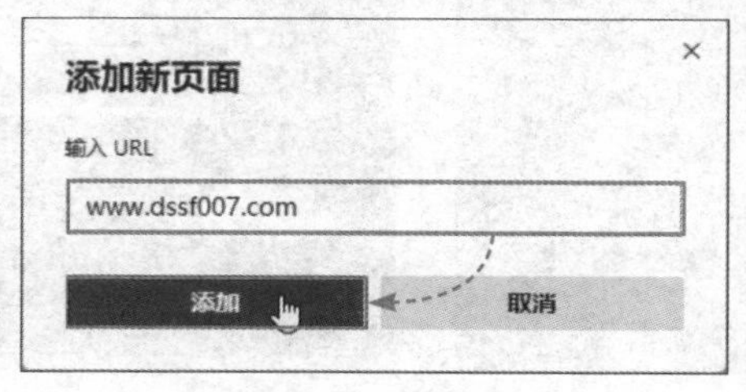

图 3-80

动手练 收藏网页

打开要收藏的网站后，在Microsoft Edge浏览器的地址栏后方单击“收藏”按钮，如图3-81所示。在弹出的“编辑收藏夹”中设置该页面的收藏名称，设置收藏的位置，单击“完成”按钮，如图3-82所示。

图 3-81

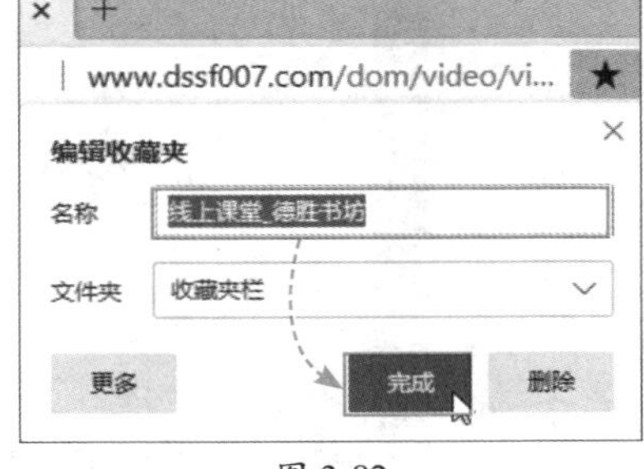

图 3-82

知识点拨

用户可以单击浏览器右上角的“设置和其他”按钮，从“收藏夹”的级联菜单中选择“显示收藏夹”选项，并继续从其级联菜单中选择“始终”选项，这样收藏夹就会始终显示在浏览器上。

动手练 截图功能的应用

通过截图工具可以将当前计算机状态、工作需要的内容、出现问题的状态等，通过图片的形式记录下来或者发送给可以帮助的人。截图比口述更能说明问题，可以更快地解决问题。Windows 10本身带有截图工具，不使用第三方软件就可以快速截取图片，非常方便。

Step 01 在Windows菜单中，找到并启动“截图和草图”工具，如图3-83所示。在上方的菜单区域单击“窗口截图”按钮，如图3-84所示。

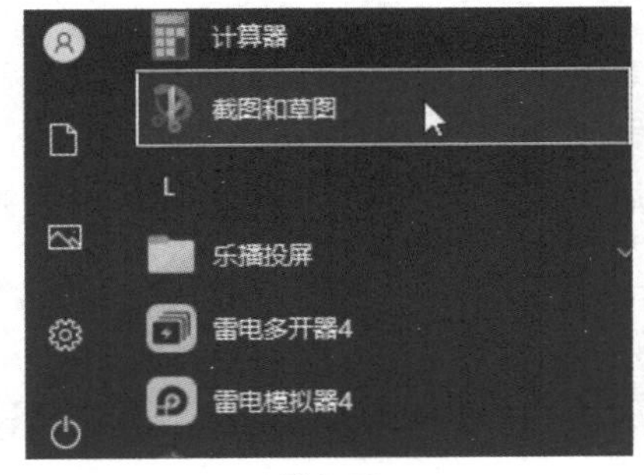

图 3-83

图 3-84

Step 02 将光标移动到需要截取的窗口中，此时截图工具会自动识别当前区域是否是窗口，如果是窗口，自动调整截图范围到整个窗口，如图3-85所示。单击就可以完成窗口截取。

Step 03 截取后，在需要粘贴的位置使用Ctrl+V组合键进行粘贴。

图 3-85

知识点拨

除了截取窗口外，截图功能还支持截取矩形区域、截取任意形状，如图3-86所示，定时截图等功能。截图功能的快捷键是Win+Shift+S。

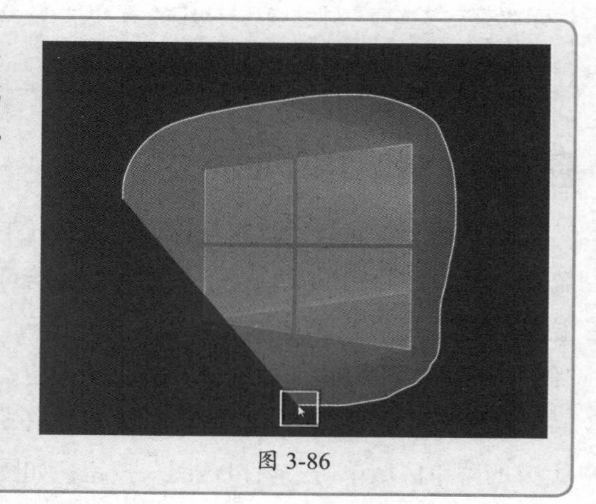

图 3-86

3.5.2 多屏显示切换

不管是笔记本电脑还是台式机，在连接了另一台显示器后，可以快速切换显示模式，下面介绍具体操作方法。

1. 双显示器显示

Step 01 单击桌面右下角的“通知”按钮，在弹出的菜单中单击“投影”按钮，如图3-87所示。

Step 02 在弹出的投影方式中选择“复制”选项，如图3-88所示，这样，第二台显示器将和第一台显示器显示同样的内容。

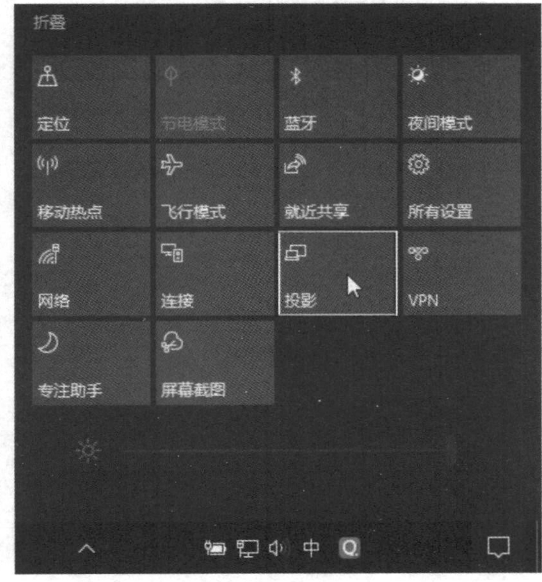

图 3-87

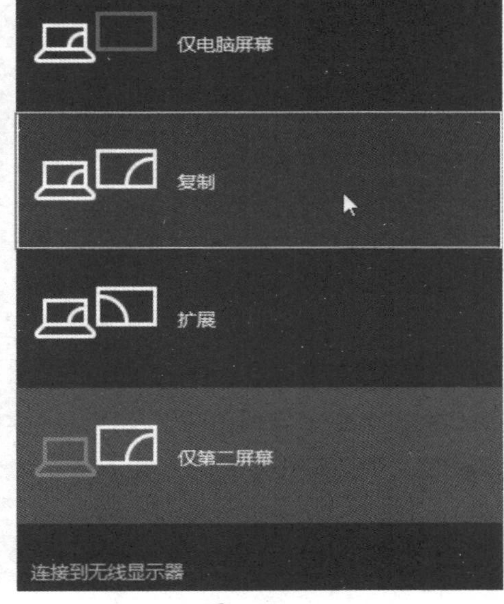

图 3-88

知识点拨

“仅计算机屏幕”指只有主屏显示，如果要主屏不显示，仅连接的屏显示，可以选择“仅第二屏幕”选项。“复制”是主屏和第二屏幕显示的内容是一样的，但扩展屏的分辨率可能会根据主屏的分辨率而变化。“扩展”指将第二显示屏作为独立的桌面进行显示，和主屏是扩充的关系。逻辑上在主屏的右侧，可以拖曳程序过去显示。

2. 手机投屏计算机

手机投屏到电视非常常见，手机投屏到计算机则需要通过安装第三方软件来实现。其实Windows 10支持手机投屏到笔记本电脑，无须安装其他软件就可以实现。下面介绍具体的操作步骤。

Step 01 使用Win+I组合键启动“Windows设置”，单击“系统”按钮，如图3-89所示。

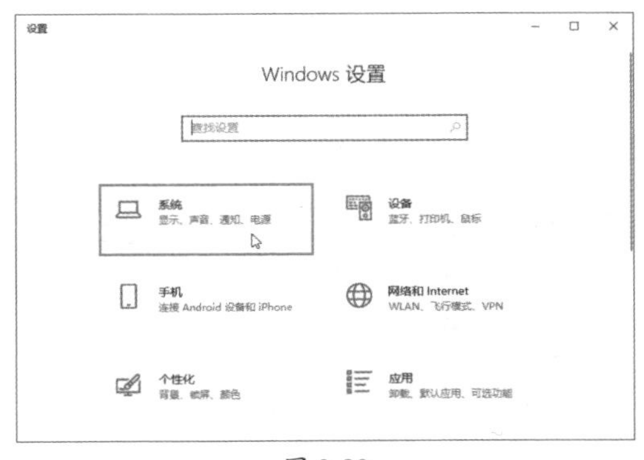

图 3-89

Step 02 选择“投影到此电脑”选项，因为默认没有该功能模块，需要添加。单击“可选功能”链接，如图3-90所示。

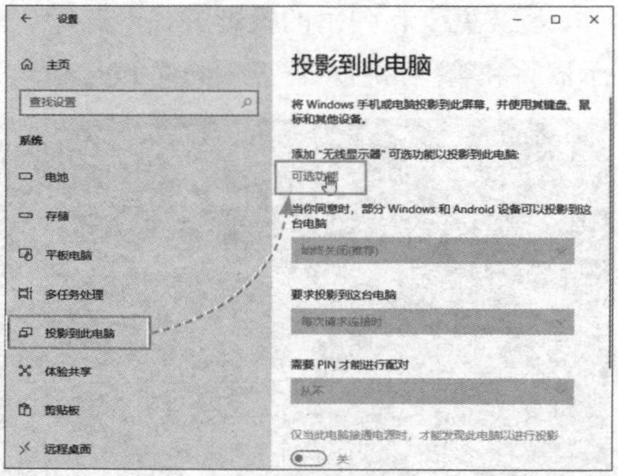

图 3-90

Step 03 在这里可以查看到已经添加的功能，单击“添加功能”按钮，继续添加功能，如图3-91所示。

图 3-91

Step 04 找到并勾选“无线显示器”复选框后，单击“安装”按钮，如图3-92所示。

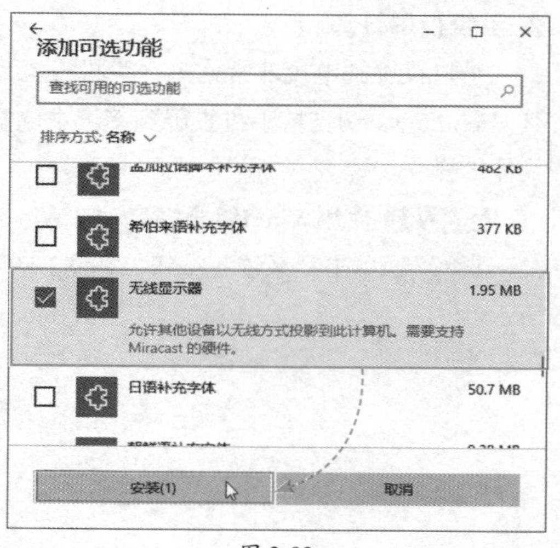

图 3-92

Step 05 完成安装返回“投影到此电脑”界面，开启功能，如图3-93所示。

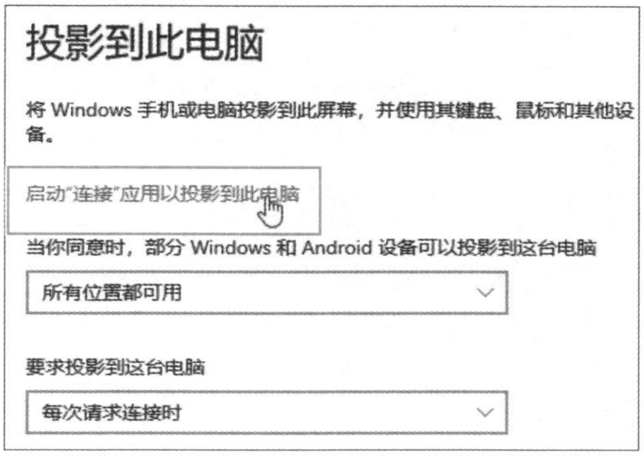

投影到此电脑

将 Windows 手机或电脑投影到此屏幕，并使用其键盘、鼠标和其他设备。

启动“连接”应用以投影到此电脑

当你同意时，部分 Windows 和 Android 设备可以投影到这台电脑

所有位置都可用

要求投影到这台电脑

每次请求连接时

图 3-93

Step 06 用手机搜索投屏信号连接，并在笔记本电脑端同意后开启投屏，如图3-94所示。

图 3-94

3.6 系统的维护和更新

相对于硬件系统的固定性来说，计算机的系统直接面向用户，也是最多变的。相较于硬件，更需要经常进行管理和维护，让系统时钟保持在一个高效的运行状态中，为用户服务。系统的维护包括系统安全软件的使用、重要数据的备份还原、硬盘的整理以及数据的灾难性恢复。最重要的是要开启更新功能。

3.6.1 安全软件的使用

计算机的威胁有很多，最常见的就是病毒和木马。本节将介绍计算机病毒木马以及防毒杀毒的知识。现在的安全软件不仅可以做到查杀病毒，还能长期监控系统的状态并对文件实时扫描。下面介绍一款比较热门的安全软件——火绒的使用。该软件是一款杀防一体的安全软件，还能对计算机进行管理，包括个人产品和企业产品。

Step 01 进入主界面，单击“病毒查杀”按钮，如图3-95所示。

Step 02 在弹出的查杀模式中单击“全盘查杀”按钮，如图3-96所示。

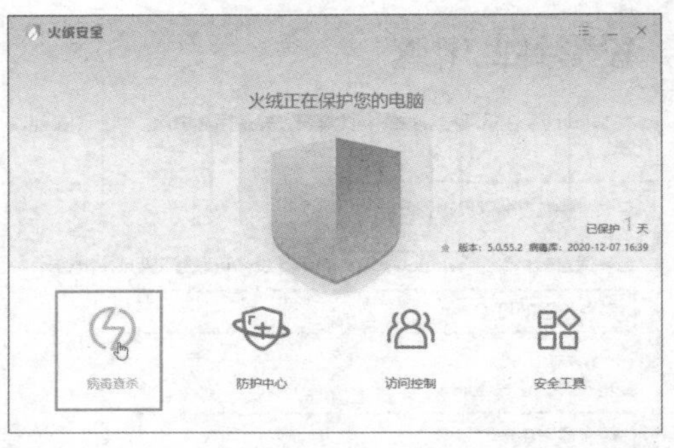

图 3-95

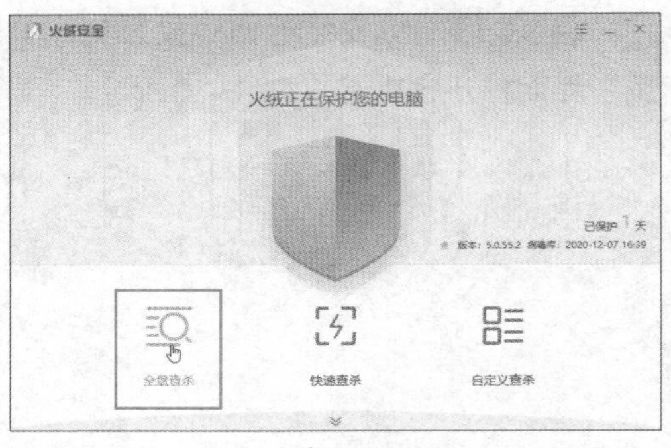

图 3-96

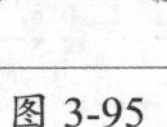

Step 03 软件会自动扫描当前磁盘的所有分区、目录及文件，同病毒库进行比对，也就是进行杀毒操作，如图3-97所示。

Step 04 完成后会弹出提示信息，单击“完成”按钮，如图3-98所示。

图 3-97

图 3-98

3.6.2 使用Windows备份还原功能

操作系统安装完毕后，最好给系统做个备份，以便在出现问题后，可以快速还原到备份前的状态。操作系统的备份和还原工具有很多，下面介绍使用系统自带的工具进行备份与还原。这里的备份还原功能，备份和还原包括数据文件、库文件、系统文件和手动配置的参数等，可以做到增量备份。下面介绍具体的操作方法。

1. 创建 Windows 备份

Step 01 使用Win+I组合键启动“Windows设置”，单击“更新和安全”按钮，如图3-99所示。

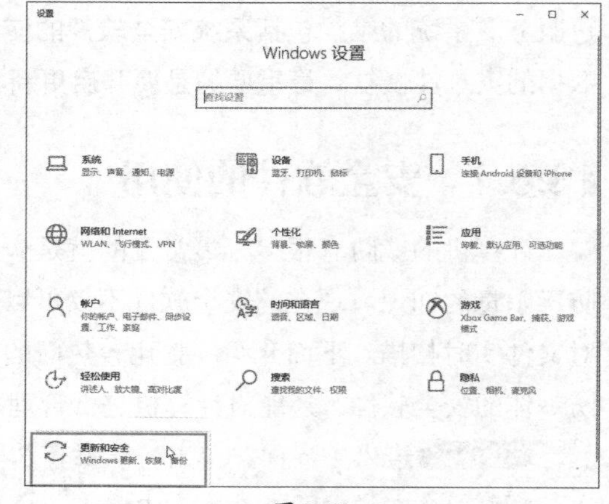

图 3-99

Step 02 选择“备份”选项，单击“添加驱动器”按钮，如图3-100所示。

知识点拨

Windows考虑得比较全面，本驱动器损坏，无论备份在哪个分区，都会损坏，所以需要另一个驱动器的支持。

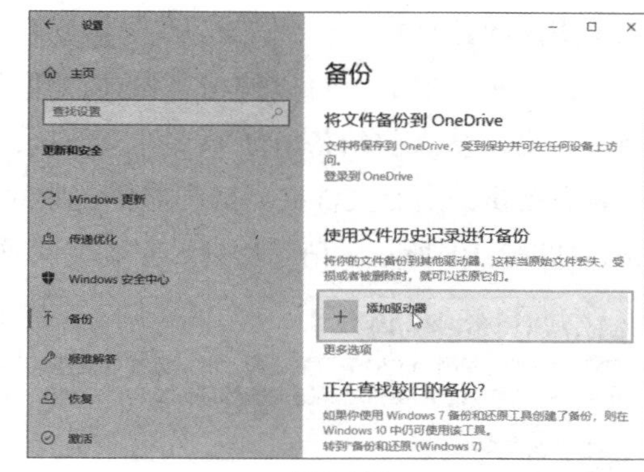

图 3-100

Step 03 添加硬盘后，可以找到并选择新的驱动器，如图3-101所示。

Step 04 “自动备份我的文件”功能按钮自动打开，单击“更多选项”链接，如图3-102所示。

图 3-101

图 3-102

Step 05 进入“备份选项”设置界面，可以设置备份的目录、时间等。用户根据实际情况进行设置。完成后，单击“立即备份”按钮，如图3-103所示。

Step 06 备份完成后，可以查看备份信息，如图3-104所示。

图 3-103

图 3-104

2. 使用备份还原

在出现问题后，可以使用备份还原用户的文件等。首先进入“备份选项”功能界面，单击“从当前的备份还原文件”链接，如图3-105所示。在弹出的备份内容中，可以查看备份的所有文件夹。选中需要还原的文件夹或文件，单击“还原到原始位置”按钮，如图3-106所示。稍等片刻，完成文件或文件夹的还原。

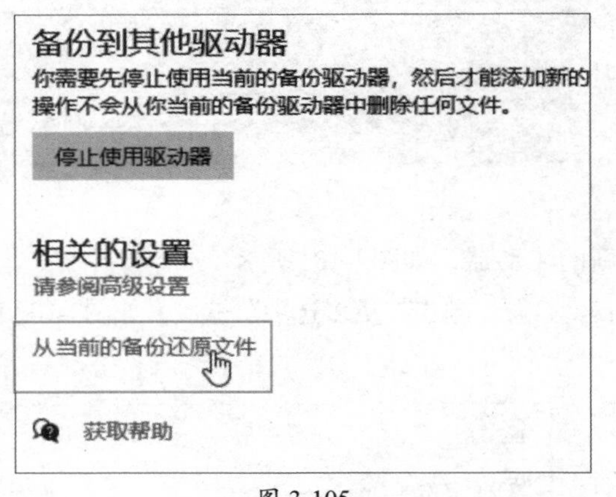

图 3-105

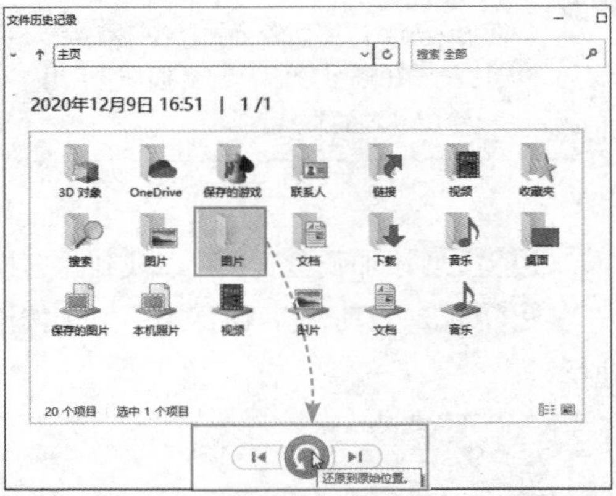

图 3-106

3.6.3 机械硬盘的碎片整理

在计算机工作时，文件被分散保存到磁盘分区的不同地方，而不是连续地保存在磁盘的簇中。其他如浏览器浏览信息时生成的临时文件也会在系统中形成大量的碎片。碎片整理的作用是将这些不连续的文件连续地存储在硬盘上，加快硬盘的读取效率。定期进行磁盘的碎片清理，可以提升计算机硬盘的运行效率。

注意事项 由于存储机制的不同，以下都是对机械硬盘的操作，固态硬盘不可进行碎片整理，否则会影响其寿命。

Step 01 进入“此计算机”，在需要碎片整理的分区上右击，在弹出的快捷菜单中选择“属性”选项，如图3-107所示。

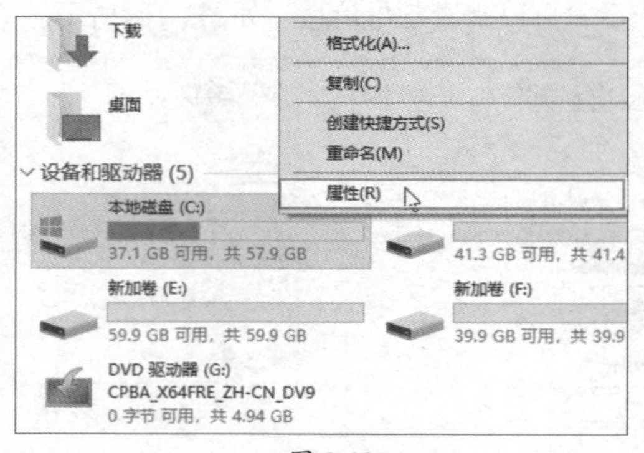

图 3-107

Step 02 切换到“工具”选项卡，单击“优化”按钮，如图3-108所示。

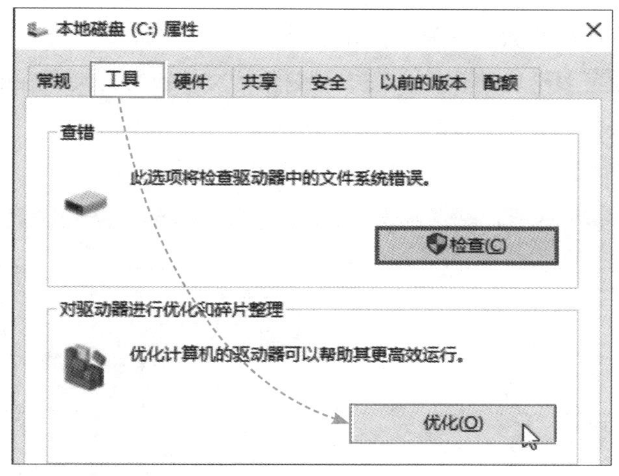

图 3-108

Step 03 选择“C:”盘，单击“分析”按钮，如图3-109所示。

Step 04 分析完毕，单击“优化”按钮，如图3-110所示。

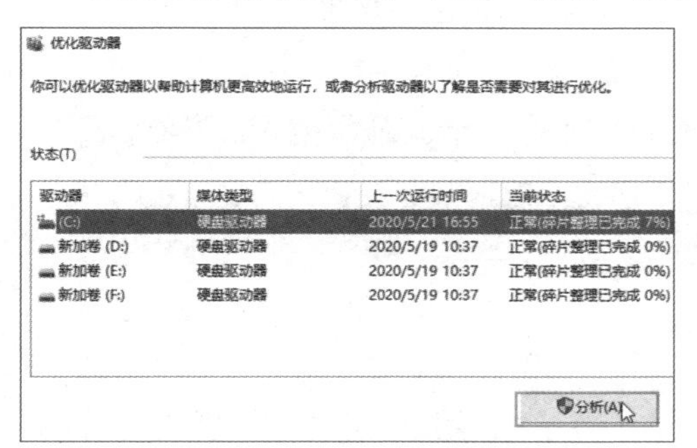

图 3-109

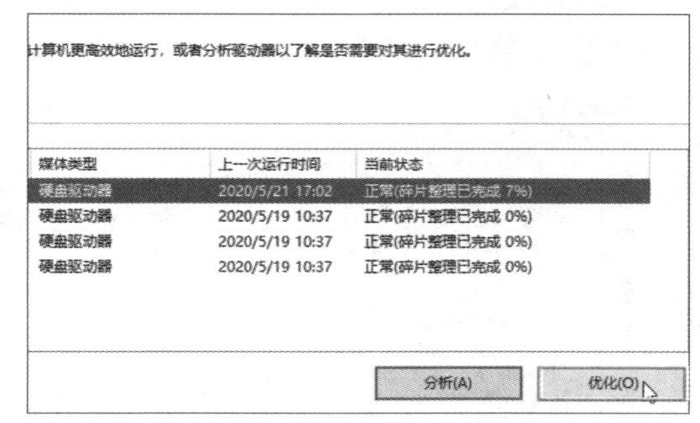

图 3-110

Step 05 软件开始碎片整理，完成后可以查看整理效果，如图3-111示。

状态(T)

驱动器	媒体类型	上一次运行时间	当前状态
(C:)	硬盘驱动器	2020/5/21 17:03	正常(碎片整理已完成 0%)
新加卷 (D:)	硬盘驱动器	2020/5/19 10:37	正常(碎片整理已完成 0%)
新加卷 (E:)	硬盘驱动器	2020/5/19 10:37	正常(碎片整理已完成 0%)
新加卷 (F:)	硬盘驱动器	2020/5/19 10:37	正常(碎片整理已完成 0%)

图 3-111

3.6.4 数据恢复

数据恢复是使用软件从硬盘上恢复已经删除或者损坏的文件。这里使用的是R-Studio。R-Studio是一个功能强大、节省成本的反删除和数据恢复软件。它采用独特的数据恢复新技术，为恢复各种分区的文件提供了最为广泛的数据恢复解决方案。

动手练 恢复数据的方法

下面介绍数据恢复的操作步骤。

Step 01 启动软件，选中被删除的文件或文件夹所在的分区，单击“扫描”按钮，如图3-112所示。

Step 02 单击“已知文件类型”按钮，如图3-113所示。

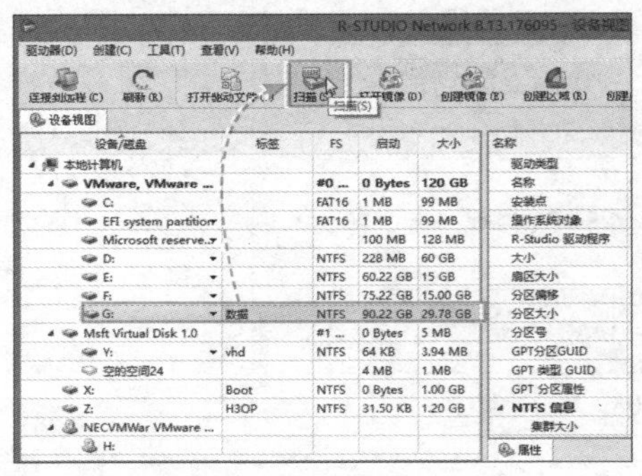

图 3-112

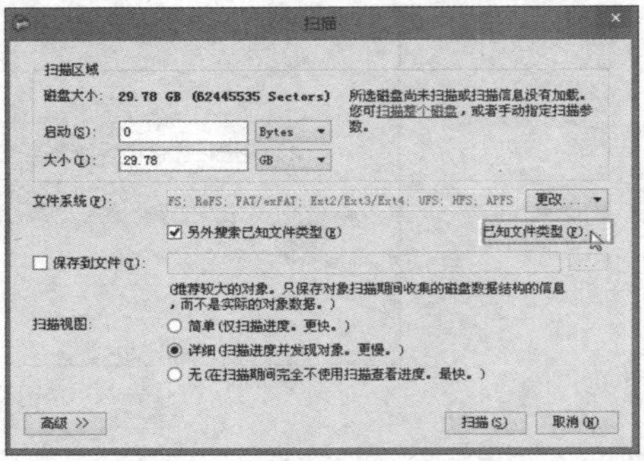

图 3-113

Step 03 选择需要扫描的类型，完成后单击“确定”按钮，如图3-114所示。

Step 04 保持其余选项默认参数，单击“扫描”按钮，如图3-115所示。

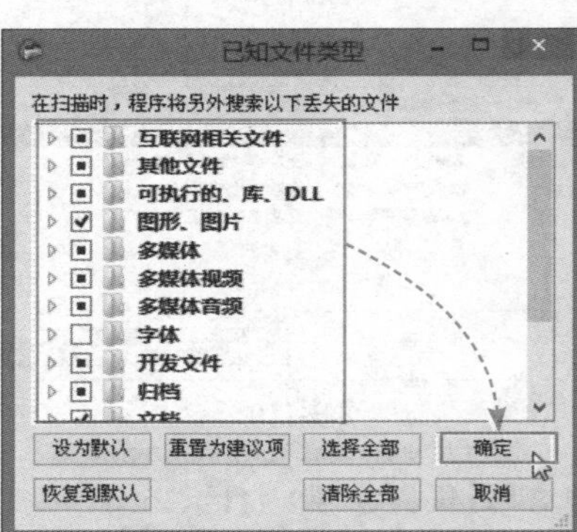

图 3-114

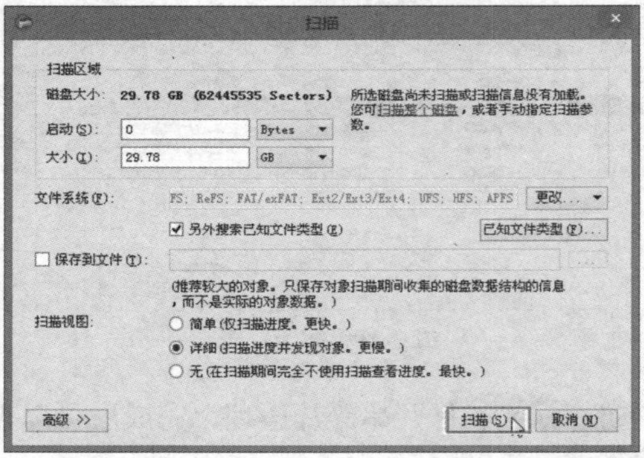

图 3-115

Step 05 扫描完毕后，选中扫描的“G：”盘，单击“打开驱动文件”按钮，如图3-116所示。

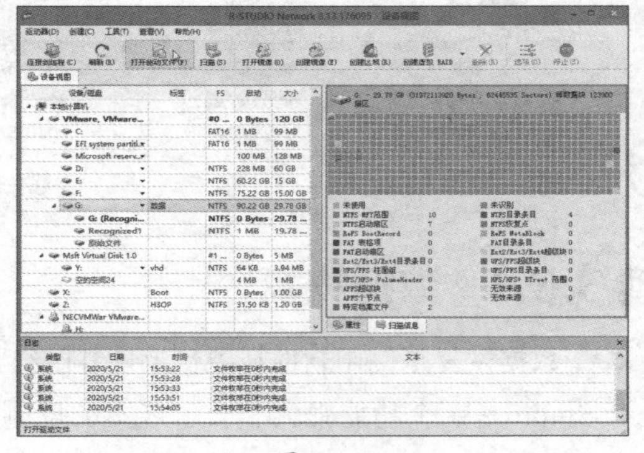

图 3-116

Step 06 查看文件是否为删除的文件，如图3-117所示。

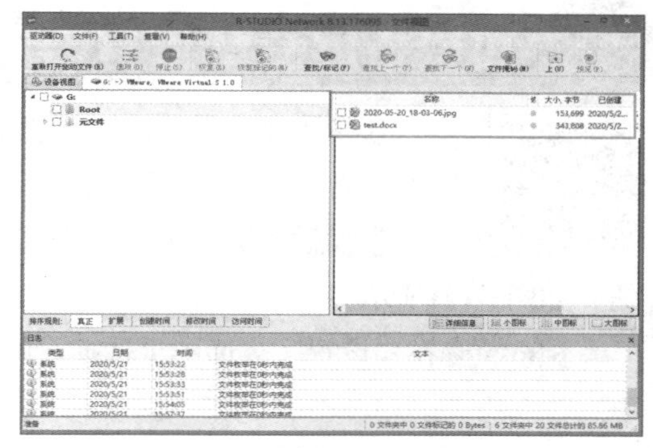

图 3-117

Step 07 确认无误后，选中文件，单击“恢复标记的”按钮，如图3-118所示。

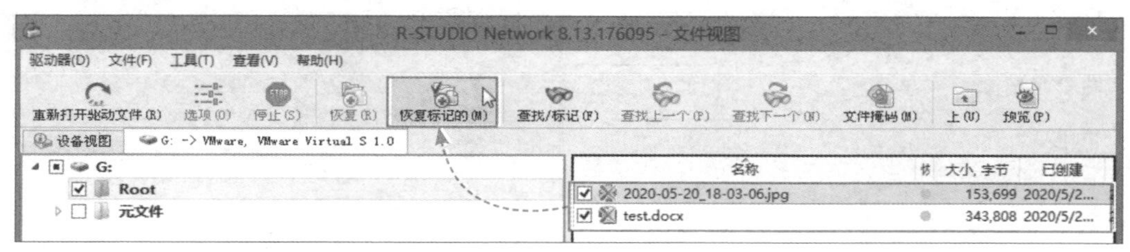

图 3-118

Step 08 在“恢复”对话框中选择恢复到的位置，单击“确认”按钮，如图3-119所示。完成后，可以到指定目录中查看恢复的文件，如图3-120所示。

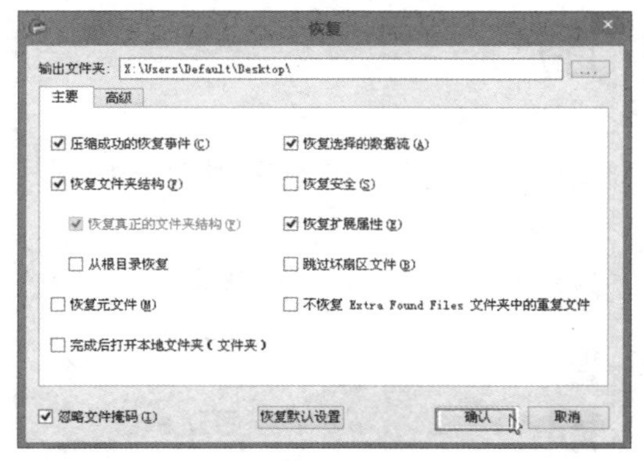

图 3-119

图 3-120

注意事项 硬盘一旦发生故障，而且又有非常重要的文件，请立即停止使用，关机等待修复。否则有可能被新数据覆盖，加大恢复的难度。数据修复从原理上是可行的，但不能保证百分之百成功地修复。利用一些高级软件和高级设备，是可以修复覆盖了几层甚至几十层的数据，但代价非常大，包括时间、精力和资金。所以普通用户在使用计算机时，一定要做好数据备份工作。如果出现状况，只能使用一些常用恢复软件，尽量去尝试查找修复。

知识拓展：禁用自启动软件

有些软件会跟随计算机启动而自动运行，不仅占用了系统资源，而且拖慢了系统开机速度，可以通过系统自带的管理功能禁用。下面介绍具体步骤。

Step 01 使用Win+I组合键启动“Windows 设置”，单击“应用”按钮，如图3-121所示。

Step 02 在“设置”界面中，选择左侧的“启动”选项，如图3-122所示。

图 3-121

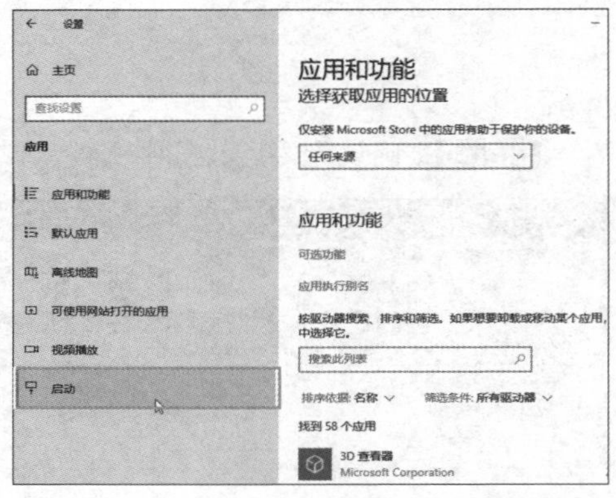

图 3-122

Step 03 在列表中，找到需要关闭开机启动的应用并打开开关，如图3-123所示。关闭后如图3-124所示。

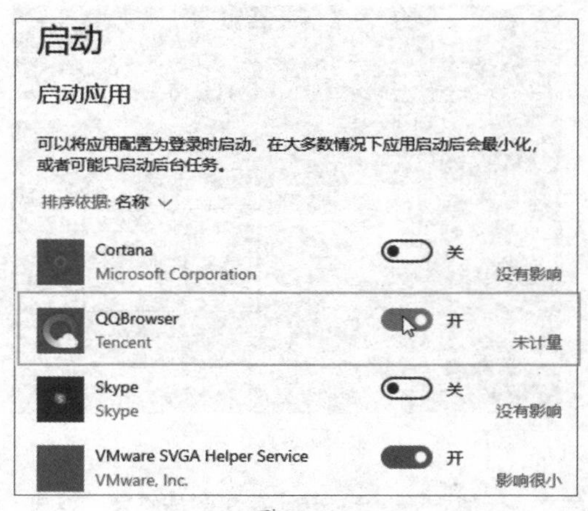

图 3-123

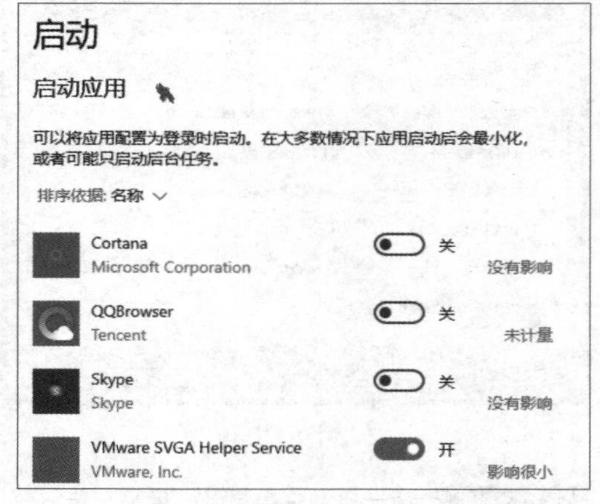

图 3-124

知识点拨

在开关右侧，列出了该启动项对于系统的影响。一般禁用第三方软件，对系统运行没有影响。如果是系统软件、使用了系统功能的软件或必须开机启动的软件，则需要谨慎考虑是否要禁用。当然，禁用后如果对开机或者系统造成的影响较大，可以再次设置其开机启动。

第 4 章

Word文档的日常处理

在日常工作中，尤其是对办公一族来说，Office软件是必不可少的。本书将用三章的篇幅重点介绍Office最常用的三大组件：Word、Excel、PowerPoint。

Word是最常使用的文字处理软件之一，可以对文本内容进行编辑、美化、排版等。本章将对Word的使用方法进行详细介绍。

4.1 Word基础操作

学习是一个循序渐进的过程，掌握Word文档的基础操作是熟练应用该软件的前提。下面从Word文档的基础知识开始介绍。

4.1.1 Word主要功能及应用

Word是一款集文字编辑、页面排版打印与输入于一体的文字处理软件，主要功能如下。

1. 文件管理

Word提供了丰富的文件格式模板，方便用户创建各种具有专业水平的信函、备忘录、报告、公文、书刊以及其他文档。

2. 文字编辑

Word具备强大的文字编辑功能，通过复制、剪切、查找与替换、繁简转换、拼写和语法检查等工具可以很便捷地对文字进行各种编辑和处理。

3. 页面排版

通过Word软件提供的各种工具可以在文档中对文字、图像、声音、动画等对象进行编辑，并可以设置页眉和页脚以及分栏排版。

4. 表格处理

Word可以自动插入表格，或手动制表。表格中的数据能够自动计算，并对表格外观进行各种美化，还可生成各种类型的图表。

5. 图形处理

Word具有图形绘制和图形编辑功能。绘制的形状用于文档排版或美化。

6. 制作 Web 主页

在Word中编写的内容可保存为HTML文件。从而方便快捷地制作Web主页（通常称为网页）。同时也可将编辑好的Word文件通过邮箱、聊天软件等直接发送给他人。

7. 拼写检查

拼写和语法检查功能提高了文章编辑的正确率，如果发现语法错误或拼写错误，Word还提供修正的建议。

8. 打印与输出

Word软件提供了打印预览功能，具有对打印机参数的强大的支持性和配置性。

9. 兼容性

Word支持多种文件格式，这为Word软件和其他软件的信息交互提供了极大方便。

4.1.2 Word操作界面介绍

在使用Word之前，需要先熟悉软件界面。Word软件主要由标题栏、快速访问工具栏、选项卡、功能区、标尺、编辑区、状态栏，以及文件按钮、窗口按钮等部分组成，如图4-1所示。

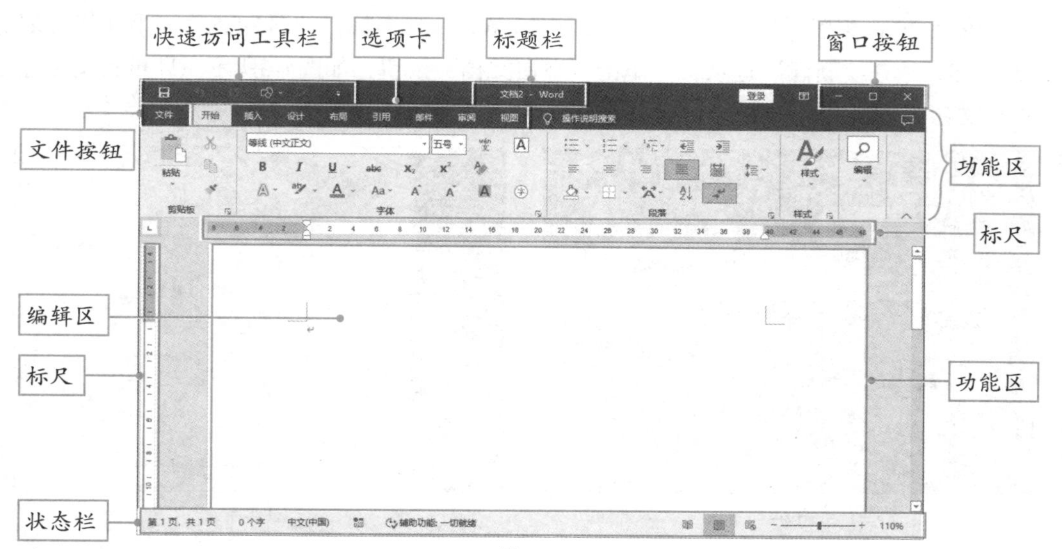

图 4-1

各区域的具体作用如下。

- **快速访问工具栏：** 快速访问工具栏中包含了一组独立的命令按钮，使用这些按钮，能够快速实现例如保存、撤销、恢复等常用操作。
- **标题栏：** 主要作用是显示当前文档的名称。
- **窗口按钮：** 用于对当前窗口进行最大化、最小化及关闭等操作。
- **文件按钮：** 用于打开Office后台视图，在后台视图中可以管理文档以及有关文档的相关数据，例如创建、保存和导出文档、设置文档保护、打印文档等。
- **选项卡：** 包含Word软件的几乎所有功能。Word 2016默认显示开始、插入、设计、布局、引用、邮件、审阅、视图8个选项卡。每个选项卡中又包含了多组操作命令集合。例如，“开始”中包括剪贴板、字体、段落、样式和编辑5个组，主要用于文字编辑和格式设置。
- **功能区：** 功能区中包含文件菜单、选项卡以及选项卡所包含的命令按钮。
- **标尺：** Word标尺分为水平标尺和垂直标尺两种，用来设置或查看段落缩进、制表位、页面边界和栏宽等信息。

- **编辑区**：用于输入文字和特殊符号，插入图片、图表、形状等。
- **状态栏**：用于显示文档状态，例如文档页码、字数、语言模式等。另外还可通过状态栏右侧的命令按钮切换视图模式以及调整页面的缩放比例。

4.1.3 文档的创建与关闭

文档的创建与关闭都很简单，创建文档的方法也有很多种，在此介绍最常见的也是最简单的一种方法，即通过启动Word软件新建文档。

安装Office程序后用户一般会在桌面添加Word快捷图标，如图4-5所示，双击图标启动Word，选择“新建”选项，并单击“空白文档”按钮，如图4-6所示，即可自动创建空白文档。

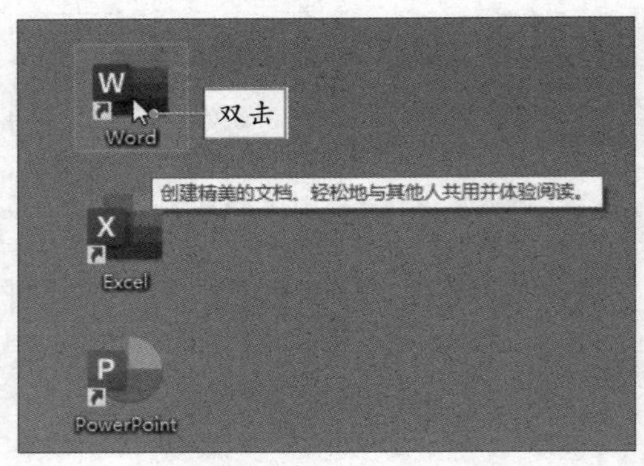

图 4-2

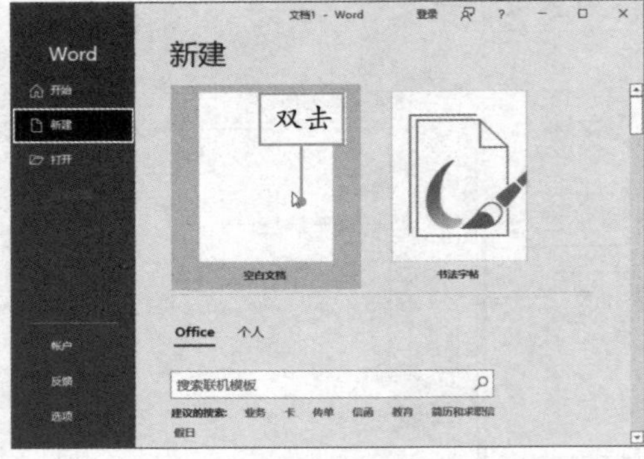

图 4-3

动手练 使用快捷方式新建文档

在使用Word前，需要先新建Word文档，才能在文档中进行文字编辑。

Step 01 在桌面上右击，在弹出的“新建”级联菜单中选择“Microsoft Word文档”选项，如图4-4所示。

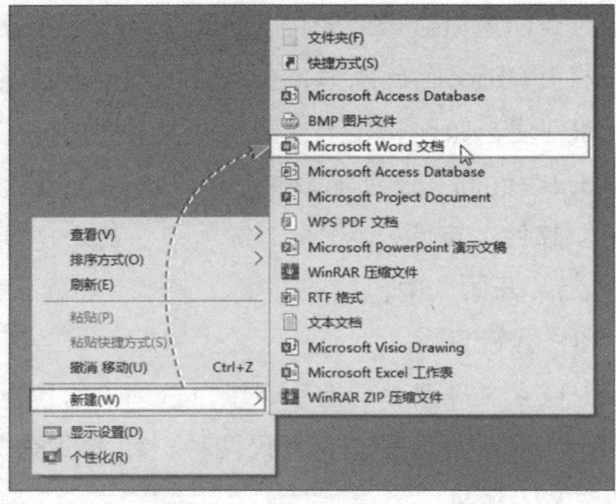

图 4-4

Step 02 软件会新建一个Word文档，名称变为可编辑状态，为文件重命名，如图4-5所示，单击桌面任意位置，完成重命名，文档创建完毕。

图 4-5

Step 03 双击文件图标，会启动Word并自动打开编辑界面，如图4-6所示。

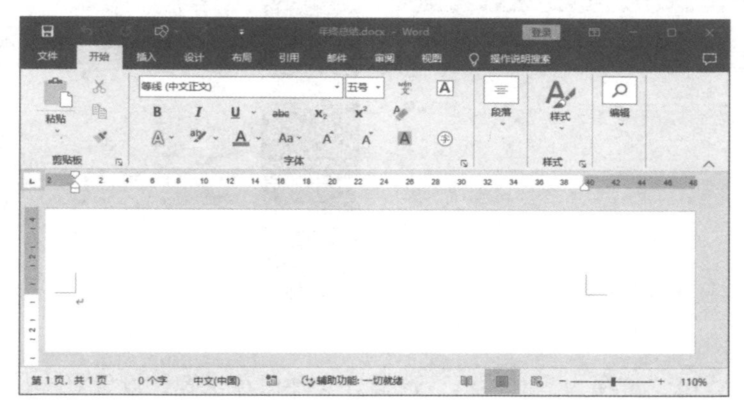

图 4-6

文档的关闭操作很简便，在功能区右上角单击“关闭”按钮即可，如图4-7所示。

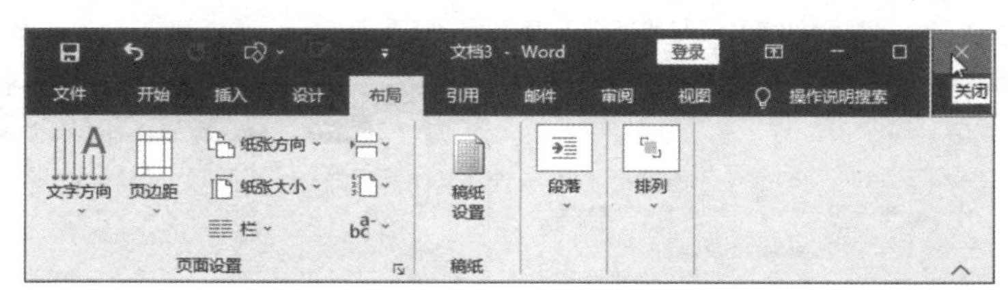

图 4-7

注意事项 若是新建的文档，或对文档进行编辑后未执行保存操作，在关闭文档时，会弹出警告对话框，此时需单击“保存”按钮，先对文档进行保存再关闭，如图4-8所示。

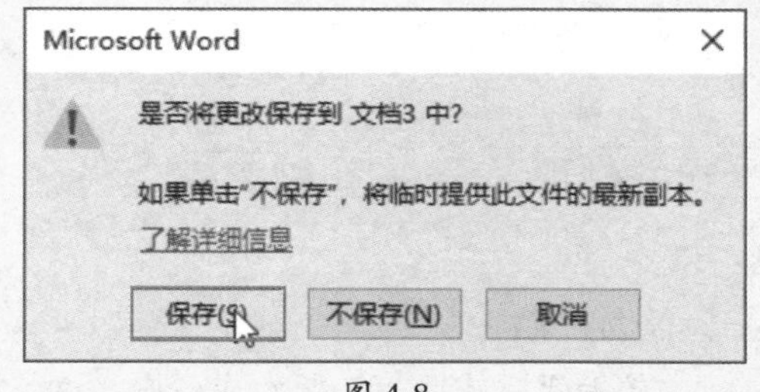

图 4-8

4.1.4 文档的保存与保护

为了保证正在编辑的内容不会因为突然断电、计算机故障等原因造成内容的丢失，需要及时保存文档。另外为了提高文档的安全性，还可对文档进行保护。

1. 保存新建文档

创建Word文档后初次保存时需要为文档指定文件名以及保存路径（即保存到计算机中的什么位置）。

Step 01 在新建文档中单击“保存”按钮，如图4-9所示。

Step 02 自动打开文件菜单中的“另存为”界面，单击“浏览”按钮，如图4-10所示。

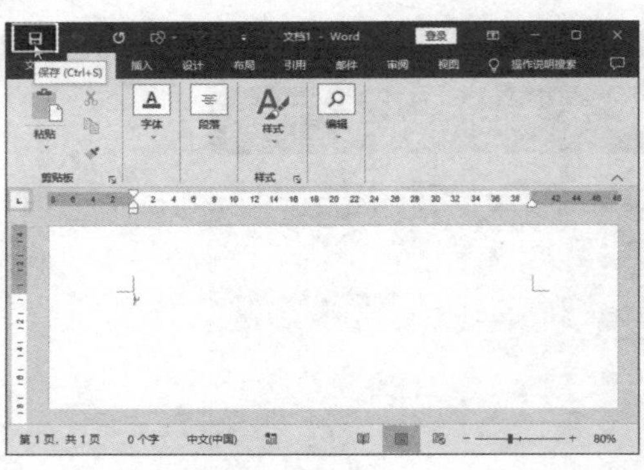

图 4-9

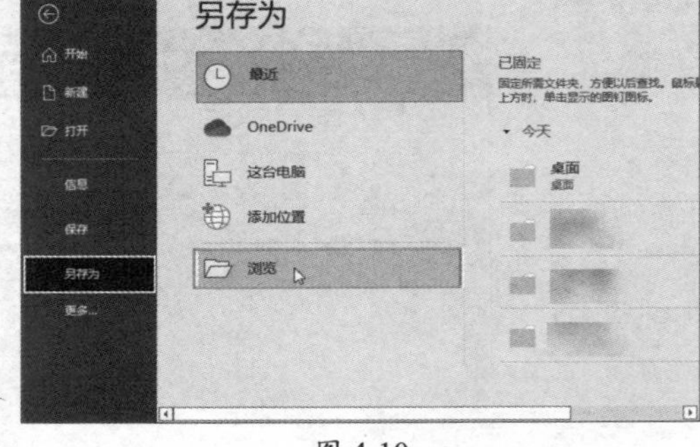

图 4-10

Step 03 弹出“另存为”对话框，选择好文件保存位置，设置好文件名称，单击“保存”按钮，如图4-11所示。

Step 04 文件保存成功后，在Word文档的标题栏中可以看到名称已经发生了变化，此后直接单击“保存”按钮即可保存新编辑的内容，如图4-12所示。

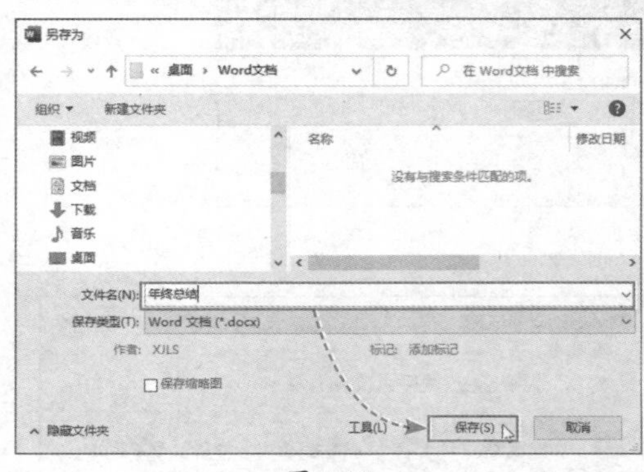

图 4-11

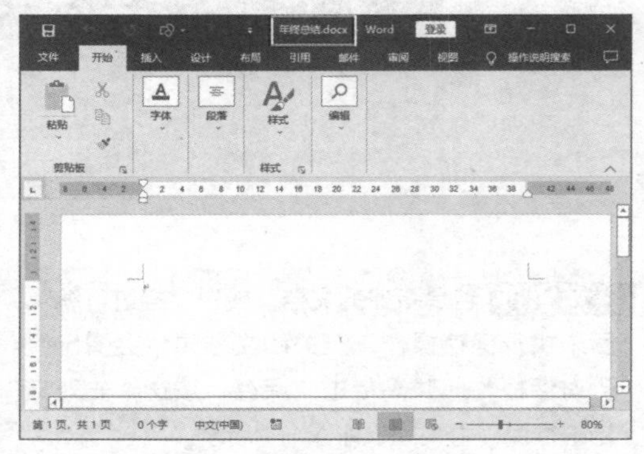

图 4-12

2. 另存为文档

文档编辑完成后，若想生成备份文件，可执行另存为操作。下面介绍具体操作方法。

Step 01 单击“文件”按钮，打开文件菜单，如图4-13所示。

Step 02 打开“另存为”界面，单击“浏览”按钮，如图4-14所示。

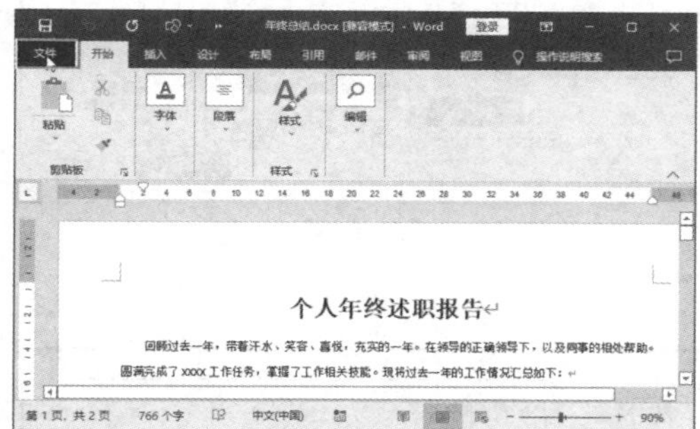

图 4-13

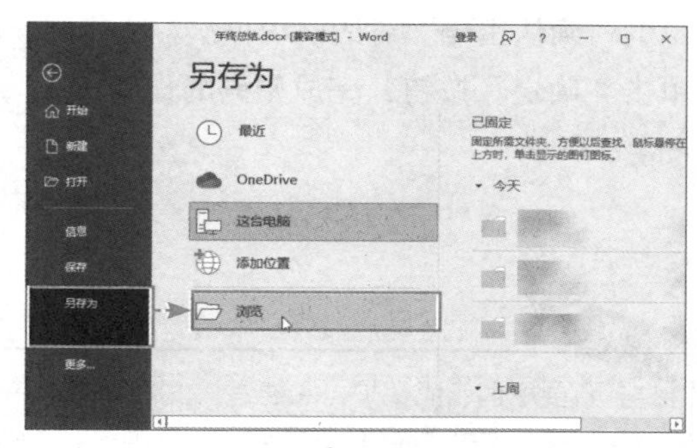

图 4-14

Step 03 弹出“另存为”对话框，选择文档保存位置，在“文件名”文本框中输入名称，如图4-15所示。

Step 04 单击“保存类型”下拉按钮，在下拉列表中可以选择文件的类型，设置完成后单击“保存”按钮即可，如图4-16所示。

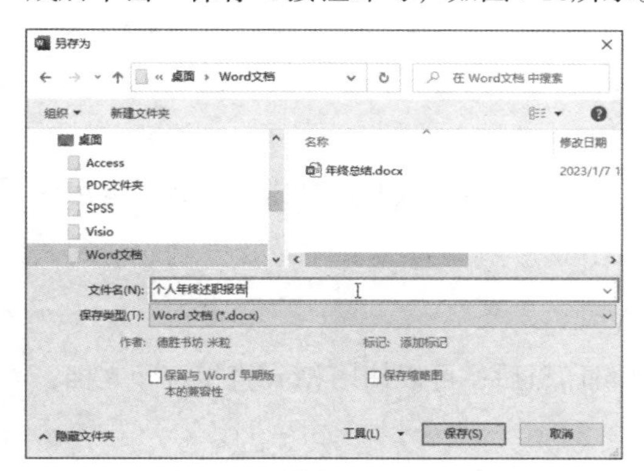

图 4-15

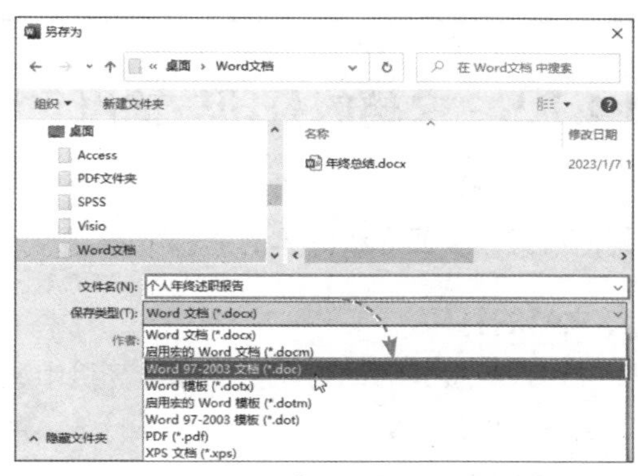

图 4-16

动手练 为文档设置密码保护

设置密码是保护文档的常用手段，也是有效手段，下面介绍为文档设置密码保护的具体方法。

Step 01 在文件菜单中的“信息”界面内单击“保护文档”按钮，在下拉列表中选择“用密码进行加密”选项，如图4-17所示。

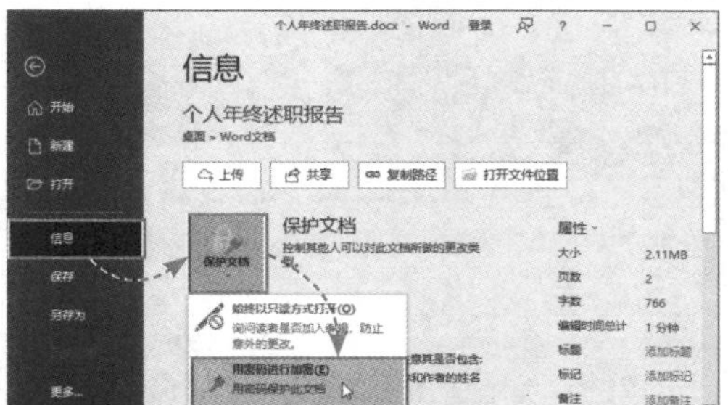

图 4-17

Step 02 弹出“加密文档”对话框，输入密码，单击“确定”按钮，在随后弹出的“确认密码”对话框中再次输入密码，单击“确定”按钮，完成密码的设置，如图4-18所示。

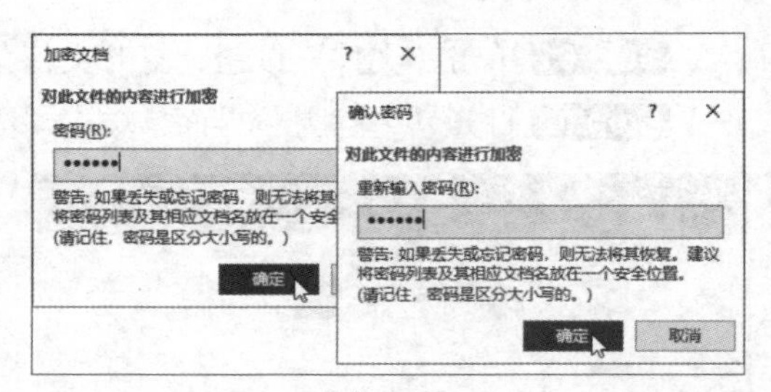

图 4-18

操作提示

若要取消密码保护，需要进入文件菜单，在“信息”界面中再次单击“保护文档”按钮，在弹出的“加密文档”对话框中删除密码，单击“确定”按钮即可，如图4-19所示。

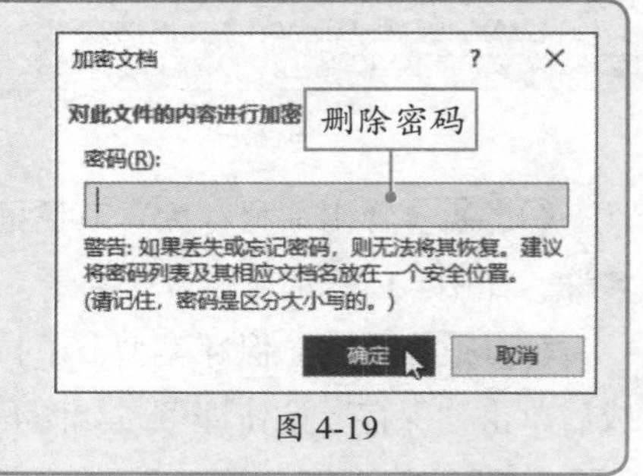

图 4-19

4.1.5 文档的打印与输出

文档编辑完成后，可以直接发给其他人，但很多情况需要打印到纸上，或者输出成其他格式。下面介绍具体的操作步骤。

1. 文档的打印

用户连接并启动打印机，在计算机中添加打印机后，可以使用Word直接打印文档，下面介绍操作步骤。

Step 01 保存Word文档后，单击界面左上角的“文件”按钮，如图4-20所示。

Step 02 选择“打印”选项，在右侧单击“打印机”下拉按钮，在下拉列表中选择用户添加的打印机选项，如图4-21所示。

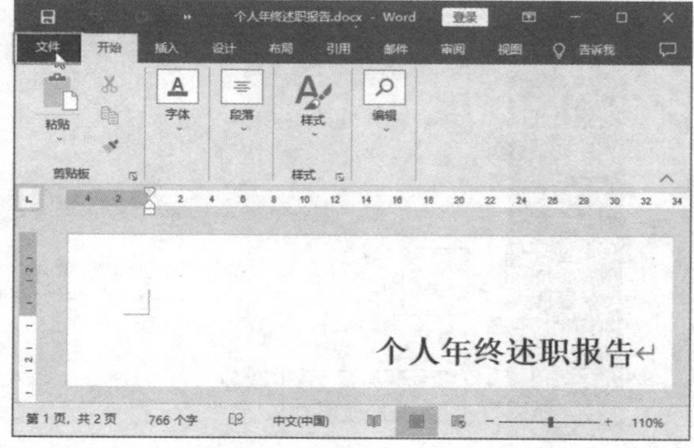

图 4-20

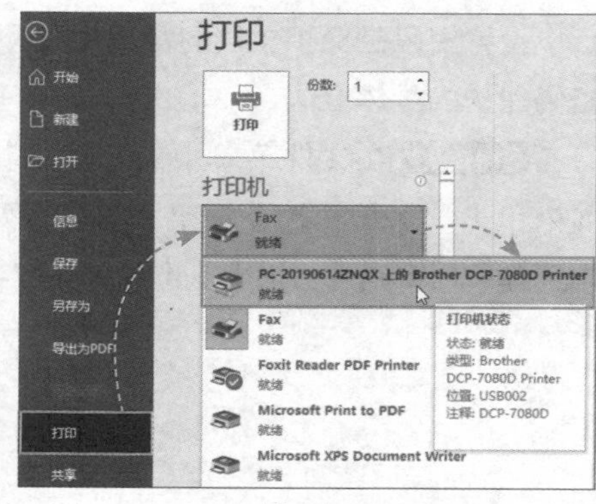

图 4-21

Step 03 在“设置”界面中，按照需要设置打印的参数，设置“打印所有页”“单面打印”“纵向”“A4”尺寸。在右侧可以查看当前设置下的打印的预览效果。设置打印的份数，单击“打印”按钮，如图4-22所示。计算机会将文档发送给打印机进行打印。

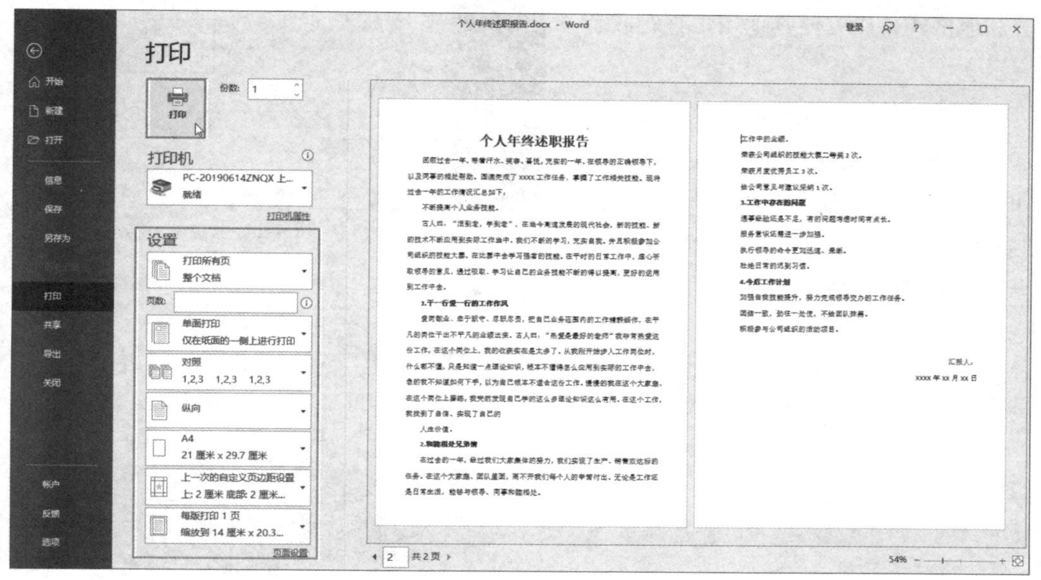

图 4-22

操作提示

这里主要设置的是打印的相关参数。也可以单击打印机下的“打印机属性”链接，打开打印机的“属性”界面，设置打印机的相关参数，如图4-23所示。

图 4-23

2. 文档的输出

默认情况下文档是保存成Word可以使用的格式，用户也可以输出为PDF等其他格式，以方便其他用户查看或者展示。

在“文件”功能界面选择“导出”选项，单击“创建PDF/XPS”按钮，如图4-24所示。选择导出目录后，单击“发布”按钮，如图4-25所示，文档就会被导出成PDF格式。

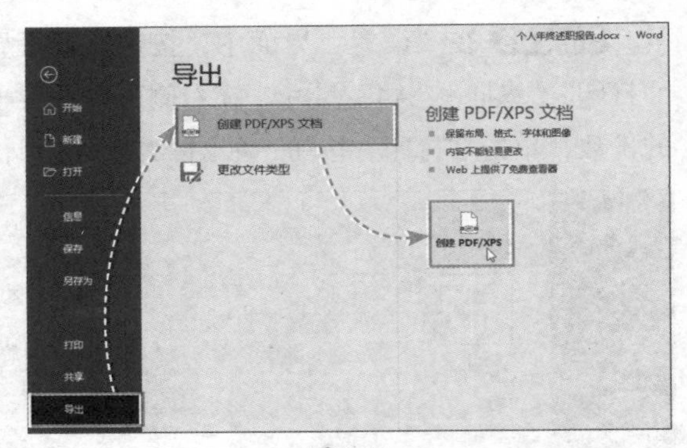

图 4-24

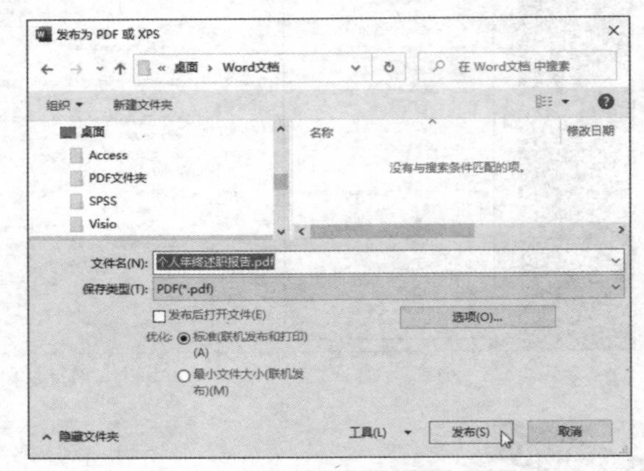

图 4-25

操作提示

在“导出”界面选择“更改文件类型”选项，还可以将当前的Word文档格式导出成模板、txt纯文本、写字板的rtf格式、网页等其他格式的文件，如图4-26所示。

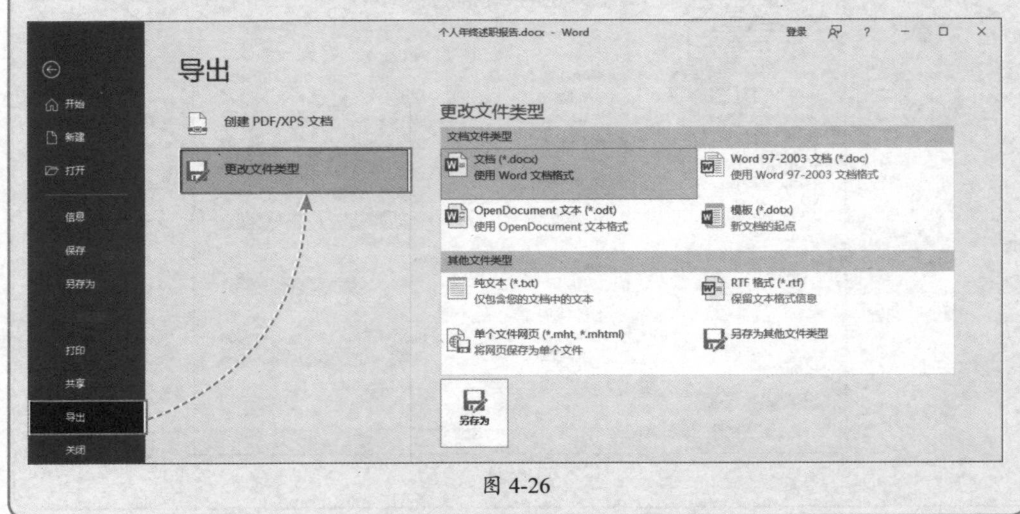

图 4-26

4.2 输入并编辑文档内容

在文档中输入内容有很多技巧，掌握这些技巧能够提高工作效率。另外，对文档内容进行格式、段落、项目符号等编辑还可以让内容更易读。

4.2.1 内容的输入和选择

在文档中输入的内容包括常规字符以及特殊字符。

1. 输入常规内容

在文档中定位好光标，便可直接输入内容，如图4-27所示。按Enter键可切换到下一行，如图4-28所示。

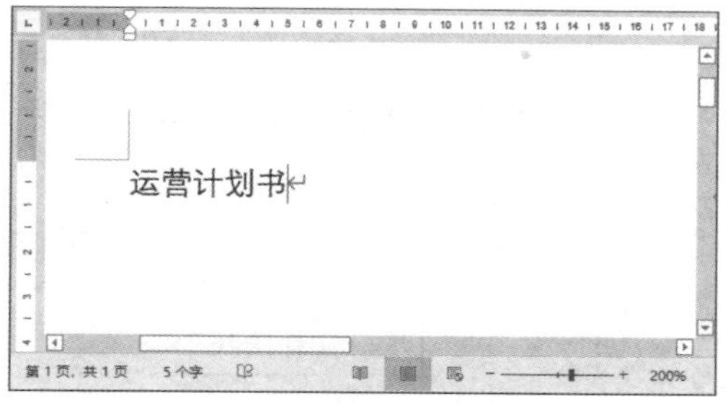

图 4-27

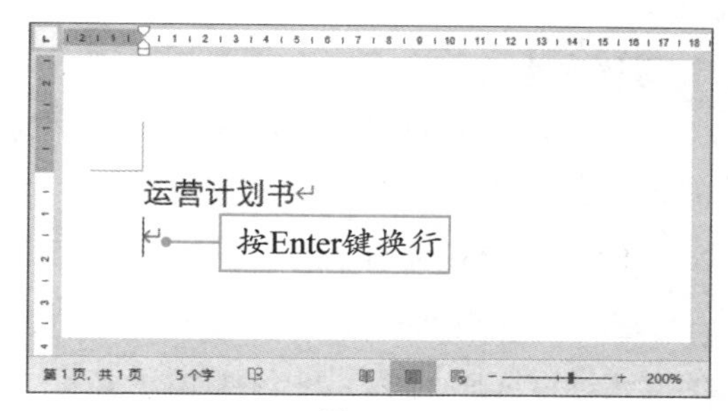

图 4-28

2. 插入特殊符号

Word内置了很多特殊符号，当有一些符号不能通过键盘直接输入时，可通过插入特殊符号功能插入需要的符号。

动手练 输入复选项标识☑

Step 01 打开“插入”选项卡，在“符号”组中单击“符号”下拉按钮，在下拉列表中选择“其他符号”选项，如图4-29所示。

图 4-29

Step 02 弹出“符号”对话框，选择需要使用的符号，单击“插入”按钮，即可将其插入文档中，如图4-30所示。

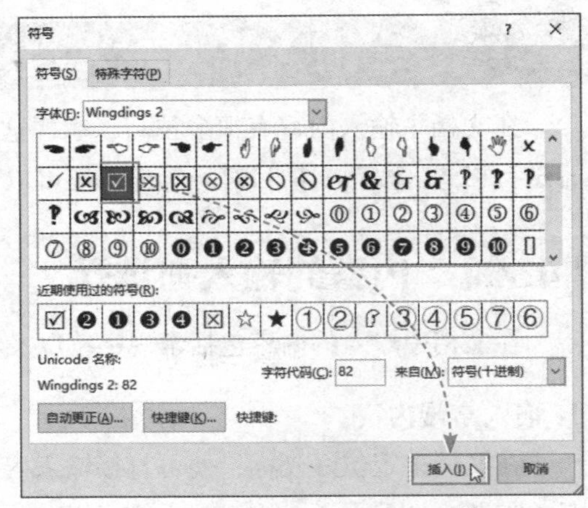

图 4-30

3. 选择文本

在对文本进行设置或者执行其他操作时，需要先选中文本。根据操作的不同，文本的选择也不同。

（1）选择连续的文本

选择连续的文本，只要使用鼠标拖曳的方式进行选择即可，如图4-31所示。

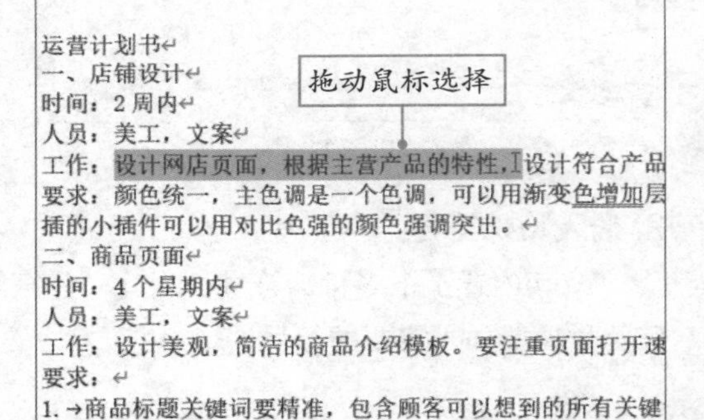

运营计划书
一、店铺设计
时间：2 周内
人员：美工，文案
工作：设计网店页面，根据主营产品的特性，设计符合产品
要求：颜色统一，主色调是一个色调，可以用渐变色增加层
插的小插件可以用对比色强的颜色强调突出。
二、商品页面
时间：4 个星期内
人员：美工，文案
工作：设计美观，简洁的商品介绍模板。要注重页面打开速
要求：
1. →商品标题关键词要精准，包含顾客可以想到的所有关键
2. →风格与店铺主题色系统一，可适当配合渐变等手段。

图 4-31

（2）选择不连续的文本

和选择不连续的文件类似，按住Ctrl键配合鼠标拖曳，可选择不连续的文本，如图4-32所示。

运营计划书
一、店铺设计
时间：2 周内
人员：美工，文案
工作：设计网店页面，根据主营产品的特性，
要求：颜色统一，主色调是一个色调，可以用
插的小插件可以用对比色强的颜色强调突出。
二、商品页面
时间：4 个星期内
人员：美工，文案
工作：设计美观，简洁的商品介绍模板。要注

按住Ctrl键，依次选择

图 4-32

（3）选择整行、整段、整篇文本

如果选择一行，可以将光标移到该行前方，当光标变为向右箭头时单击，可以选择一整行，如图4-33所示。双击可以选中整段，如图4-34所示。

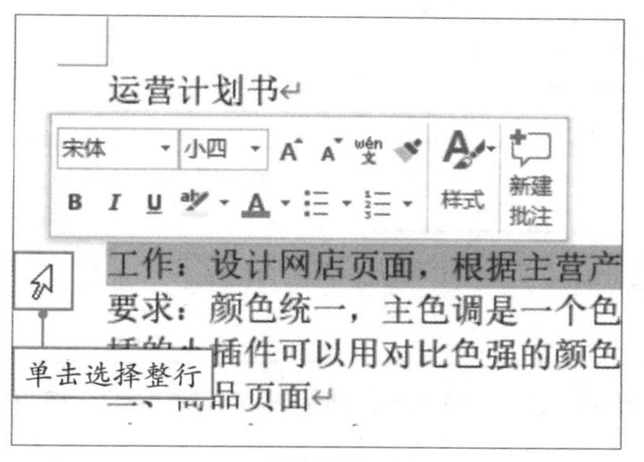

图 4-33

图 4-34

（4）选择文档中所有内容

三击或者使用Ctrl+A组合键可以选择整篇文本。

（5）选择指定起始位置的连续内容

将光标定位到选取开始的位置，在结束位置按住Shift键单击，即可选中中间的全部文本。

> **操作提示**
>
> 选中文本后，使用Ctrl+C组合键可以复制文本。使用Ctrl+X组合键可以剪切文本。将光标定位到需要粘贴的位置使用Ctrl+V组合键，可以将文本复制或移动过来，也可以选中文本后，使用鼠标拖曳的方式移动到指定位置。

4.2.2 输入公式

编辑和数学相关的文档时，经常需要输入公式。利用“公式”功能可以快速向文档插入公式。

打开“开始”选项卡，在“符号”组中单击“公式”下拉按钮，下拉列表中包含了一些内置的公式，选择需要的公式，如图4-35所示。

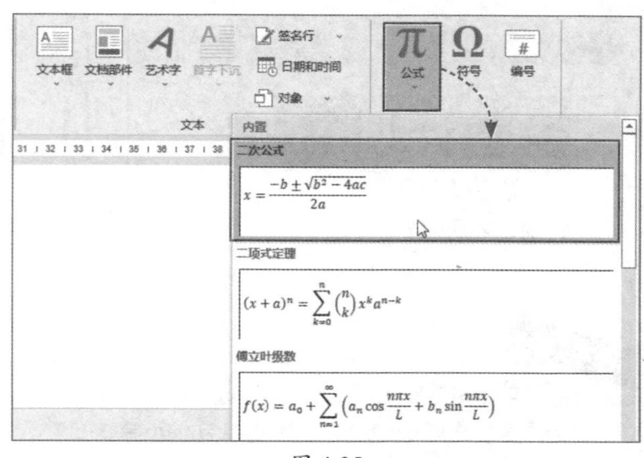

图 4-35

所选公式即可被插入文档，用户可根据需要对公式进行修改，如图4-36所示。

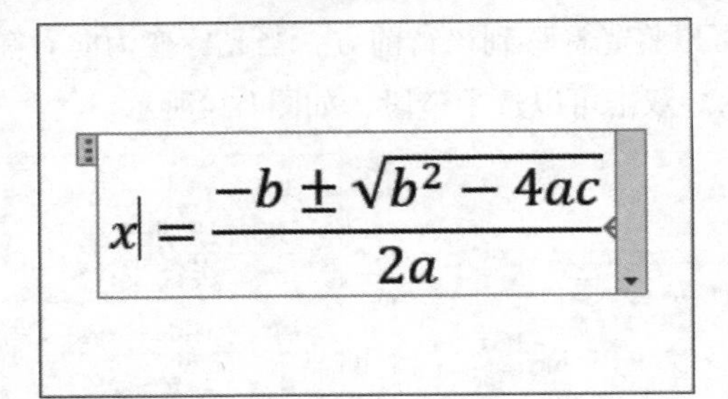

图 4-36

操作提示

插入公式后，Word文档会自动打开“公式工具”|“公式”选项卡，利用该选项卡中的命令按钮可以对公式进行编辑，如图4-37所示。

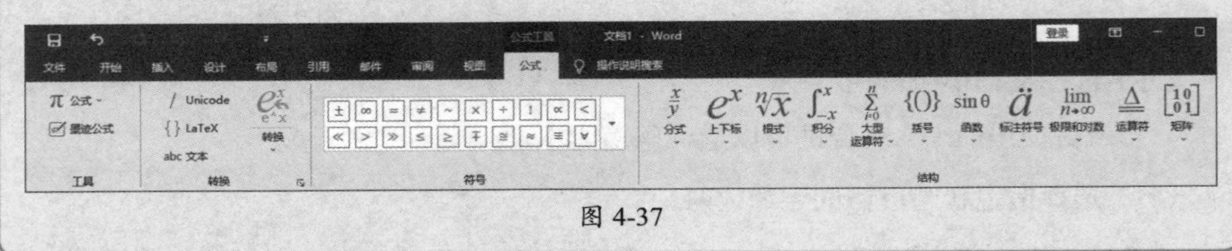

图 4-37

4.2.3 设置文本格式

设置文本格式包括字体、字号、字体颜色以及其他字体效果的设置。

选中标题文本“运营计划书”，打开“开始”选项卡，在“字体”组中设置字体为“黑体”，字号为22号，如图4-38所示。随后在“字体”组中单击“加粗”按钮，将标题字体加粗，如图4-39所示。

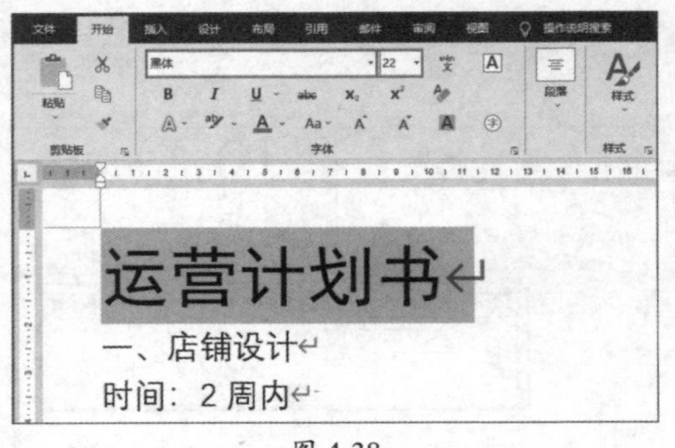

图 4-38

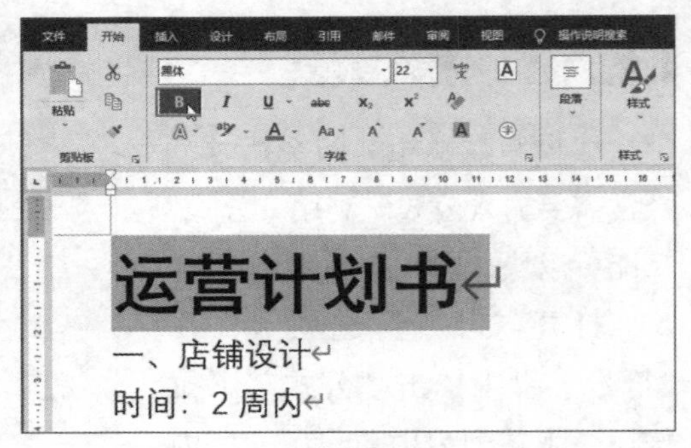

图 4-39

操作提示

除了字体和字号外，在“字体”选项组中，还可以设置文字的颜色、底纹、文字下画线、文字上下标、更改英文大小写及字号的增大和缩小等。

4.2.4　设置段落格式

段落格式的设置是对段落的对齐方式、缩进量、行距等进行设置。

动手练　排版运营计划书

用户可以按照下面的步骤设置段落格式。

Step 01 选中标题文本“运营计划书”，在“开始”选项卡“段落”选项组中，单击“居中”按钮，如图4-40所示。此时，标题居中显示，如图4-41所示。

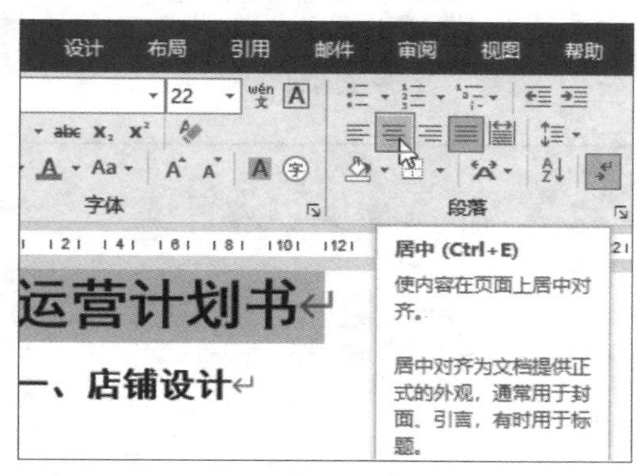

图 4-40

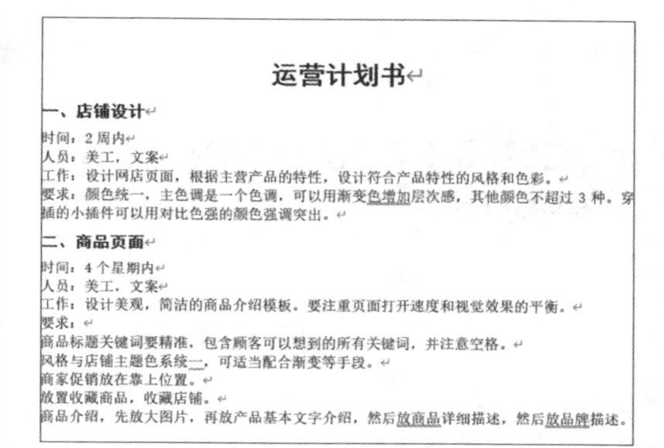

运营计划书

一、店铺设计

时间：2周内

人员：美工，文案

工作：设计网店页面，根据主营产品的特性，设计符合产品特性的风格和色彩。

要求：颜色统一，主色调是一个色调，可以用渐变色增加层次感，其他颜色不超过3种。穿插的小插件可以用对比色强的颜色强调突出。

二、商品页面

时间：4个星期内

人员：美工，文案

工作：设计美观，简洁的商品介绍模板。要注重页面打开速度和视觉效果的平衡。

要求：

商品标题关键词要精准，包含顾客可以想到的所有关键词，并注意空格。

风格与店铺主题色系统一，可适当配合渐变等手段。

商家促销放在靠上位置。

放置收藏商品，收藏店铺。

商品介绍，先放大图片，再放产品基本文字介绍，然后放商品详细描述，然后放品牌描述。

图 4-41

Step 02 选中结尾处的落款，设置字体为“黑体”，字号14号，在“段落”选项组中单击“右对齐”按钮，如图4-42所示。

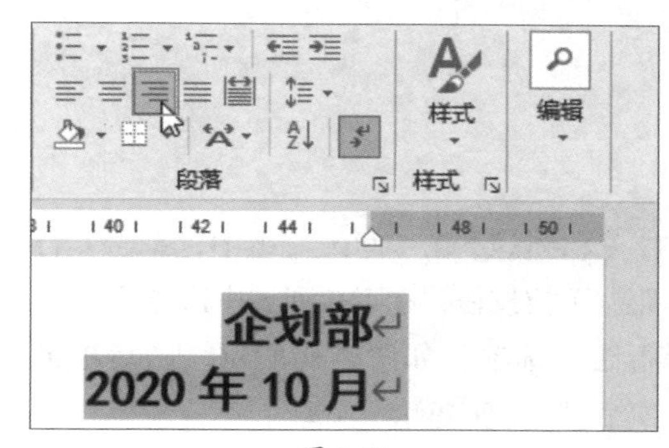

图 4-42

Step 03 选中第一个小标题下方的所有段落，在“段落”选项组中单击“段落设置”对话框启动器按钮，如图4-43所示。

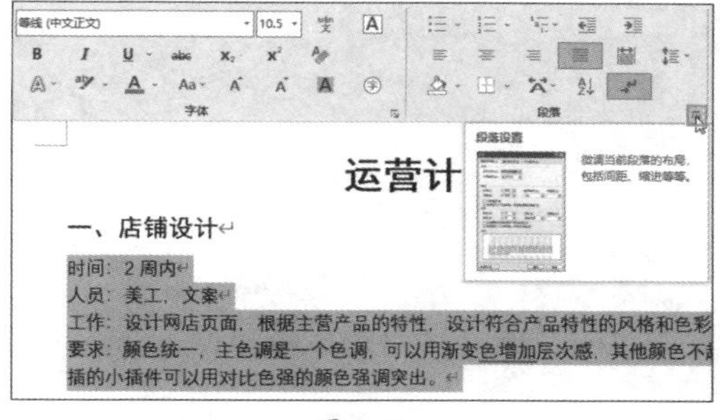

图 4-43

Step 04 打开“段落”对话框，在“缩进和间距”选项卡中单击“特殊”下拉按钮，在下拉列表中选择“首行”选项，如图4-44所示。

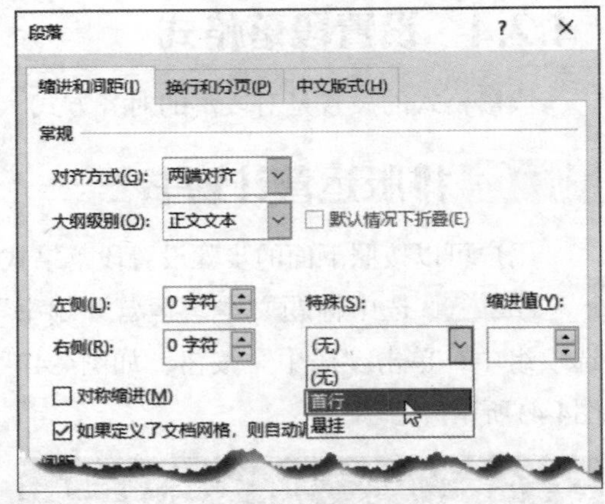

图 4-44

Step 05 缩进值保持默认的“2字符”，如图4-45所示。

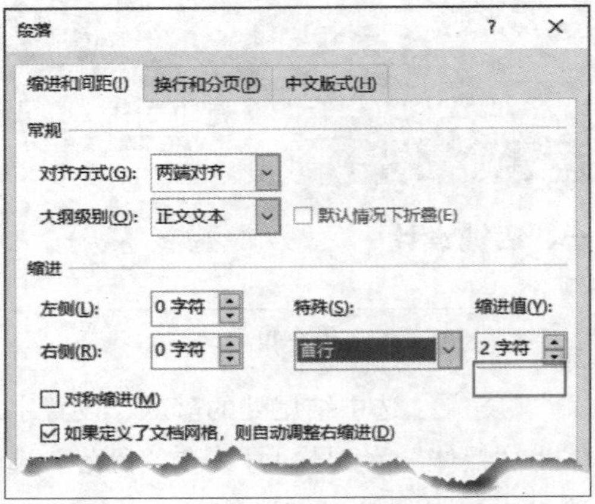

图 4-45

Step 06 在“间距”组中，单击“行距”下拉按钮，在下拉列表中选择“1.5倍行距”选项，如图4-46所示。随后单击“确定”按钮关闭对话框。

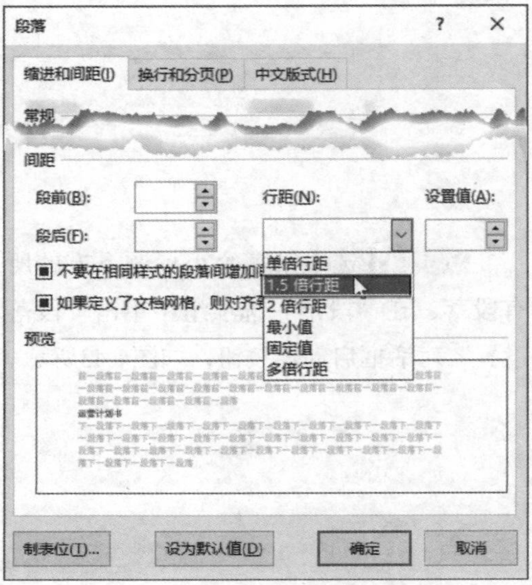

图 4-46

Step 07 选中标题，再次打开“段落”对话框，在“间距”组中，设置“段前”值为“1行”，“段后”值为“2行”，单击“确定”按钮，如图4-47所示。

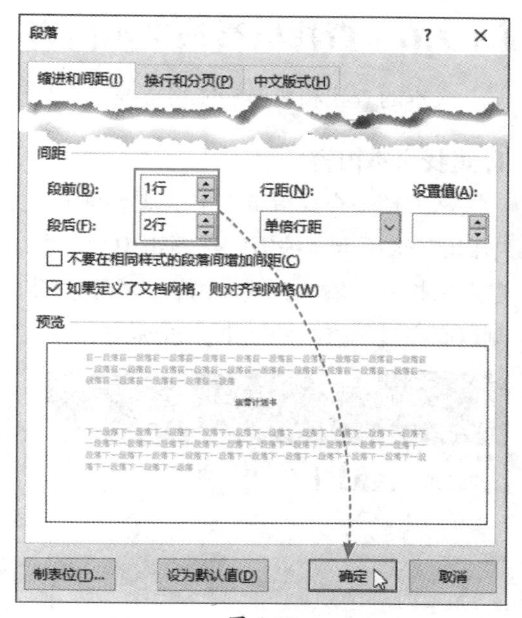

图 4-47

4.2.5 添加项目符号与编号

为文档添加编号和项目符号，可以更加直观、清晰地查看文本。

添加编号。选中需要添加编号的段落文本，在“开始”选项卡“段落”选项组中单击“编号”下拉按钮，在下拉列表中选择一款满意的编号样式，如图4-48所示。

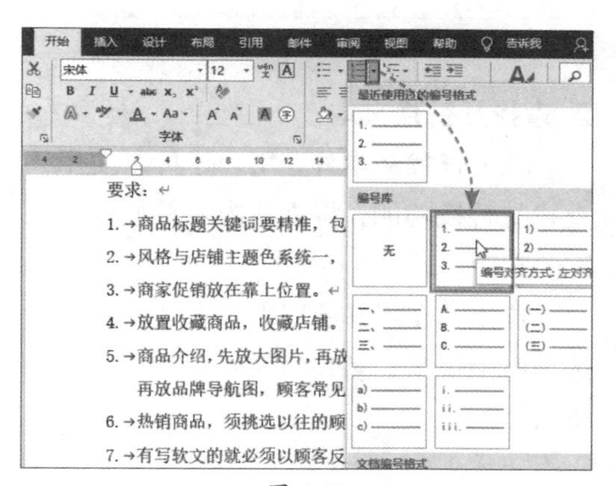

图 4-48

添加项目符号。选中需要添加项目符号的段落文本，在“段落”选项组中单击“项目符号”下拉按钮，在下拉列表中选择一款满意的项目符号样式，如图4-49所示。

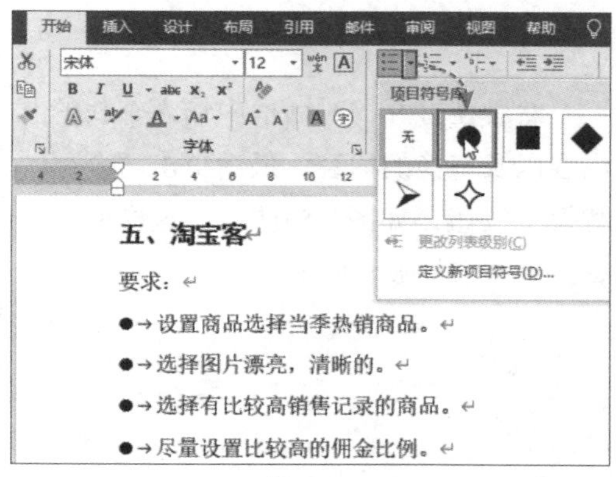

图 4-49

4.2.6　查找与替换文本内容

文本的查找和替换功能很重要，在批量修改中经常使用。下面对相关操作进行介绍。

1. 查找文本内容

从文档中查找指定文本是基本操作，具体操作：打开“查找与替换 原始”文件，在“开始”选项卡“编辑”选项组中，单击“查找”按钮，如图4-50所示。在左侧的“导航”窗格中，输入查找的内容，在下方会显示含有该内容的结果个数和所在段落，在右侧以高亮显示查找的结果，如图4-51所示。

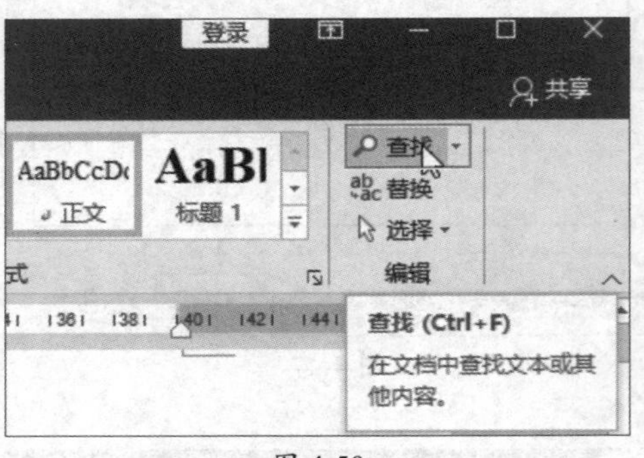

图 4-50

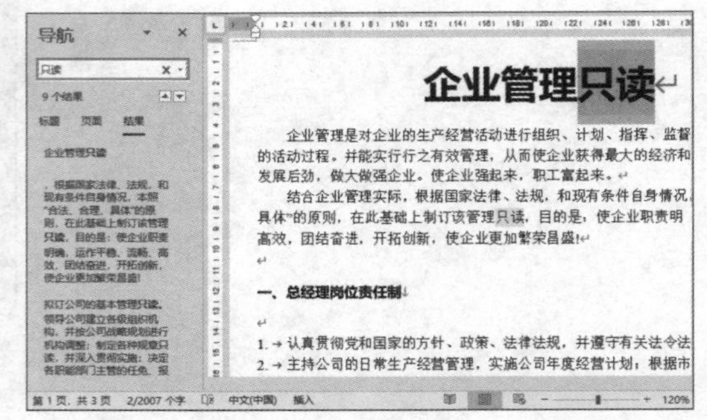

图 4-51

2. 查找并替换文本

除了查找文本外，用户还可以使用查找与替换功能，将查找内容替换成指定的文字。

首先，在“开始”选项卡“编辑”选项组中单击“替换”按钮，如图4-52所示。

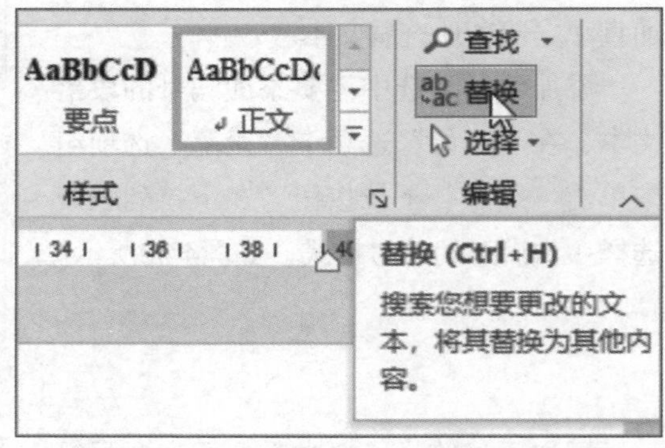

图 4-52

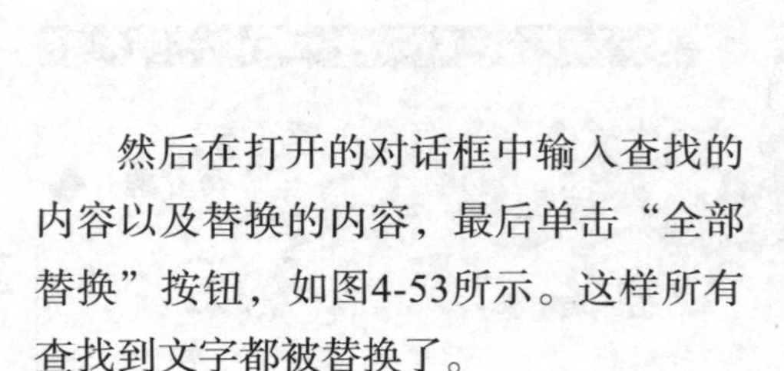

然后在打开的对话框中输入查找的内容以及替换的内容，最后单击“全部替换”按钮，如图4-53所示。这样所有查找到文字都被替换了。

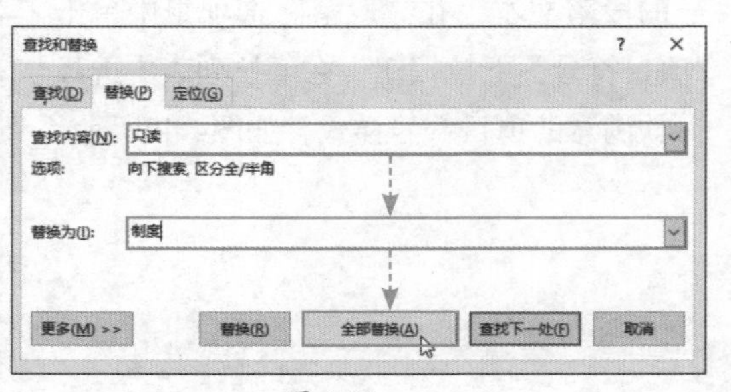

图 4-53

4.3 设置图文混排文档

Word文档可以借助图片、形状和艺术字等实现图文并茂的效果，同时增强文档的感染力。

4.3.1 插入与编辑图片

Word文档除了文字的处理外，还可以添加图片，使文章更加生动美观。

动手练 插入图片并环绕排列

Step 01 在需要插入图片的位置定位光标，打开“插入”选项卡，在“插图”组中单击“图片”下拉按钮，在下拉列表中选择“此设备”选项，如图4-54所示。

Step 02 系统随即弹出“插入图片”对话框，选中需要使用的图片，单击“插入”按钮，如图4-55所示。

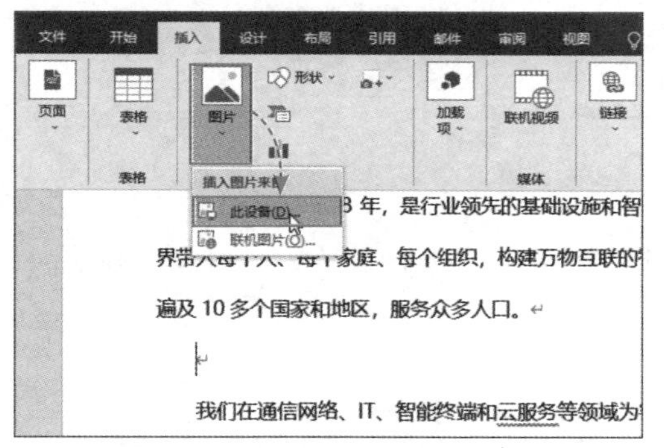

图 4-54

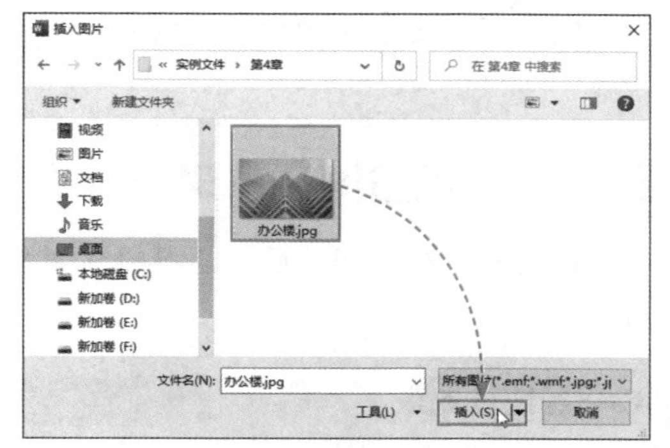

图 4-55

Step 03 所选图片随即被插入文档，图片在选中状态时周围会显示8个圆形控制点，拖动任意控制点调整图片的大小，如图4-56所示。

Step 04 保持图片为选中状态，单击图片右上角的“布局选项”按钮，在展开的列表中选择“穿越型环绕”选项，如图4-57所示。

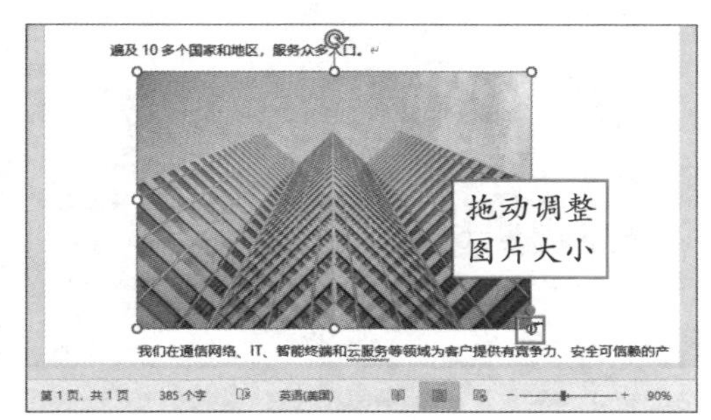

图 4-56

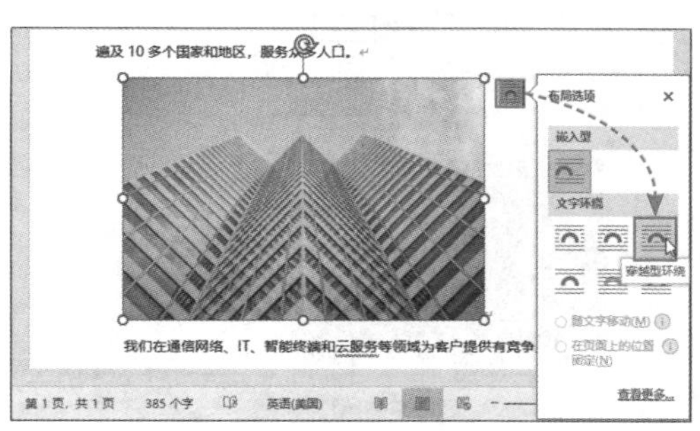

图 4-57

Step 05 图片的文字环绕方式随即由默认的“嵌入型”更改为“穿越型环绕”，具体效果如图4-58所示。

界带入每个人、每个家庭、每个组织，构建万物互联的智能世界。目前有 1.8 万员工，业务
遍及 10 多个国家和地区，服务众多人口。
我们在通信网络、IT、智
能终端和云服务等领域为客
户提供有竞争力、安全可信
赖的产品、解决方案与服务，
与本行业生态伙伴开放合作，
增加业务关口，持续为客户
创造价值，释放个人潜能，丰富家庭生活，激发组织创新。公司坚持围绕客户需求持续创新，
第 1 页，共 1 页　385 个字　中文(中国)　90%

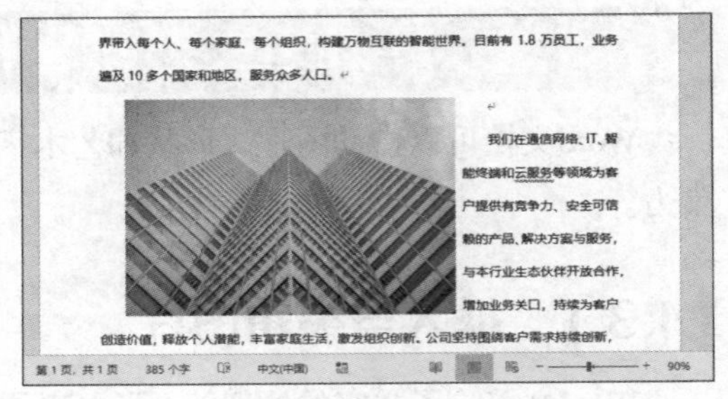

图 4-58

注意事项 有时在文档中插入图片后，图片无法完整显示，如图4-59所示。这是由于图片所在位置设置了固定行距，且图片的文字环绕方式为“嵌入”型，只要修改行距或文字环绕方式即可让图片完整显示。

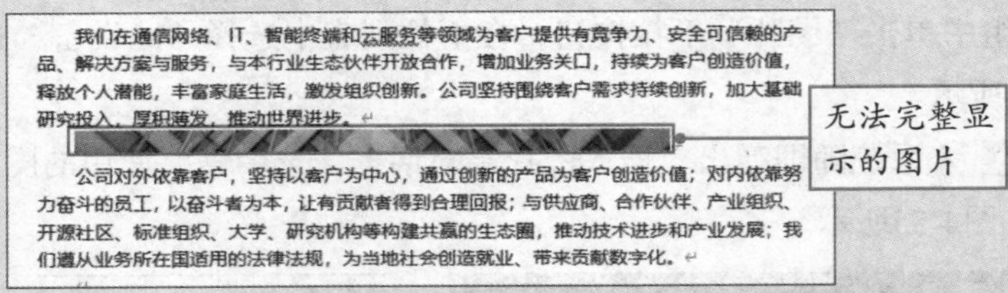

我们在通信网络、IT、智能终端和云服务等领域为客户提供有竞争力、安全可信赖的产品、解决方案与服务，与本行业生态伙伴开放合作，增加业务关口，持续为客户创造价值，释放个人潜能，丰富家庭生活，激发组织创新。公司坚持围绕客户需求持续创新，加大基础研究投入，厚积薄发，推动世界进步。
无法完整显示的图片
公司对外依靠客户，坚持以客户为中心，通过创新的产品为客户创造价值；对内依靠努力奋斗的员工，以奋斗者为本，让有贡献者得到合理回报；与供应商、合作伙伴、产业组织、开源社区、标准组织、大学、研究机构等构建共赢的生态圈，推动技术进步和产业发展；我们遵从业务所在国适用的法律法规，为当地社会创造就业、带来贡献数字化。

图 4-59

4.3.2　设置图片效果与样式

在文档中插入图片后，还可以对图片的效果与样式进行设置，增加图片的艺术效果。

1. 设置图片效果

图片可以添加引用、映像、发光、柔化边缘等效果，在此将为图片添加阴影效果。

选中图片，打开“图片工具-图片格式”选项卡，在“图片样式”组中单击“图片效果”下拉按钮，在下拉列表中选择“阴影”选项，在其下级列表中选择“偏移：中”选项，如图4-60所示。图片最终效果如图4-61所示。

图片工具　公司简介.docx - Word
引用　邮件　审阅　视图　图片格式　操作说明搜索
图片边框
图片效果
位置　环绕文字
上移一层　下移一层　选择窗格
图片样式
预设(P)
阴影(S)
映像(R)
发光(G)
柔化边缘(E)
棱台(B)
三维旋转(D)
无阴影
外部
内部
偏移: 中
界带入每个人、每个家庭、每个组织，构建万物
遍及 10 多个国家和地区，服务众多人口。

图 4-60

界带入每个人、每个家庭、每个组织，构建万物互联的智能世界。目前有 1.8 万员工，业务
遍及 10 多个国家和地区，服务众多人口。
我们在通信网络、IT、
智能终端和云服务等领域
为客户提供有竞争力、安
全可信赖的产品、解决方
案与服务，与本行业生态
伙伴开放合作，增加业务
关口，持续为客户创造价
值，释放个人潜能，丰富家庭生活，激发组织创新。公司坚持围绕客户需求持续创新，加大
第 1 页，共 1 页　385 个字　中文(中国)　90%

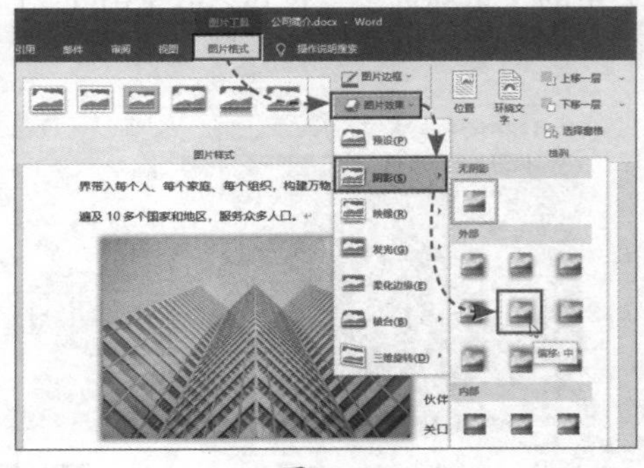

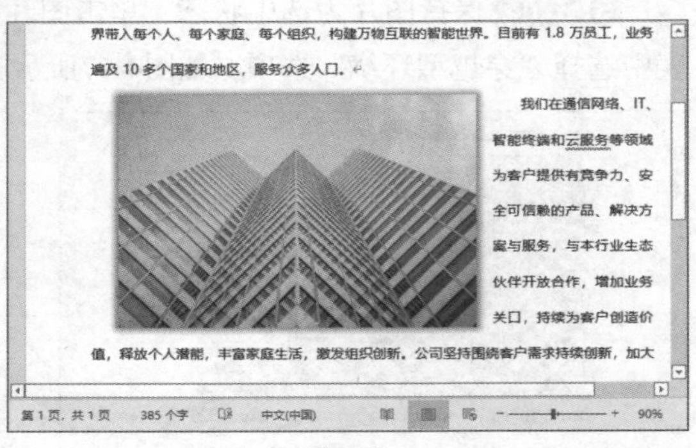

图 4-61

2. 设置图片样式

Word提供了很多内置的图片样式，套用这些样式可以改变图片的整体外观。具体操作方法：选中图片，打开“图片工具-图片格式”选项卡，在“图片样式”组中单击“其他”下拉按钮，在下拉列表中选择一款满意的样式即可，此处选择“映像圆角矩形”选项，如图4-62所示。图片随即应用所选样式，自动添加映像，并改变形状为圆角矩形，效果如图4-63所示。

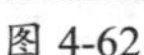

图 4-62

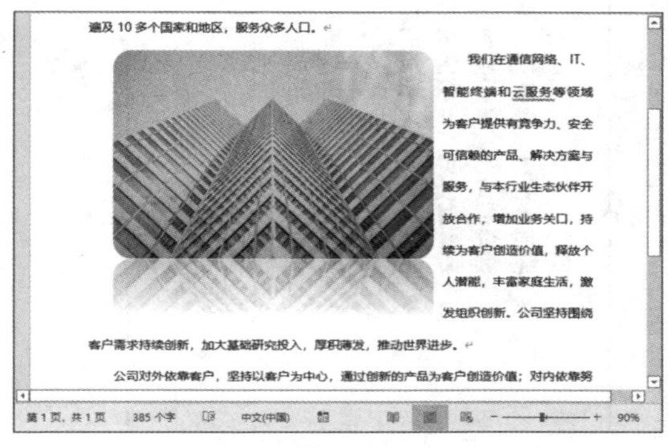

图 4-63

4.3.3 插入与编辑文本框

文本框可以让文本的排版更灵活多变，通过对文本框的编辑和美化，还能提高文档的美观度。

Step 01 打开“插入”选项卡，在“文本”组中单击“文本框”下拉按钮，在下拉列表中选择“绘制竖排文本框”选项，如图4-64所示。

Step 02 将光标移动到文档中，按住鼠标左键，同时拖动光标绘制文本框，如图4-65所示。

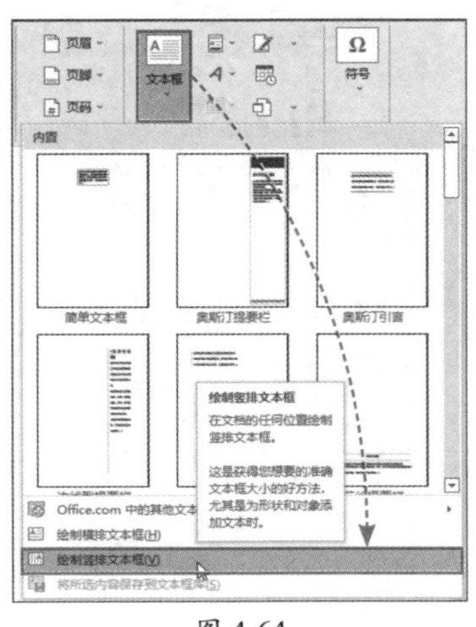

图 4-64

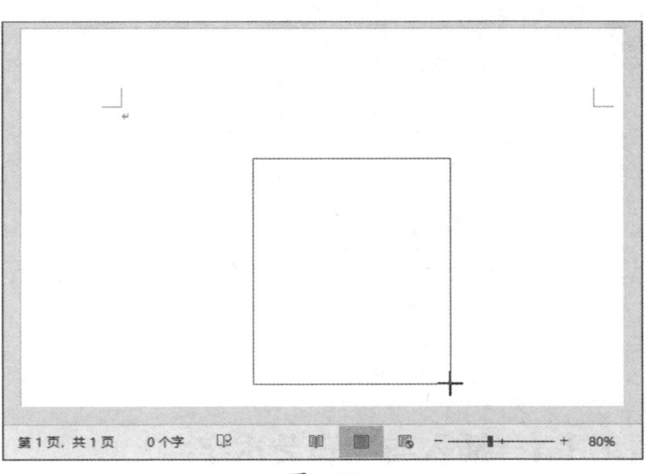

图 4-65

Step 03 文本框绘制完成后，拖动文本框周围的控制点，可以调整文本框大小。在文本框中定位光标，输入文本框内容，如图4-66所示。

Step 04 单击文本框的边线，将文本框选中，打开“开始”选项卡，在“字体”组中设置文本框的字体、字号以及字体颜色，如图4-67所示。

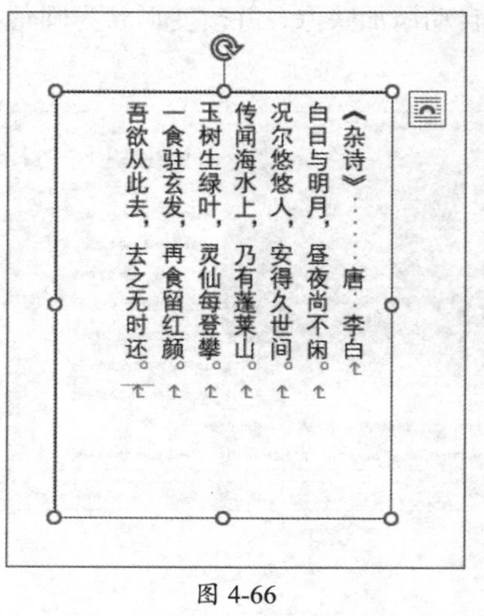

图 4-66

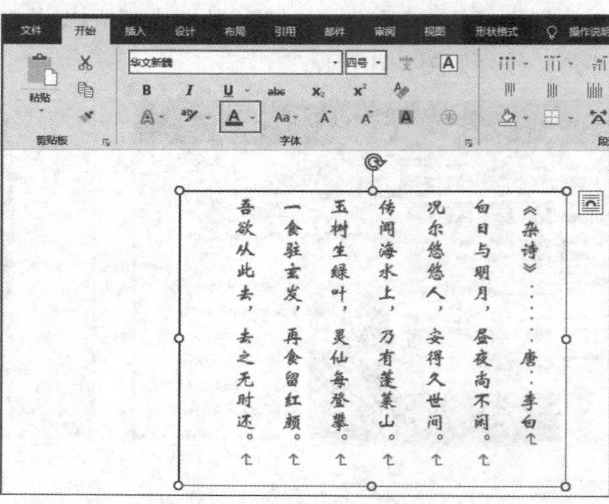

图 4-67

Step 05 保持文本框为选中状态，打开“绘图工具-形状格式”选项卡，在“形状样式”组中单击“形状填充”下拉按钮，在下拉列表中选择合适的填充色，如图4-68所示。

Step 06 单击“形状轮廓”下拉按钮，在下拉列表中选择“无轮廓”选项，隐藏文本框的轮廓，如图4-69所示。

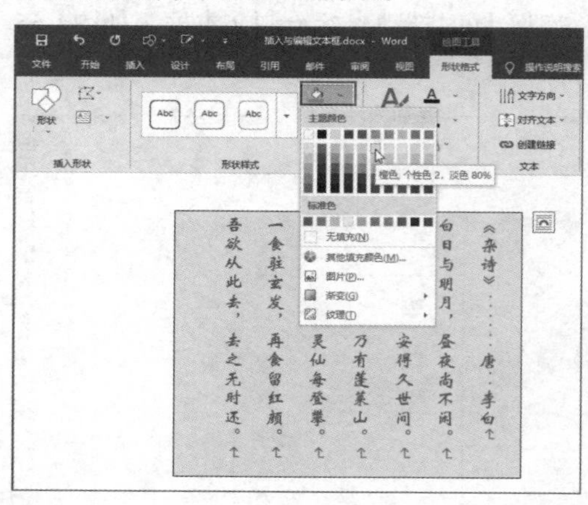

图 4-68

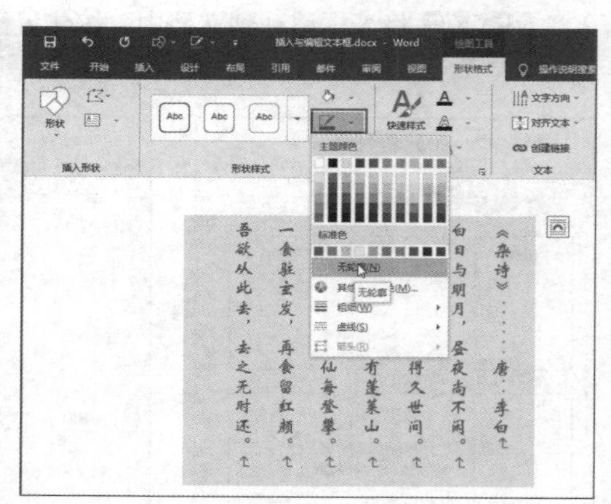

图 4-69

4.3.4 插入与编辑艺术字

艺术字属于文本框的一种，可以快速为文本增加艺术特色，一般用于标题的制作。

Step 01 在文档中定位好光标，单击“艺术字”下拉按钮，下拉列表中包含不同类型的艺术字样式，选择艺术字样式，如图4-70所示。

Step 02 文档中随即插入所选样式的艺术字文本框，如图4-71所示。

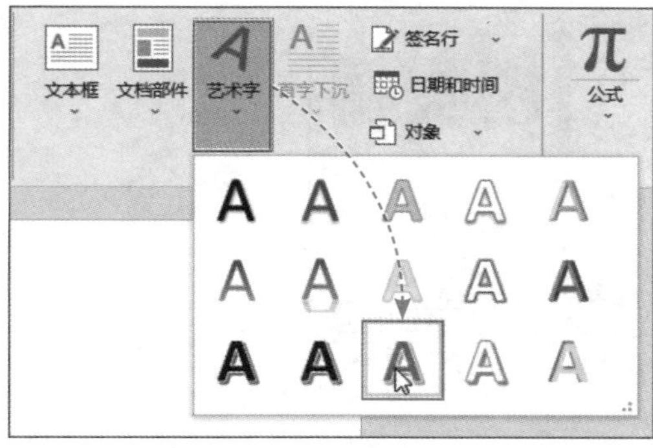

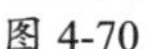
图 4-70

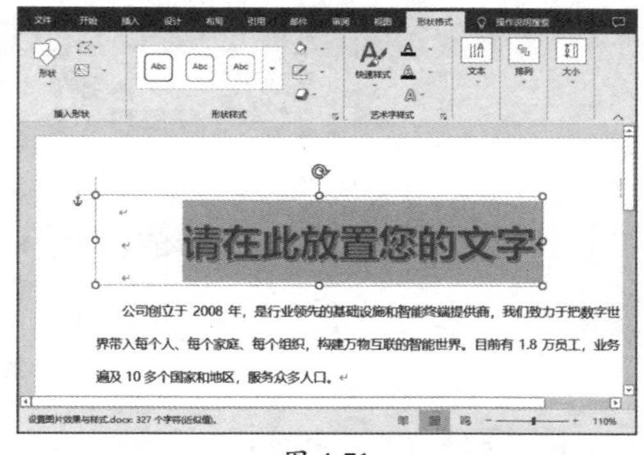

图 4-71

Step 03 默认情况下，刚插入的艺术字文本框中的文本为选中状态，直接输入需要的文本内容即可，如图4-72所示。

Step 04 将光标放在艺术字文本框的边框上方，当光标变为✥时，按住鼠标左键同时拖动光标，可将文本框移动到目标位置，如图4-73所示。

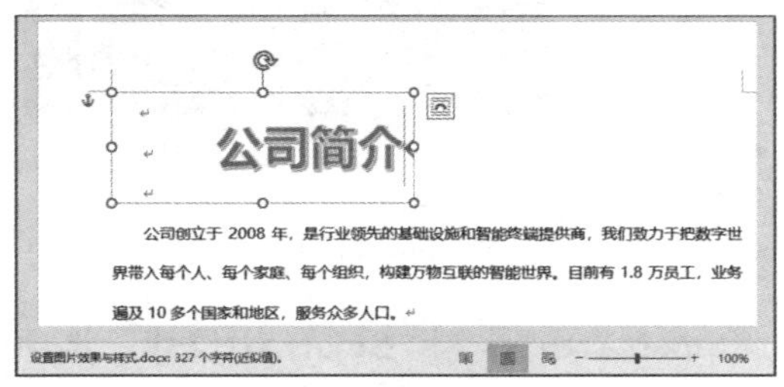

图 4-72

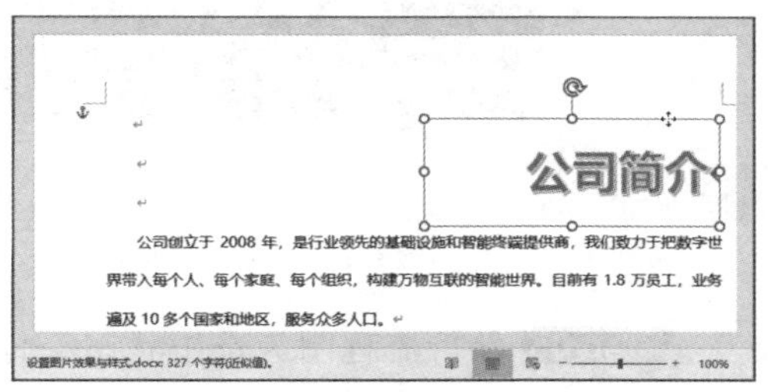

图 4-73

4.3.5 插入与编辑流程图

使用SmartArt图形可以快速制作流程图、组织结构图等，下面介绍具体操作方法。

Step 01 打开“插入”选项卡，在“插图”组中单击SmartArt按钮，如图4-74所示。

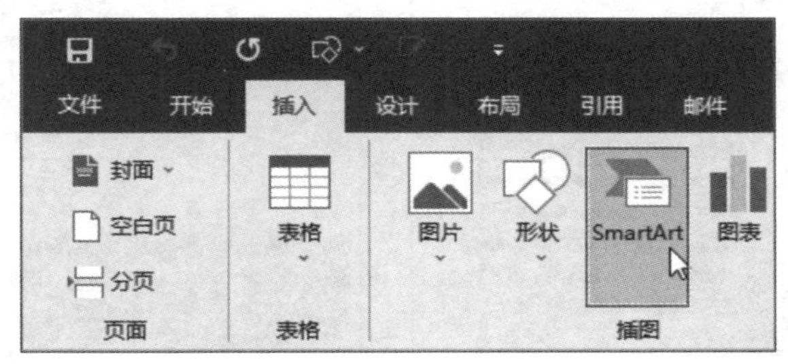

图 4-74

Step 02 弹出“选择SmartArt图形”对话框，选择“流程”选项，随后选择一款合适的流程图类型，单击“确定”按钮，如图4-75所示。

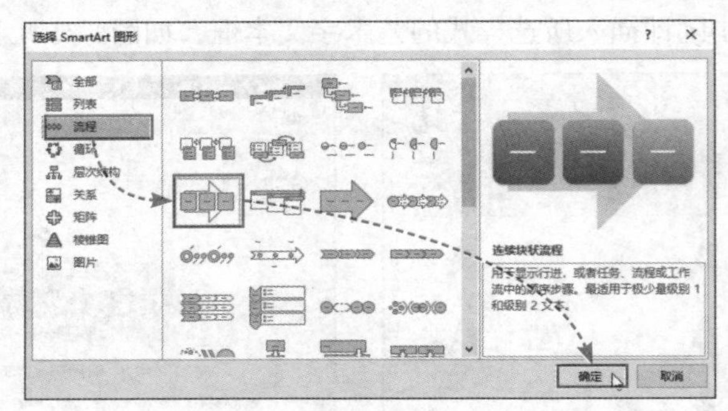

图 4-75

Step 03 文档中随即被插入所选类型的流程图，单击流程图左侧的按钮，可打开文本窗格，如图4-76所示。

Step 04 在文本窗格中的项目符号后输入文本，一个项目符号在流程图中对应一个形状，按Enter键可继续添加项目符号，直到输入所有内容，如图4-77所示。

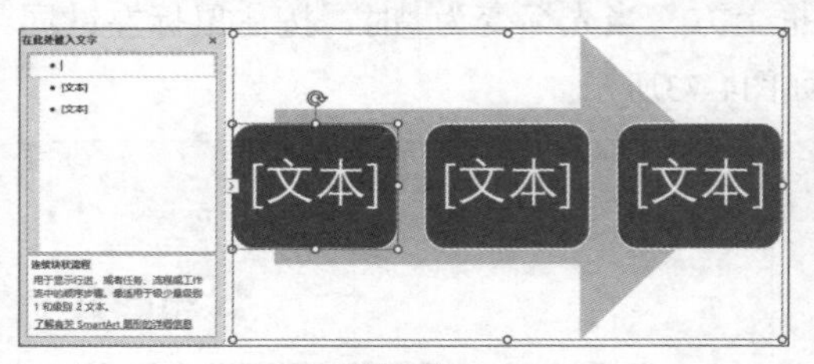

图 4-76

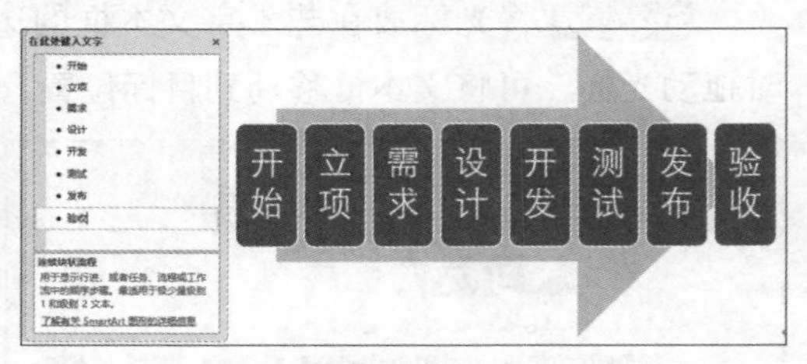

图 4-77

Step 05 保持流程图为选中状态，打开“SmartArt工具”|“SmartArt设计”选项卡，在“SmartArt样式”组中单击“更改颜色”下拉按钮，在下拉列表中选择满意的颜色，如图4-78所示。

Step 06 在“SmartArt样式”组中单击“其他”下拉按钮，在下拉列表中选择合适的样式，完成流程图的编辑和美化，如图4-79所示。

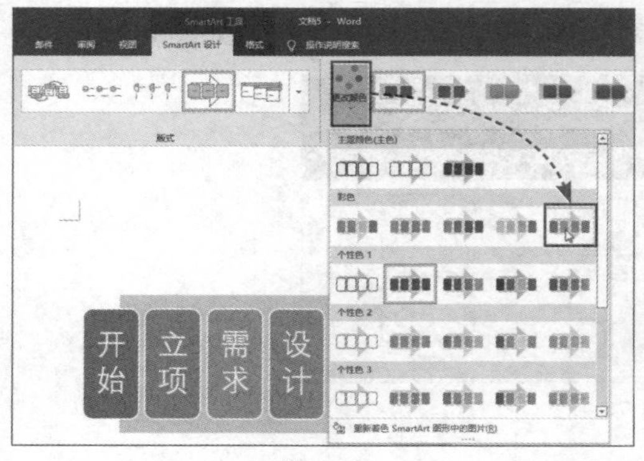

图 4-78

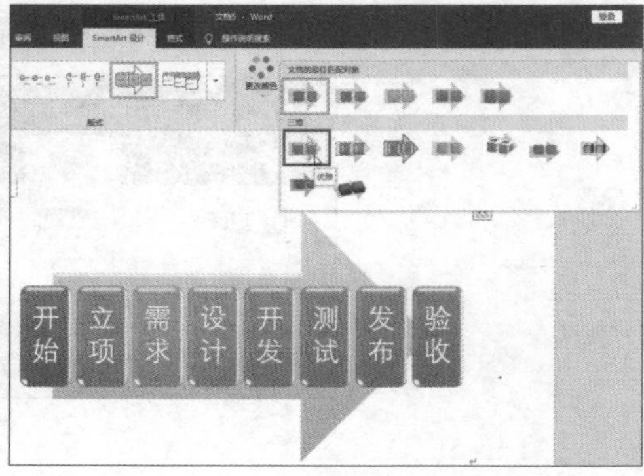

图 4-79

4.4 在文档中插入表格

在Word中经常会用到表格，例如制作简历、制作课程表、制作请假条、制作收据等。下面对表格的插入及编辑方法进行详细介绍。

4.4.1 表格插入的方法

插入表格的方法不止一种，用户可根据需要快速插入指定行列数量的表格，或插入Excel电子表格。

1. 快速插入表格

打开“插入”选项卡，在“表格”组中单击“表格”下拉按钮，下拉列表中包含一个10×8（10列×8行）的表格矩阵，将光标移动到该矩阵上方，拖动光标选择行列数，单击便可插入相应行列数的表格，如图4-80所示。

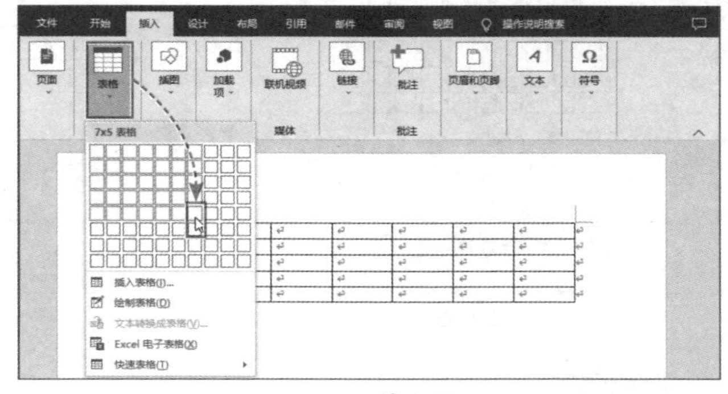
图 4-80

2. 插入指定行列数量的表格

当想要插入的表格行或列较多时，可使用对话框设置列数和行数。首先，打开“插入”选项卡，在“表格”组中单击“表格”下拉按钮，在下拉列表中选择“插入表格”选项，如图4-81所示。

随后系统弹出“插入表格”对话框。设置好表格的“列数”和“行数”，单击“确定”按钮，即可插入相应行列数的表格，如图4-82所示。

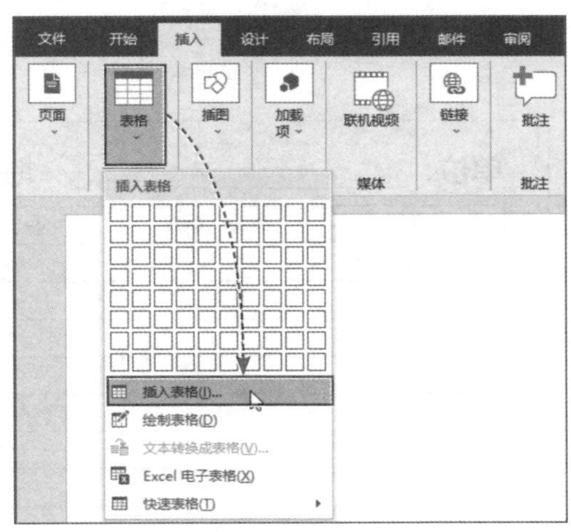

图 4-81

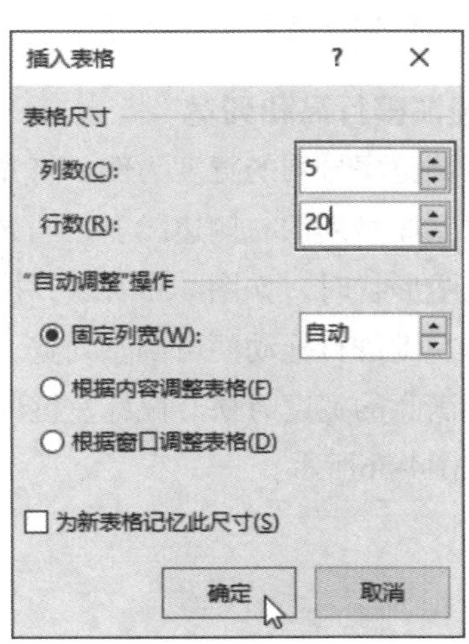

图 4-82

3. 插入 Excel 电子表格

在表格下拉列表中选择“Excel电子表格”选项，如图4-83所示，即可在文档中插入一个Excel电子表格，如图4-84所示。

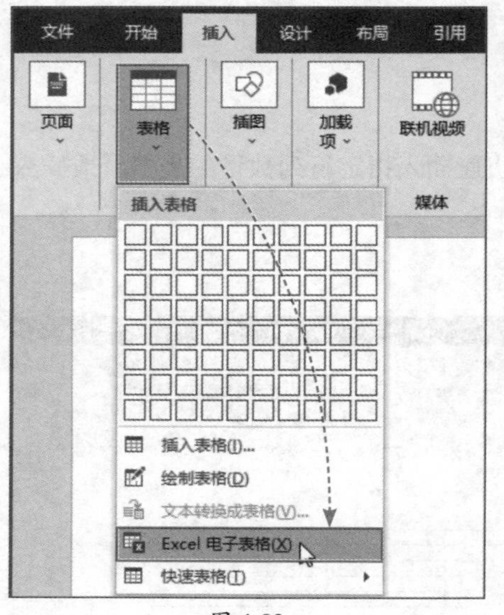

图 4-83

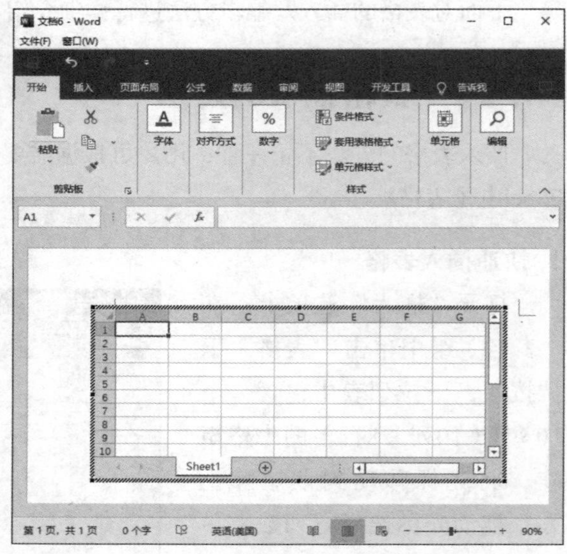

图 4-84

> **操作提示**
>
> 在Excel电子表格中输入内容后，在文档空白处单击，即可退出编辑状态。双击表格则可再次启动Excel电子表格编辑状态。

4.4.2 调整表格结构

插入表格后需要根据表格中的内容对表格结构进行调整，例如调整行高和列宽、插入或删除行列、合并单元格等。

1. 快速调整行高和列宽

以调整序号列的宽度为例。将光标移动到序号列的右侧边线上，当光标变成形状时，如图4-85所示，按住鼠标左键进行拖动便可调整列宽，调整到满意的宽度时松开鼠标左键即可，如图4-86所示。

单位：…………………… 地点……

序号	姓名	签到
1		
2		
3		
4		
5		
6		
7		

图 4-85

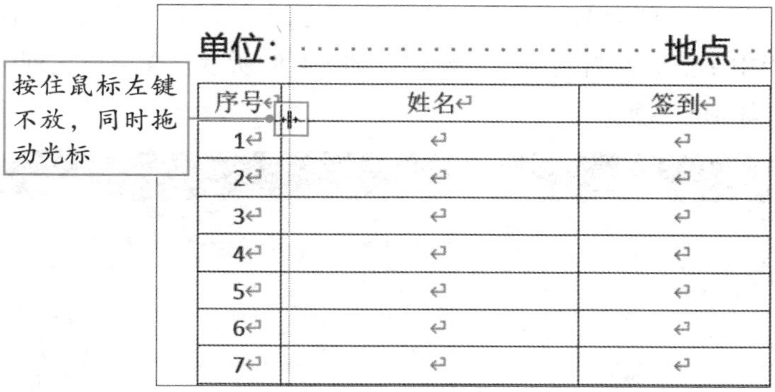

单位：……………………地点……

按住鼠标左键不放，同时拖动光标

序号	姓名	签到
1		
2		
3		
4		
5		
6		
7		

图 4-86

操作提示

调整行高的方法与调整列宽相同，只需将光标移动到行边线上，当光标变成形状时，按住鼠标左键进行拖动即可。

2. 精确调整行高和列宽

除了使用鼠标拖动的方式快速调整行高和列宽，用户也可根据需要精确设置行高和列宽。

选中需要调整行高和列宽的单元格区域，打开“表格工具”|“布局”选项卡，在“单元格大小”组中输入“高度”和“宽度”值，如图4-87所示。输入完成后在文档任意位置单击，或按Enter键即可完成调整，如图4-88所示。

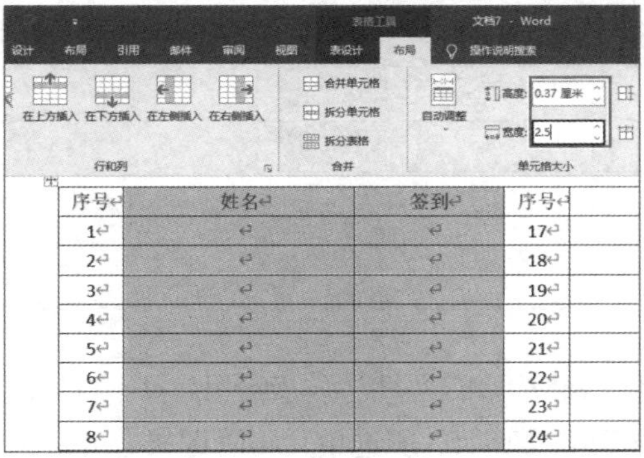

图 4-87

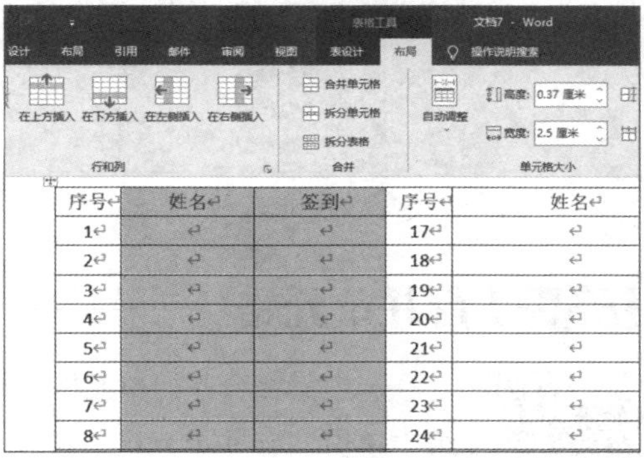

图 4-88

操作提示

Word表格默认的尺寸单位是“厘米”，用户在设置高度和宽度时只需输入数字，不需要输入具体单位。

3. 插入或删除行和列

插入表格后可以根据需要继续增加表格的行或列，也可删除多余的行和列。下面以插入列为例进行介绍。

将光标定位于“签到”列中的任意一个单元格，打开“表格工具”|“布局”选项卡，在“行和列”组中单击“在右侧插入”按钮，如图4-89所示。光标所在列的右侧随即被插入一个新列，如图4-90所示。

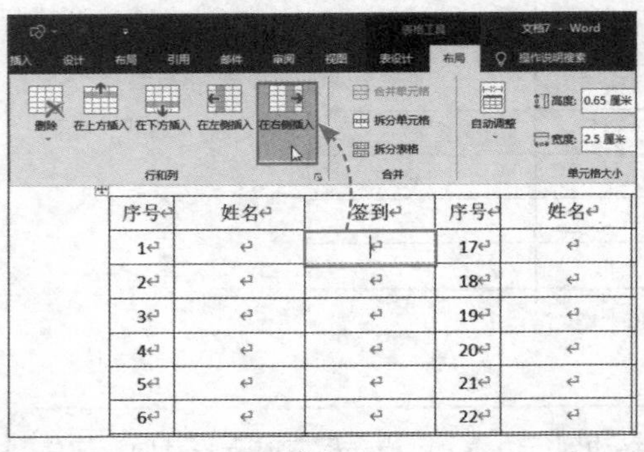

图 4-89

图 4-90

通过“行和列”组中的其他按钮，还可在光标所在单元格左侧插入列、在上方插入行以及在下方插入行。另外，单击“删除”下拉按钮，通过下拉列表中的选项还可删除光标所在单元格、删除整列、删除整行或删除整个表格，如图4-91所示。

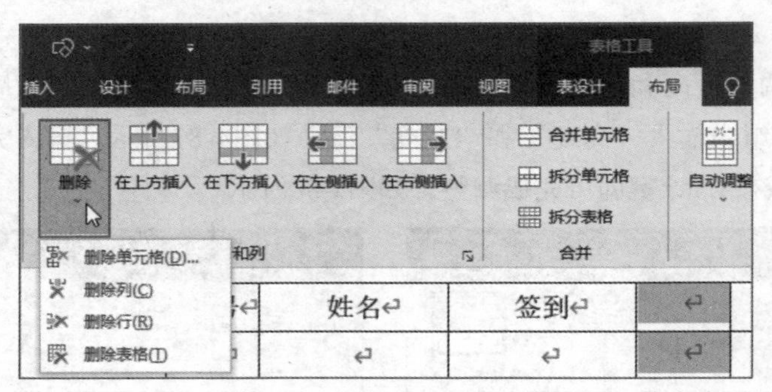

图 4-91

动手练 合并单元格

选中需要合并的单元格，打开“表格工具”|“布局”选项卡，在“合并”组中单击“合并单元格”按钮，如图4-92所示。所选单元格随即被合并成一个单元格，如图4-93所示。

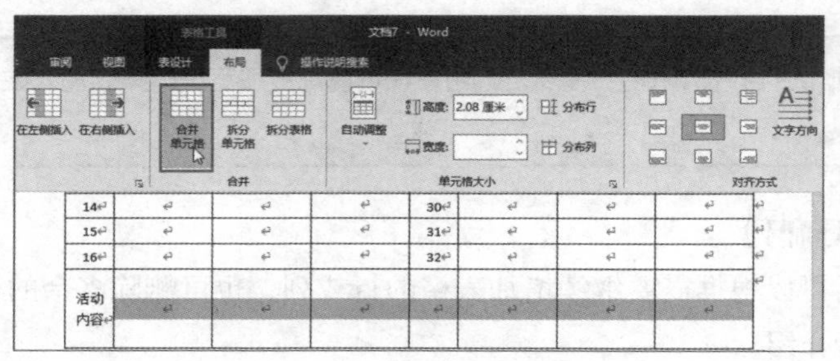

图 4-92

10				26			
11				27			
12				28			
13				29			
14				30			
15				31			
16				32			
活动内容							

图 4-93

4.4.3 设置表格样式

为表格设置样式可以让表格看起来更美观，用户可使用内置样式快速美化表格，也可手动设置边框样式以及填充效果。

将光标放在表格中的任意一个单元格内，打开“表格工具”|“表设计”选项卡，在“表格样式”组中单击“其他”下拉按钮，下拉列表中包含很多表格样式，选择一种样式，表格即可应用该样式，如图4-94所示。

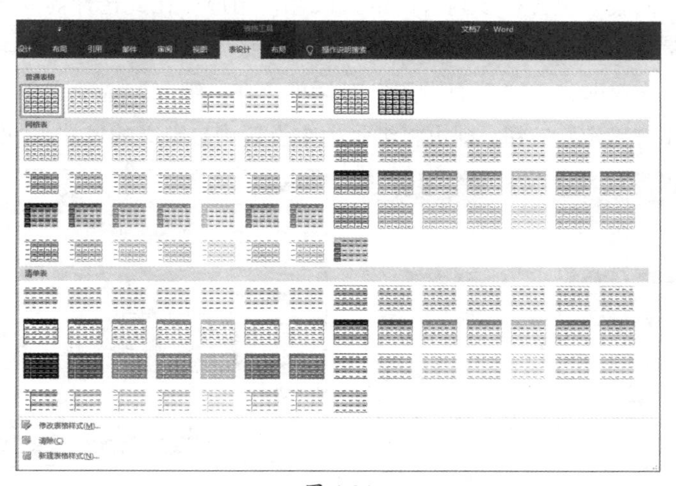

图 4-94

操作提示

在表格中选中需要设置样式的单元格区域。通过“表格工具”|“表设计”选项卡中的“底纹”“边框”“边框样式”“笔颜色”等按钮，可以手动设置表格样式，如图4-95所示。

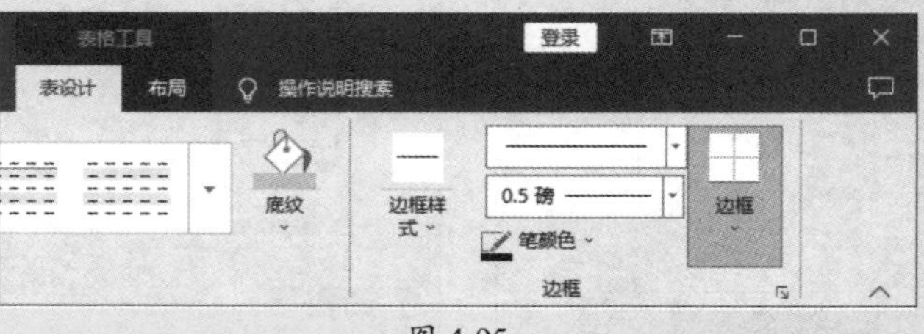

图 4-95

4.5 对文档进行排版

用户在使用Word时，除了要掌握内容的录入和编辑，还需要注重文档的排版，简洁大方的排版不仅能提高内容的易读性，还会给人带来专业的感觉。

4.5.1 调整页面布局

页面布局包括纸张大小、纸张方向、页边距等效果的设置。用户可通过“布局”选项卡中的命令按钮调整页面布局。

动手练 调整纸张大小和方向

默认创建的Word文档纸张大小为A4，纸张方向为纵向，用户可根据需要对其进行调整。

Step 01 打开“布局”选项卡，在“页面设置”组中单击“纸张大小”下拉按钮，下拉列表中包含很多内置的纸张尺寸，用户可在此选择需要的纸张大小。若要自定义纸张大小，可在下拉列表中选择“其他纸张大小”选项，如图4-96所示。

Step 02 系统随即弹出“页面设置”对话框，在“纸张”选项卡中输入“宽度”和“高度”值，单击“确定”按钮，即可将纸张大小设置为自定义的尺寸，如图4-97所示。

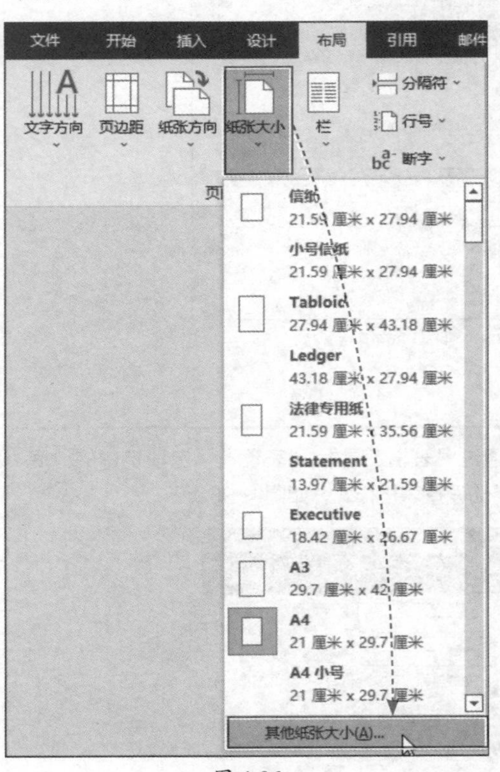

图 4-96

图 4-97

Step 03 在“页面设置”组中单击“纸张方向”下拉按钮，在下拉列表中选择“横向”选项，可将页面调整为横向显示，如图4-98所示。

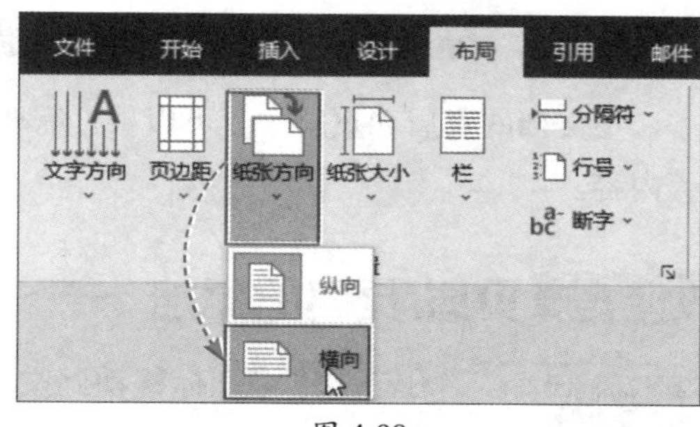

图 4-98

动手练 设置页边距

页边距控制文档中的内容和边线的距离，页边距分为上、下、左、右四个方向，页边距越大，内容距离边线越远，反之页边距越小，内容距离边线越近。

Step 01 打开“布局”选项卡，在“页面设置”组中单击“页边距”下拉按钮，下拉列表中包含系统内置的页边距，单击即可使用其中的某个页边距，若要自定义页边距，可以选择“自定义页边距”选项，如图4-99所示。

Step 02 弹出“页面设置”对话框，在“页面距”选项卡中设置“上”“下”“左”“右”页边距值，单击“确定”按钮即可完成设置，如图4-100所示。

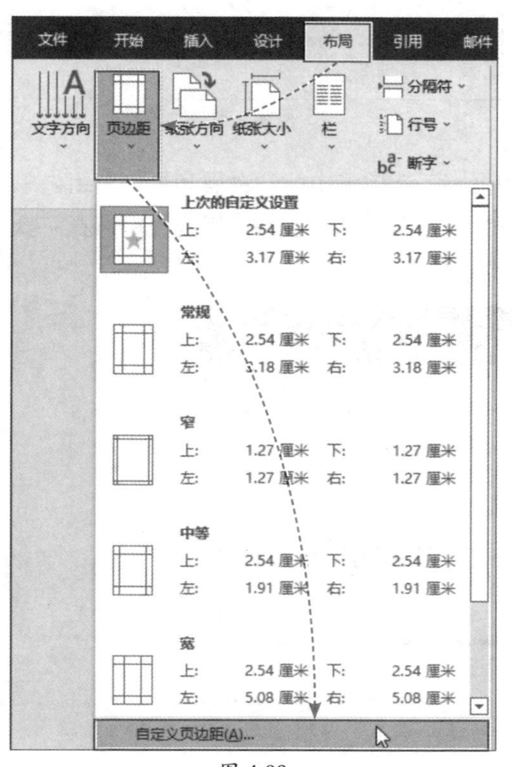

图 4-99

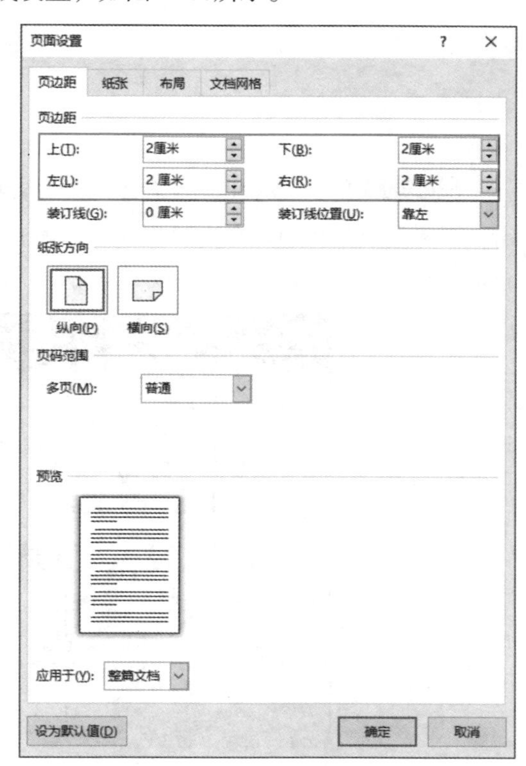

图 4-100

4.5.2 为文档添加页眉和页脚

在文档的页眉和页脚中，可以根据需要为其添加文字、图片、日期和时间以及页码等内容。

动手练 页眉/页码的添加

Step 01 将光标移动到文档顶部空白位置，如图4-101所示，双击鼠标，即可进入页眉编辑状态。

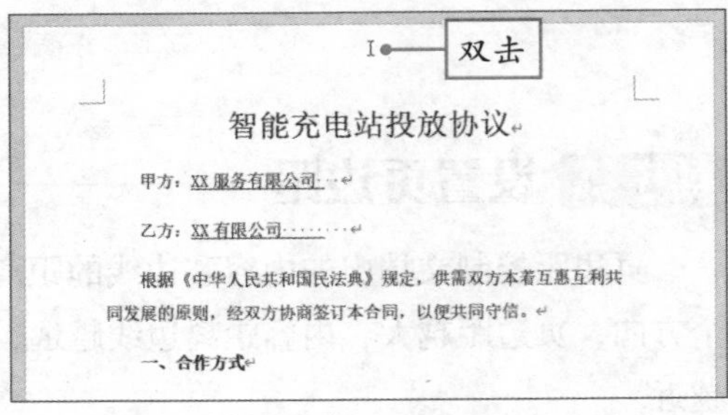

图 4-101

Step 02 在页眉中输入内容，随后设置文本的字体效果，如图4-102所示。

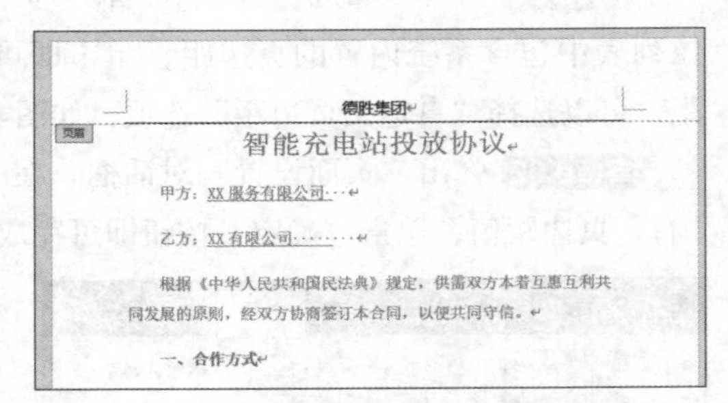

图 4-102

Step 03 在“页眉和页脚工具”|“页眉和页脚”选项卡中的“页眉和页脚”组内单击“页码”下拉按钮，在下拉列表中选择“页面底端”选项，在其下级列表中选择一款合适的页码样式，如图4-103所示，页脚中随即被插入页码。

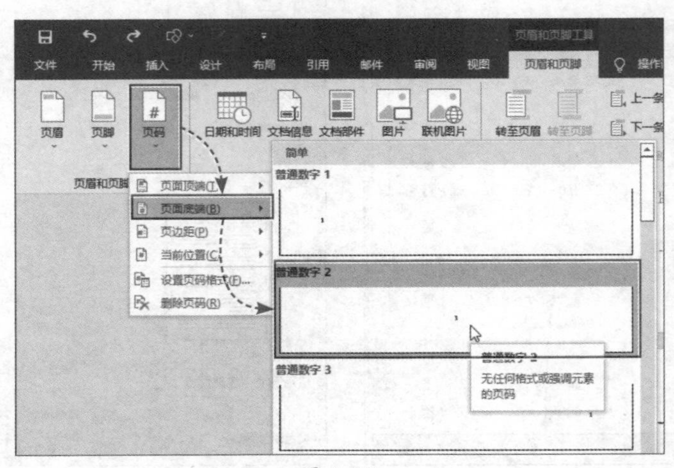

图 4-103

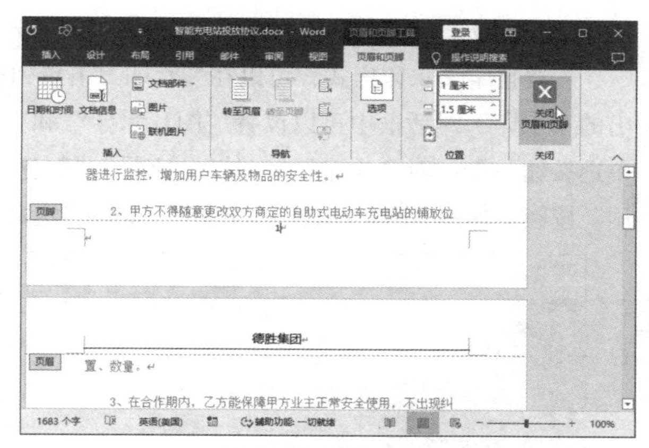
图 4-104

Step 04 在“页眉和页脚工具”|“页眉和页脚”选项卡中设置“页眉顶端距离”以及“页脚底端距离”，单击“关闭页眉和页脚”按钮，即可退出页眉和页脚编辑状态，如图4-104所示。

操作提示

在“页眉和页脚工具”|“页眉和页脚”选项卡中勾选“首页不同”复选框，可为文档首页设置有别于其他页面的页眉和页脚。勾选“奇偶页不同”复选框，则可为奇数页和偶数页分别设置不同的页眉和页脚，如图4-105所示。

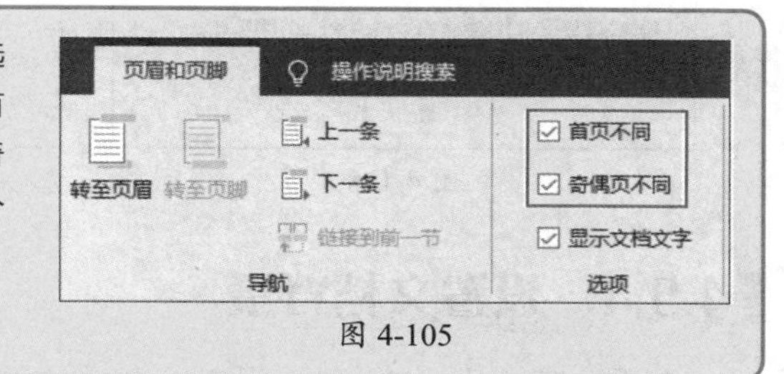

图 4-105

4.5.3 添加文档水印

为了保护版权、明确文档的内容或性质，用户有时需要为文档添加水印。下面介绍具体的操作方法。

1. 使用内置水印

打开“设计”选项卡，在“页面背景”组中单击“水印”下拉按钮，在下拉列表中选择需要的水印，如图4-106所示。文档随即被添加相应水印，如图4-107所示。

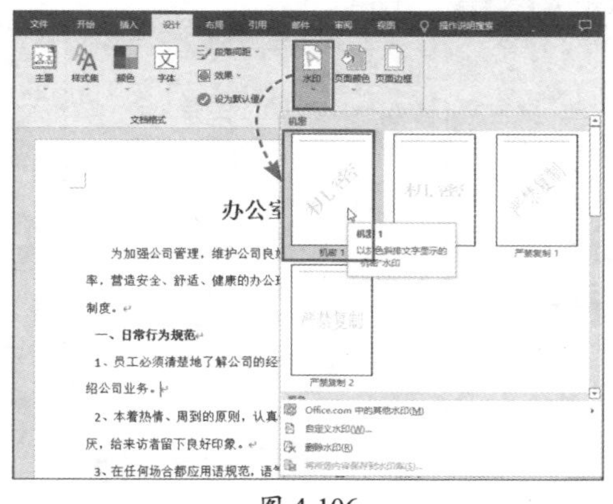
图 4-106

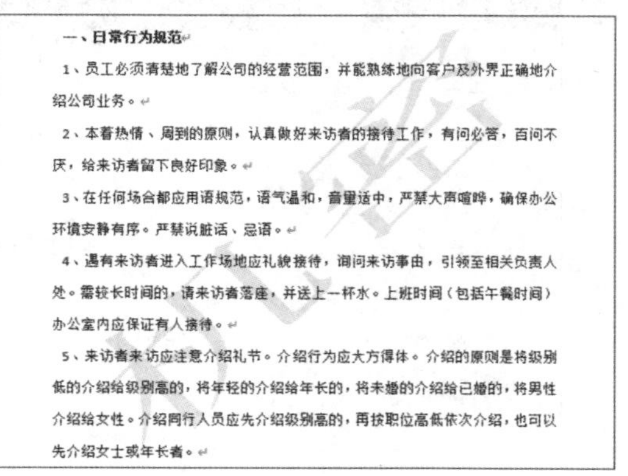
图 4-107

2. 自定义水印

若要自定义水印样式，可以在“水印”下拉列表中选择“自定义水印”选项，在弹出的“水印”对话框中可以设置“图片水印”和“文字水印”。此处选中“文字水印”单选按钮，随后对“文字”“字体”“字号”“颜色”等进行设置，设置完成后单击“应用”按钮，如图4-108所示。文档即可添加该自定义的水印，如图4-109所示。

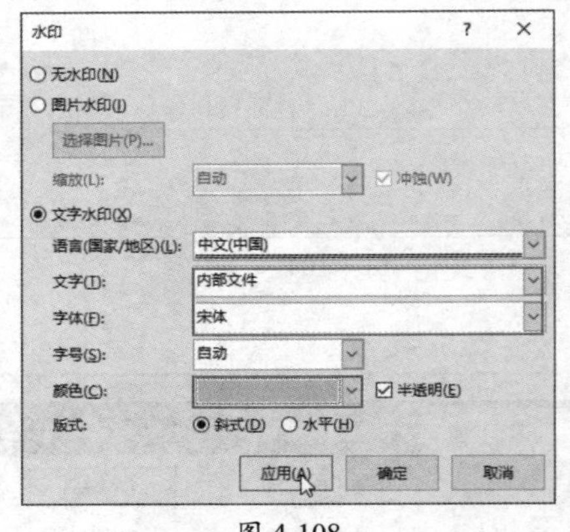

图 4-108

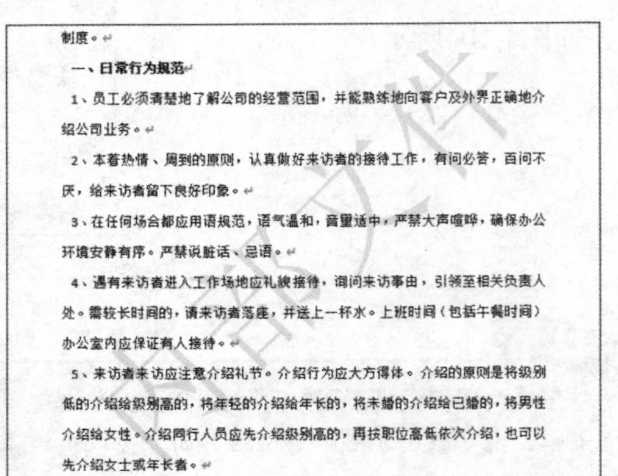

制度。

一、日常行为规范

1、员工必须清楚地了解公司的经营范围，并能熟练地向客户及外界正确地介绍公司业务。

2、本着热情、周到的原则，认真做好来访者的接待工作，有问必答，百问不厌，给来访者留下良好印象。

3、在任何场合都应用语规范，语气温和，音量适中，严禁大声喧哗，确保办公环境安静有序。严禁说脏话、忌语。

4、遇有来访者进入工作场地应礼貌接待，询问来访事由，引领至相关负责人处。需较长时间的，请来访者落座，并送上一杯水。上班时间（包括午餐时间）办公室内应保证有人接待。

5、来访者来访应注意介绍礼节。介绍行为应大方得体。介绍的原则是将级别低的介绍给级别高的，将年轻的介绍给年长的，将未婚的介绍给已婚的，将男性介绍给女性。介绍同行人员应先介绍级别高的，再按职位高低依次介绍，也可以先介绍女士或年长者。

图 4-109

4.5.4 设置文档背景

在不影响阅读的情况下，用户可以为文档添加背景，对文档进行适当美化。背景效果包括纯色背景、图片背景以及图案背景。

打开“设计”选项卡，在“页面背景”组中单击“页面颜色”下拉按钮，在下拉列表中选择一种颜色，即可将页面背景设置成相应颜色，如图4-110所示。

若要为页面设置其他填充效果，可以在“页面颜色”下拉列表中选择“填充效果”选项，系统随即弹出“填充效果”对话框，该对话框中包含“渐变”“纹理”“图案”以及“图片”4个选项卡，在不同选项卡中设置参数便可为文档设置相应背景效果，如图4-111所示。

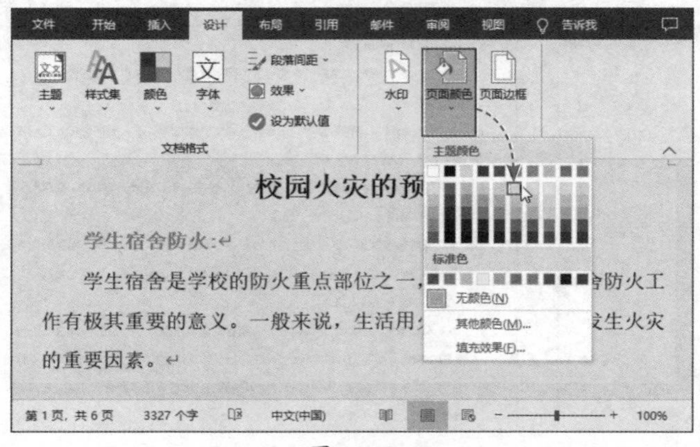

图 4-110

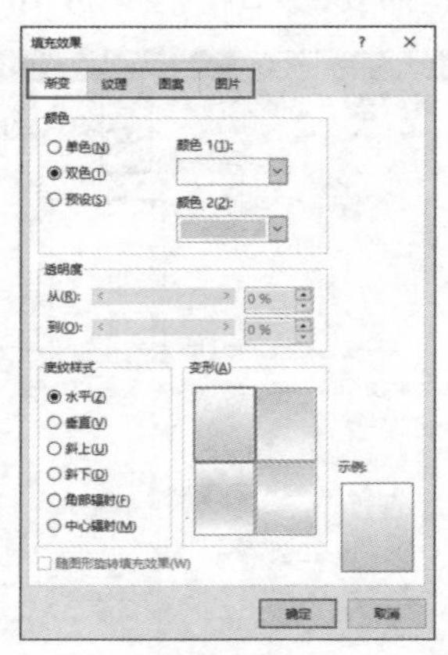

图 4-111

4.5.5 创建样式与目录

制作内容很多的长篇文档时，例如论文、标书等，为了方便浏览内容以及提取目录，需要为标题应用标题样式。

动手练 目录的创建

Step 01 选中需要应用样式的标题，打开“开始”选项卡，在“样式”组中单击“其他”下拉按钮，在下拉列表中选择一个标题样式，此处选择“标题2”样式，所选内容随即应用该标题样式，如图4-112所示。随后可参照此方法继续为文档中其他标题应用标题样式。

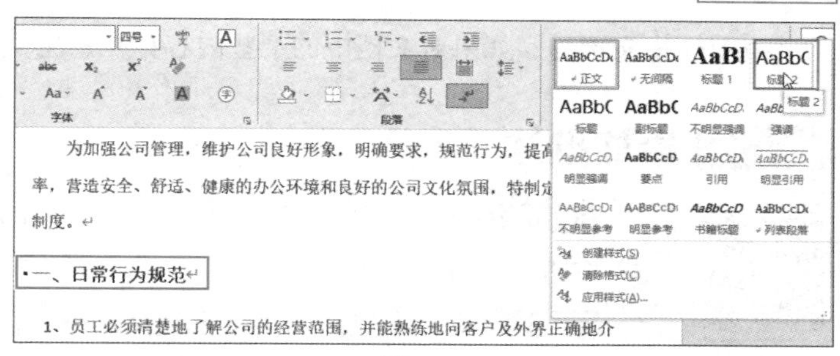

图 4-112

Step 02 打开“视图”选项卡，在“显示”组中勾选“导航窗格”复选框，文档右侧随即自动打开“导航”窗格，该窗格中会显示所有标题，单击任意一个标题，即可快速定位到文档中的相应位置，如图4-113所示。

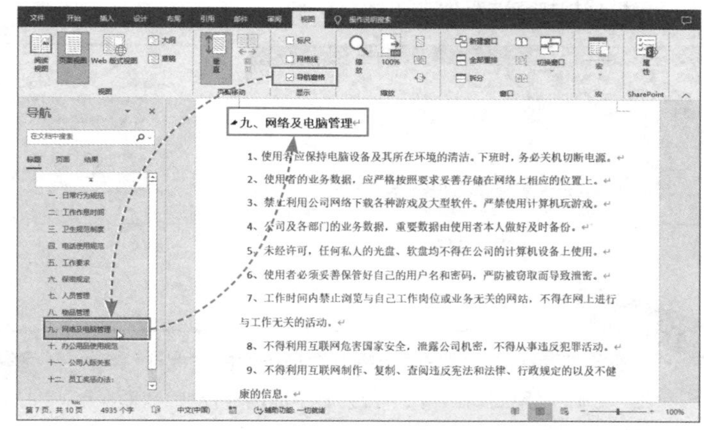

图 4-113

Step 03 将光标定位在文档的第一个字之前，打开“引用”选项卡，在“目录”组中单击“目录”下拉按钮，在下拉列表中选择“自动目录1”选项，如图4-114所示。

Step 04 Word随即自动提取文档目录，如图4-115所示。

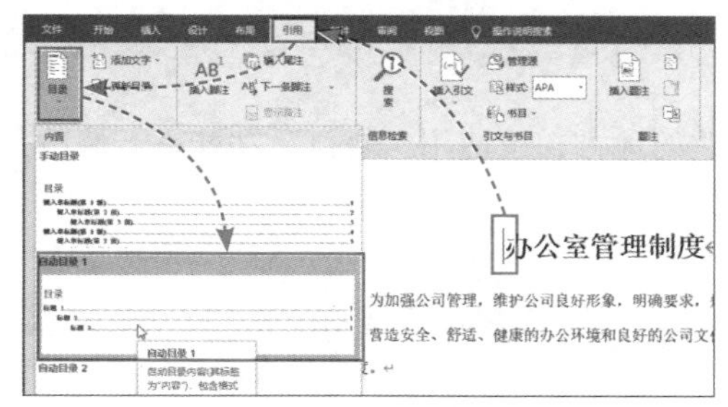

图 4-114

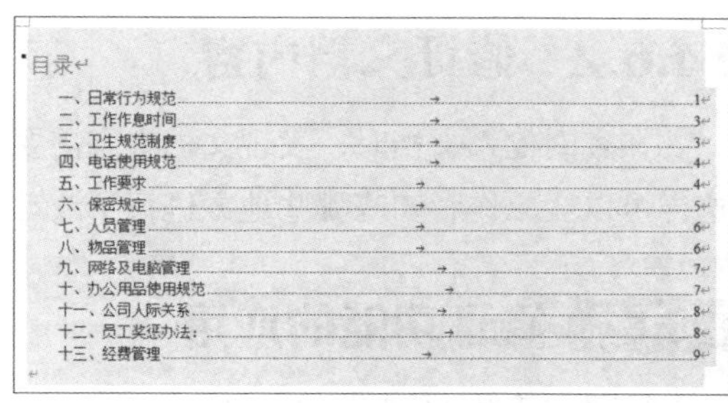
目录

一、日常行为规范	1
二、工作作息时间	3
三、卫生规范制度	3
四、电话使用规范	4
五、工作要求	4
六、保密规定	5
七、人员管理	6
八、物品管理	6
九、网络及电脑管理	7
十、办公用品使用规范	7
十一、公司人际关系	8
十二、员工奖惩办法：	8
十三、经费管理	9

图 4-115

4.6 文档高级操作

文档制作完成后，为了保证万无一失，通常会对文档进行审核和修订，检查文档中是否存在错别字、语句不通顺等问题，进一步修改完善文档。

4.6.1 批注文档

查看他人文档时，如果对文档中的某些内容存在意见，可以随时对文档进行批注。

动手练 添加批注

Step 01 选中需要批注的内容，打开“审阅”选项卡，单击“新建批注”按钮，如图4-116所示。

Step 02 文档右侧随即显示批注文本框，在文本框中输入内容即可完成批注，如图4-117所示。文档发回作者手中后，作者可单击批注文本框中的“答复”按钮，对批注内容进行答复。

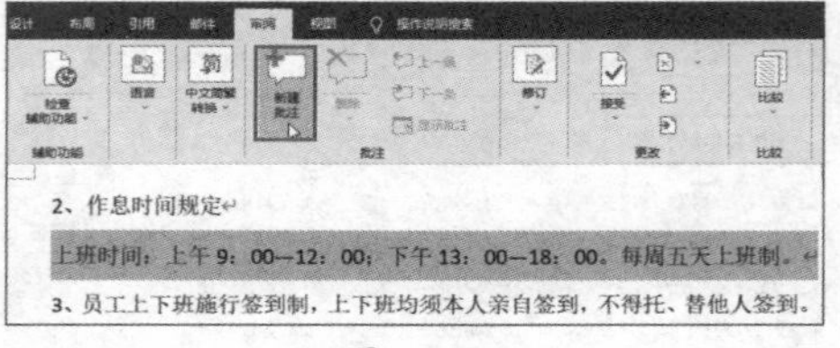

图 4-116

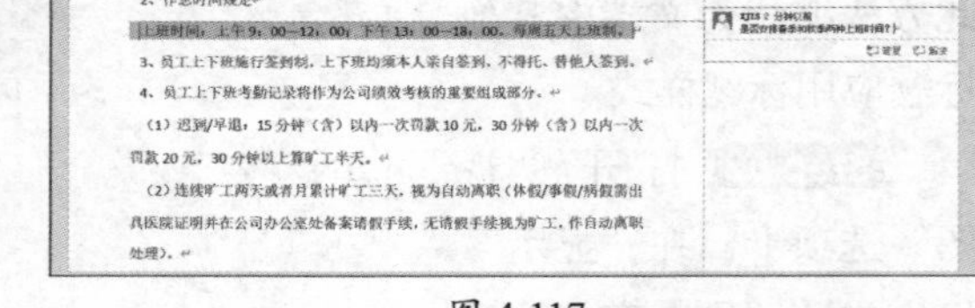

图 4-117

操作提示

若要删除批注，可在“审阅”选项卡中的“批注”组内单击“删除”下拉按钮，在下拉列表中提供3种删除选项，用户可根据需要选择要执行的命令，如图4-118所示。

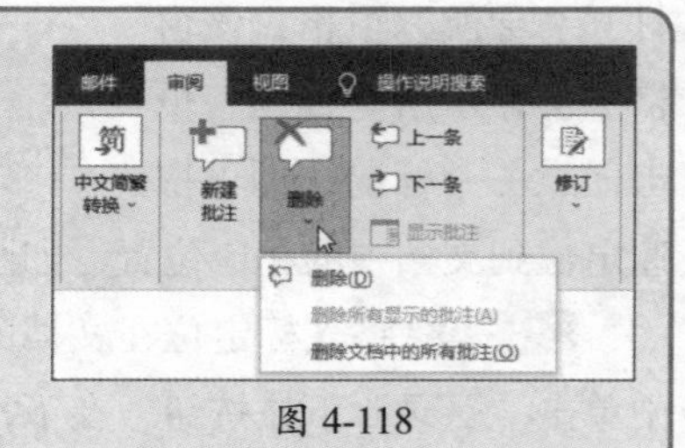

图 4-118

4.6.2 修订文档内容

在查阅他人文档时，发现文档中有需要修改的地方，可使用“修订”功能进行修改，这样可以让原作者知晓哪些地方进行了改动。

动手练 修订功能的应用

Step 01 在“审阅”选项卡中单击“修订”按钮，使其呈现选中状态，进入文档修订模式，如图4-119所示。

Step 02 当在文档中删除某些内容时，该内容会变为红色加删除线的效果，新增加的内容则显示为红色带下画线的效果，如图4-120所示。

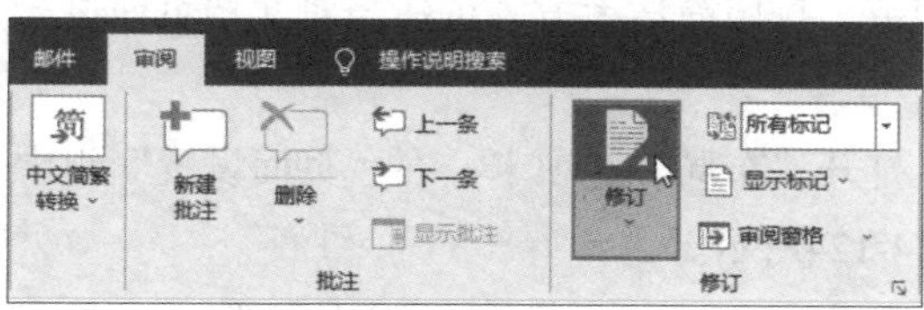

图 4-119

机，窗台等置入公共区域的物件。↵

3、员工须自觉保持公共区域的卫生，发现不清洁的情况，应及时清理，做到物品摆放整齐，干净整洁，地面无纸屑。↵

4、员工在公司内接待来访客人，事后须立即清理会客区。↵

~~5、请到办公区以外区域吸烟。办公区域内禁止吸烟~~↵

6、正确使用公司内的水、电、空调等设施，最后离开办公室的员工应关闭空

图 4-120

4.6.3 校对文档

对即将完成的文档进行校对，可以轻松检查文档中的拼写错误、统计字数、行数等。

打开“审阅”选项卡，在“校对”组中单击“拼写和语法”按钮，文档右侧随即打开“语法”窗格，显示检查出的有问题的内容，如图4-121所示。

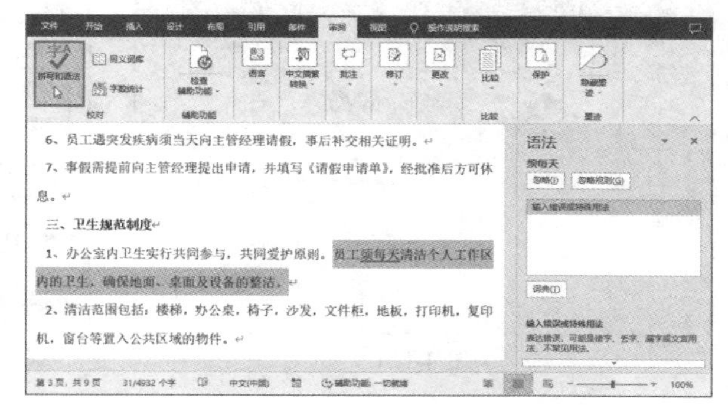

图 4-121

注意事项 拼写和语法功能是针对全英文的文档设立的，当检查中文时，有可能出现偏差，用户可单击“忽略”按钮忽略，或单击“忽略规则”按钮，忽略对当前规则的检查。

选择需要统计的内容，在“校对”组中单击“字数统计”按钮，如图4-122所示。系统随即弹出“字数统计”对话框，该对话框中显示页数、字数、段落数、行数等信息，如图4-123所示。

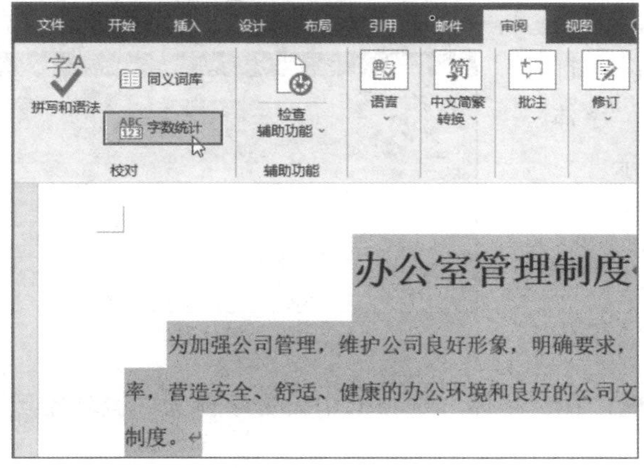

图 4-122

图 4-123

知识拓展：制作放假通知函

通过本章内容的学习，相信用户对Word的基本知识已经有了一定的了解。下面综合利用所学知识制作放假通知函，要求格式规范，排版简洁大方，可适当对文档页面进行美化。

Step 01 新建“放假通知”空白文档，打开“布局”选项卡，在“页面设置”组中单击“页面设置”对话框启动器按钮，如图4-124所示。

Step 02 系统随即弹出“页面设置”对话框，在“页边距”选项卡中设置“上”“下”“左”“右”页边距分别为“2厘米”，单击“确定”按钮，关闭对话框，如图4-125所示。

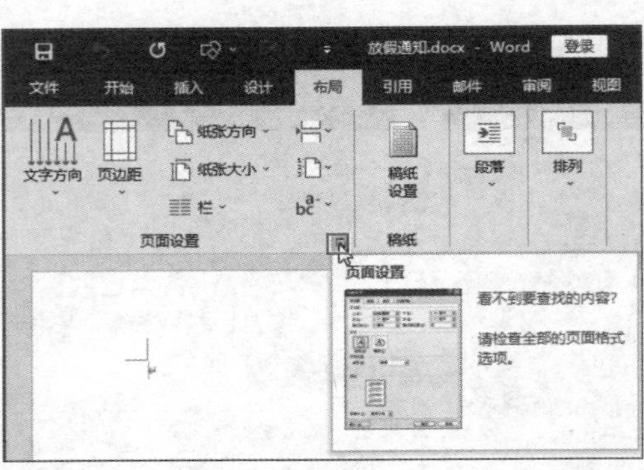

图 4-124

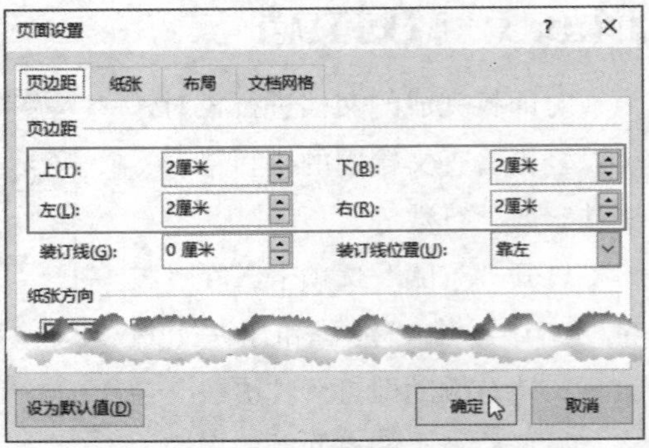

图 4-125

Step 03 在文档中输入通知内容，如图4-126所示。

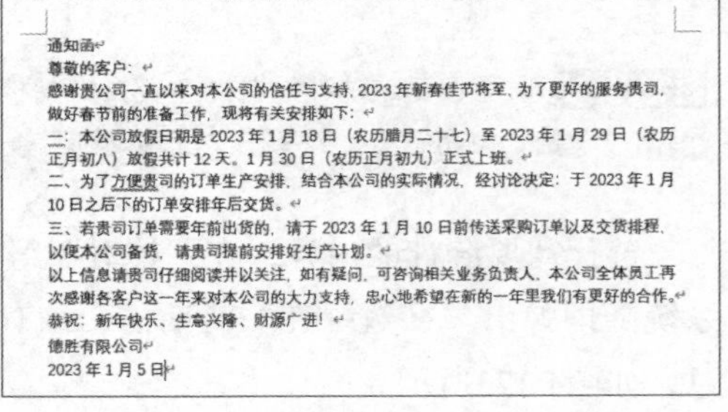
通知函
尊敬的客户：
感谢贵公司一直以来对本公司的信任与支持，2023年新春佳节将至，为了更好的服务贵司，做好春节前的准备工作，现将有关安排如下：
一：本公司放假日期是2023年1月18日（农历腊月二十七）至2023年1月29日（农历正月初八）放假共计12天。1月30日（农历正月初九）正式上班。
二、为了方便贵司的订单生产安排，结合本公司的实际情况，经讨论决定：于2023年1月10日之后下的订单安排年后交货。
三、若贵司订单需要年前出货的，请于2023年1月10日前传送采购订单以及交货排程，以便本公司备货，请贵司提前安排好生产计划。
以上信息请贵司仔细阅读并以关注，如有疑问，可咨询相关业务负责人，本公司全体员工再次感谢各客户这一年来对本公司的大力支持，忠心地希望在新的一年里我们有更好的合作。
恭祝：新年快乐、生意兴隆、财源广进！
德胜有限公司
2023年1月5日

图 4-126

Step 04 选中标题“通知函”，打开“开始”选项卡，在字体组中单击“字体”对话框启动器按钮，如图4-127所示。

图 4-127

Step 05 弹出“字体”对话框，在“字体”选项卡中设置字体为“微软雅黑”，字号为“小初”，如图4-128所示。

Step 06 切换到“高级”选项卡，设置间距为“加宽”，“磅值”为“2磅”，单击“确定”按钮，如图4-129所示。

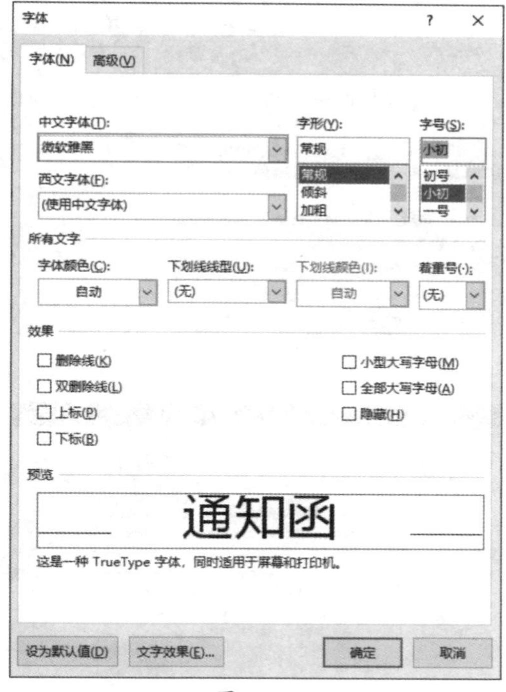

图 4-128

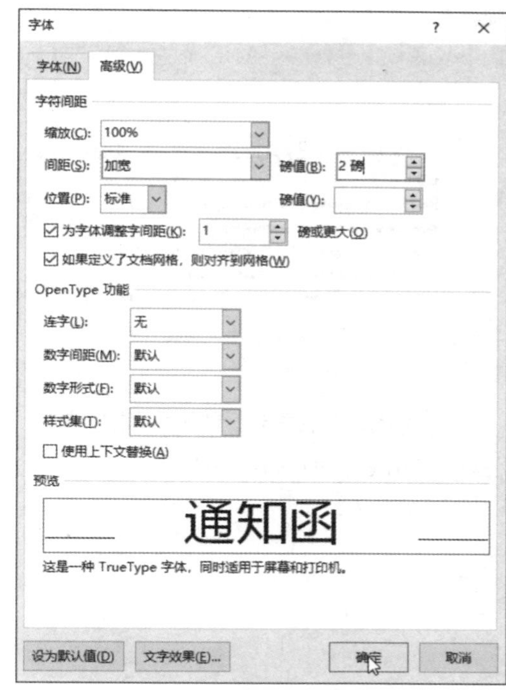

图 4-129

Step 07 选中除了标题以外的所有文本，在“开始”选项卡中的“字体”组内设置字体为“微软雅黑”，字号为“四号”，如图4-130所示。

Step 08 选中标题，在“开始”选项卡中的“段落”组内单击“居中”按钮，将标题居中显示，如图4-131所示。

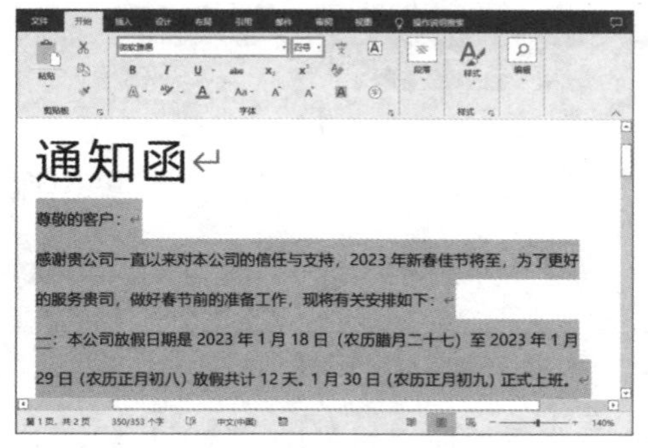

图 4-130

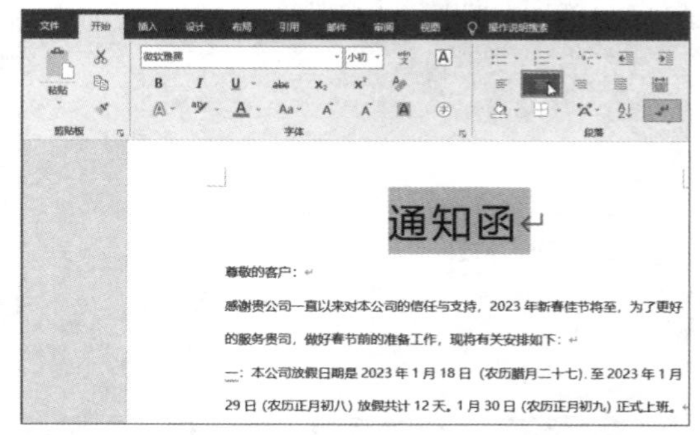

图 4-131

Step 09 保持标题为选中状态，在“段落”组中单击“行和段落间距”按钮，在下拉列表中选择“增加段落前的间距”选项，如图4-132所示，随后再次打开该下拉列表，选择“增加段落后的空格”选项。

Step 10 选中除了正文和落款的所有内容，在“段落”组中单击“段落设置”对话框启动器按钮，如图4-133所示。

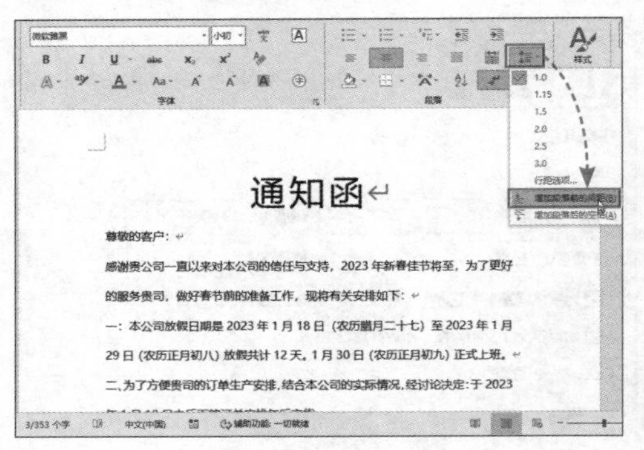

图 4-132

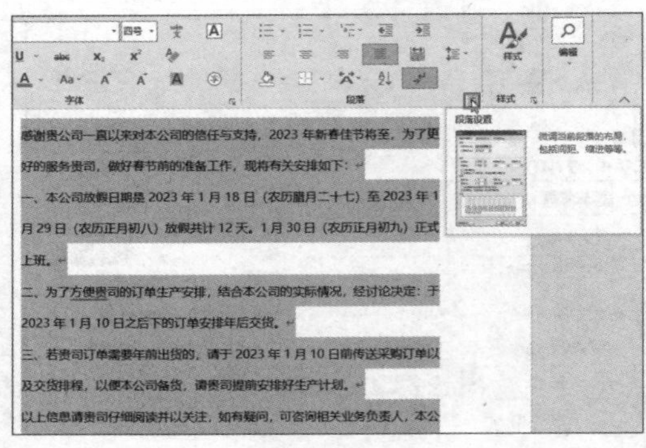

图 4-133

Step 11 选中落款，在段落组中单击右对齐按钮■，如图4-134所示。

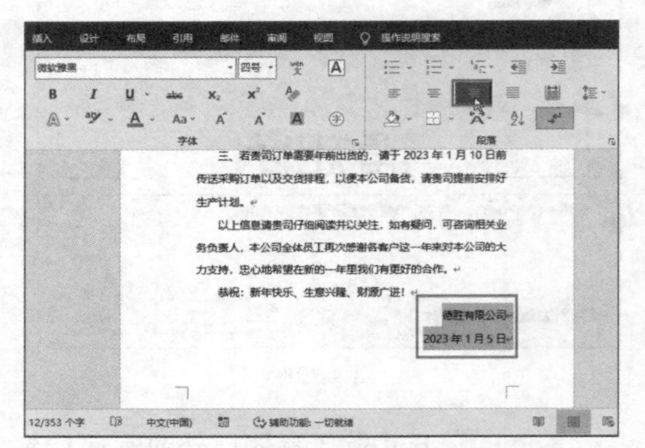

图 4-134

Step 12 打开“插入”选项卡，单击“图片”下拉按钮，在下拉列表中选择“此设备”选项，如图4-135所示。

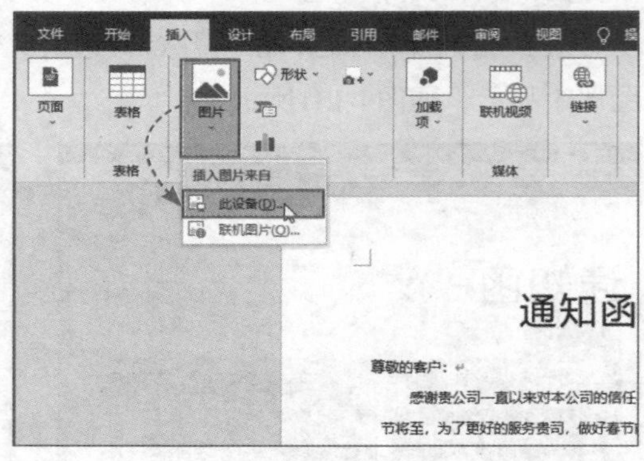

图 4-135

Step 13 系统随后弹出对话框，在对话框中选择需要使用的图片，将图片插入文档。选中图片，单击图片右上角的“布局选项”按钮，在弹出的列表中选择“衬于文字下方”选项，如图4-136所示。随后调整好图片的大小，使其覆盖住整个文档页面，形成背景效果。

Step 14 此时黑色的文本颜色搭配深色的背景，使得文本不容易读取。用户可以选中文档中所有文本，在“开始”选项卡中单击“字体颜色”下拉按钮，在下拉列表中选择一个较浅的颜色，如图4-137所示。

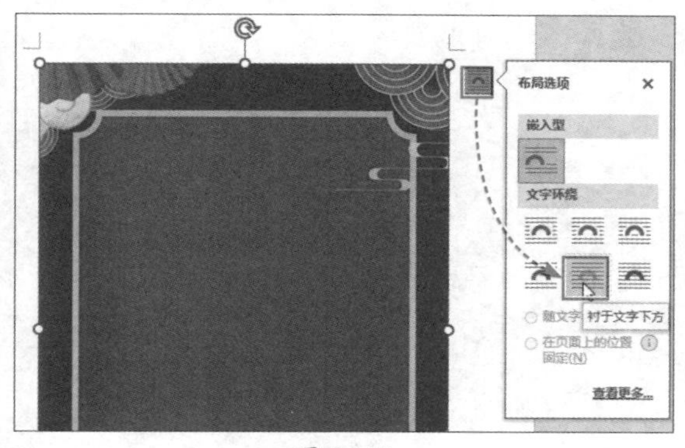

图 4-136

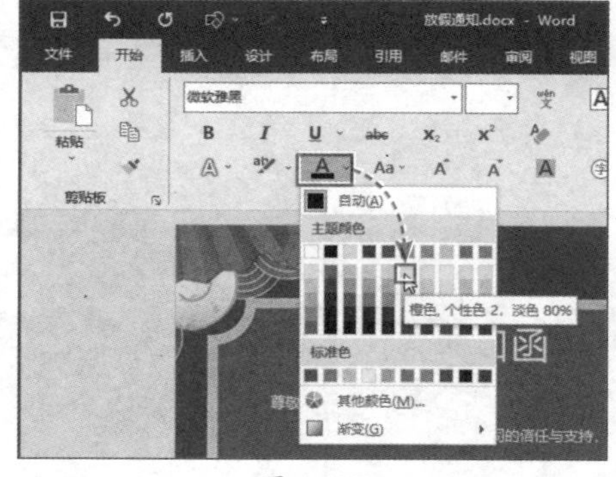

图 4-137

至此，通知函的制作完成，最终效果如图4-138所示。

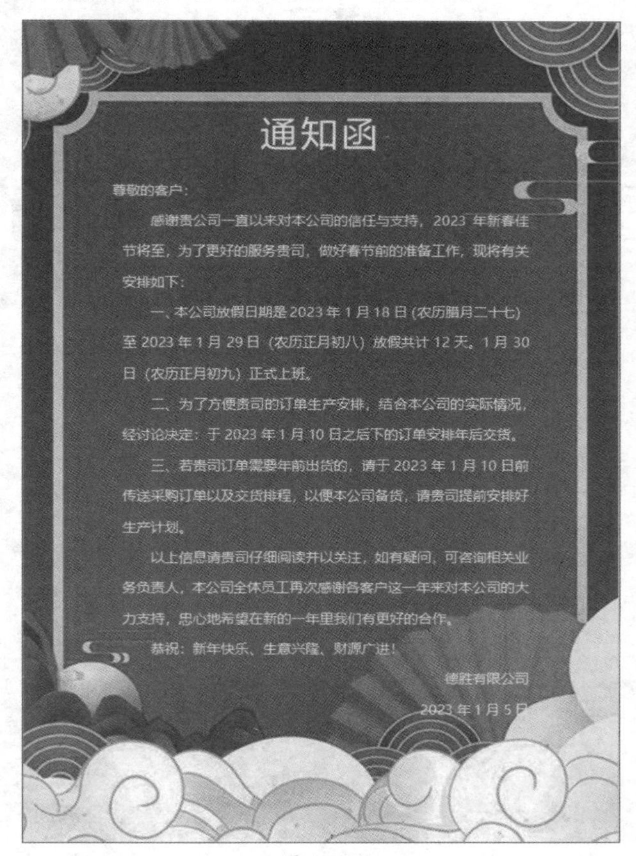

通知函

尊敬的客户：

感谢贵公司一直以来对本公司的信任与支持，2023 年新春佳节将至，为了更好的服务贵司，做好春节前的准备工作，现将有关安排如下：

一、本公司放假日期是 2023 年 1 月 18 日 (农历腊月二十七) 至 2023 年 1 月 29 日（农历正月初八）放假共计 12 天。1 月 30 日（农历正月初九）正式上班。

二、为了方便贵司的订单生产安排，结合本公司的实际情况，经讨论决定：于 2023 年 1 月 10 日之后下的订单安排年后交货。

三、若贵司订单需要年前出货的，请于 2023 年 1 月 10 日前传送采购订单以及交货排程，以便本公司备货，请贵司提前安排好生产计划。

以上信息请贵司仔细阅读并以关注，如有疑问，可咨询相关业务负责人，本公司全体员工再次感谢各客户这一年来对本公司的大力支持，忠心地希望在新的一年里我们有更好的合作。

恭祝：新年快乐、生意兴隆、财源广进！

德胜有限公司

2023 年 1 月 5 日

图 4-138

第5章 Excel电子表格的处理

Excel是最常用的电子表格软件之一，属于Microsoft Office的组件之一。Excel表格可以用来记录数据、处理和分析数据、制作表格等。Excel是现代办公和处理数据所必不可少的软件。本章着重介绍Excel的使用。

5.1 Excel基础操作

Excel文件又称Excel工作簿，一个工作簿中可以包含多张工作表，类似于文件夹与文件的关系。数据的录入以及处理和分析都是在工作表中进行的。下面将从工作簿和工作表的基础操作开始介绍。

5.1.1 Excel操作界面介绍

学习Excel从熟悉软件工作界面开始。Excel的工作界面主要由快速访问工具栏、标题栏、选项卡、工作表、行号、列标、工作表标签、状态栏、单元格、名称框、编辑栏、窗口按钮及文件按钮等几部分组成，如图5-1所示。

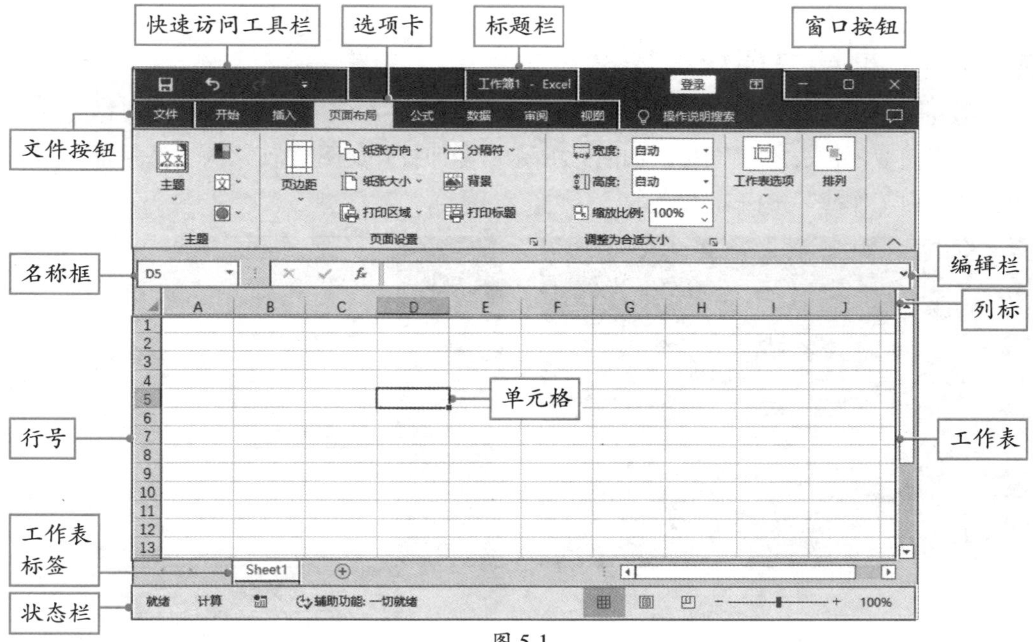

图 5-1

各区域的具体作用如下。

- **名称框：** 用来显示所选单元格、图片、形状、控件等对象的名称，也用于快速定位指定单元格或其他对象。
- **编辑栏：** 分为两部分，左侧部分包含三个按钮，分别用于取消录入、确定录入以及插入函数。右侧部分用于显示或编辑活动单元格（当前所选单元格）的内容。
- **工作表：** 是工作簿中最重要的组成部分，用于记录、展示、处理及分析数据。如果将工作簿比作一个活页夹，工作表则是其中可拆卸的纸张。一个工作簿中可包含多张工作表。Excel 2016默认包含一张工作表，用户可根据需要继续添加工作表。
- **行号：** 用数字1、2、3…标识行的位置，Excel 2016共包含1048576行。

- **列标：** 用英文字母A、B、C…标识列的位置。最后一个英文字母是Z，Z列后面的列依次为AA、AB、AC…，Excel 2016最后一列的列号为XFD。
- **单元格：** 是行与列交叉组成的小格子，单元格是工作表的最小单位，可拆分或者合并。数据的输入和修改都是在单元格中进行的。
- **工作表标签：** 是显示工作表名称的区域。默认创建的工作表名称为Sheet1、Sheet2…，用户可根据需要更改工作表标签的名称。当一个工作簿中包含多张工作表时，每个工作表的名称不能重复。

Word、Excel、PowerPoint这三款软件的工作界面主要组成部分基本相同（包括快速访问工具栏、标题栏、窗口按钮、文件按钮、选项卡、功能区以及状态栏等），本书在介绍Word操作界面时已经详细介绍了这些组成部分的作用，此处不再赘述。

5.1.2 创建与保存工作簿

Excel工作簿的创建和保存是Excel的基本操作，首先介绍工作簿的创建及保存操作。

在桌面双击Excel快捷图标，如图5-2所示，随即打开如图5-3所示的工作界面，在此单击“空白工作簿”按钮。

图 5-2

图 5-3

这时Excel创建了一个空白的工作簿，并自动创建了一张空白工作表。Excel工作表界面如图5-4所示。

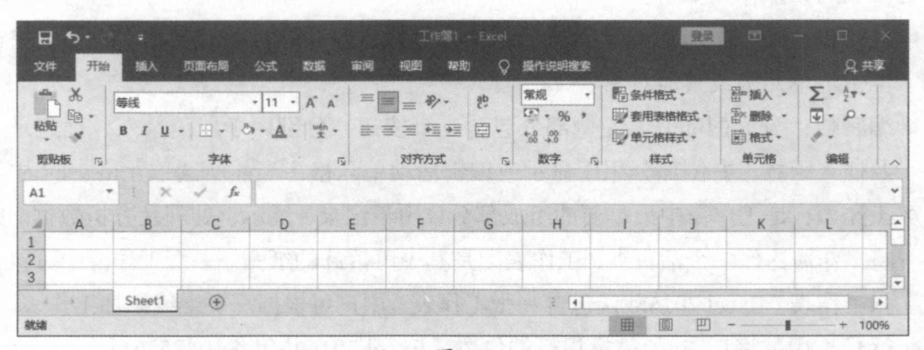

图 5-4

创建与保存操作一气呵成，在保存的过程中可以为工作簿指定名称以及保存位置。

首先单击Excel界面左上角的“快速访问工具栏”中的“保存”按钮，如图5-5所示。与Word类似，因为是第一次执行保存，所以在“另存为”界面单击“浏览”按钮，如图5-6所示。

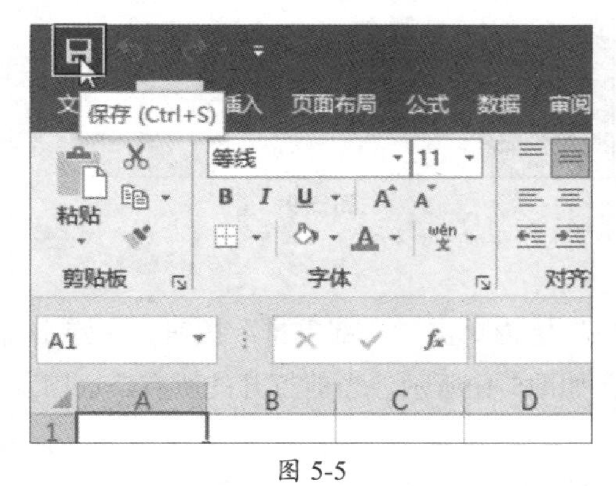

图 5-5

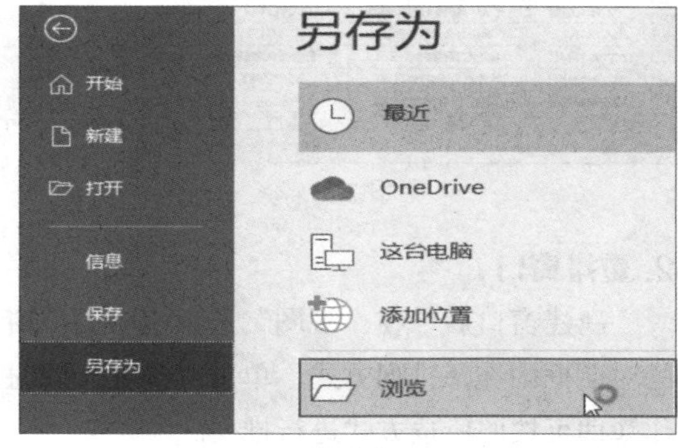

图 5-6

弹出“另存为”对话框，选择保存位置，在“文件名”文本框中输入名称，单击“保存”按钮，如图5-7所示。

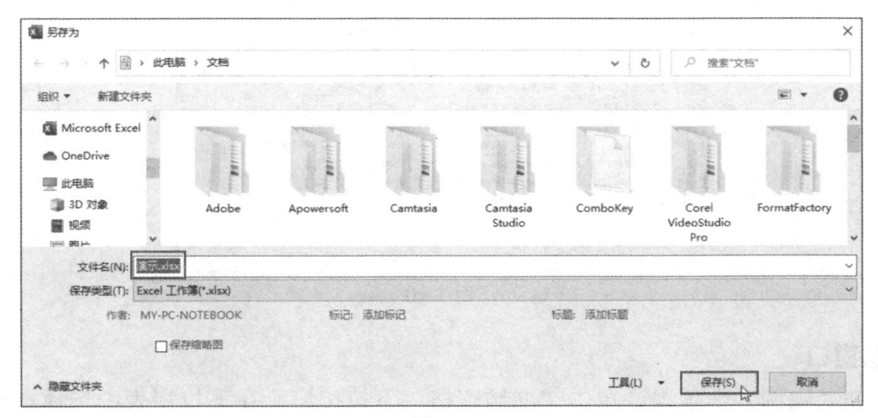

图 5-7

5.1.3 调整工作簿窗口

调整工作簿窗口有利于数据的查看和编辑，窗口的调整包括新建窗口、重排窗口、切换窗口等。下面介绍具体操作方法。

1. 新建窗口

打开“视图”选项卡，在“窗口”组中单击“新建窗口”按钮，如图5-8所示。Excel随即创建一个完全相同的工作簿窗口，如图5-9所示。用户可以通过新建窗口的方法同时查看或编辑同一工作簿的不同区域。

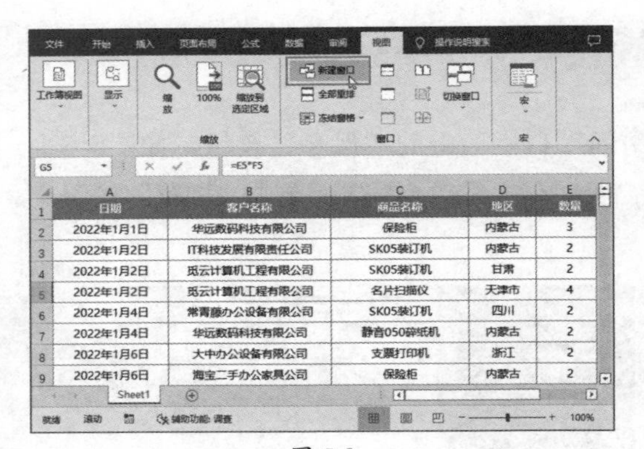

图 5-8

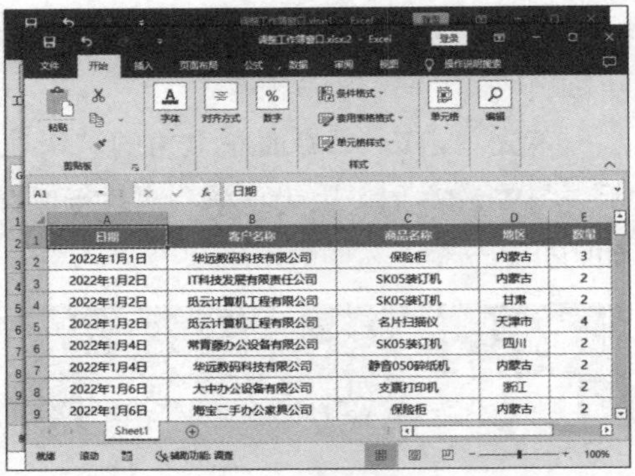

图 5-9

2. 重排窗口

新建窗口后，在“视图”选项卡中的“窗口”组内单击“全部重排”按钮，在弹出的对话框中选择排列方式，单击“确定”按钮，如图5-10所示。当前打开的所有Excel工作簿即可按照所选方式进行排列。

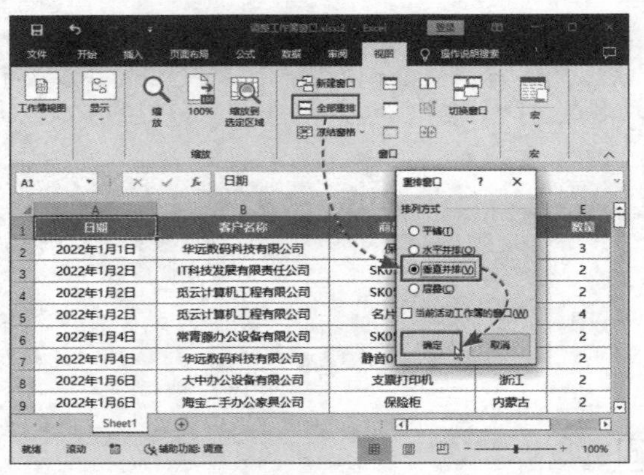

图 5-10

3. 冻结窗口

打开“视图”选项卡，单击“冻结窗格”下拉按钮，在下拉列表中选择“冻结首行”选项，如图5-11所示。工作表的第1行随即被冻结，查看下方数据时，第1行始终固定显示，如图5-12所示。

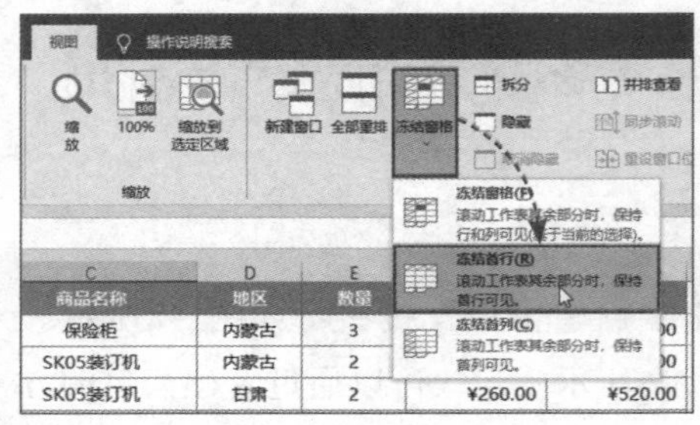

图 5-11

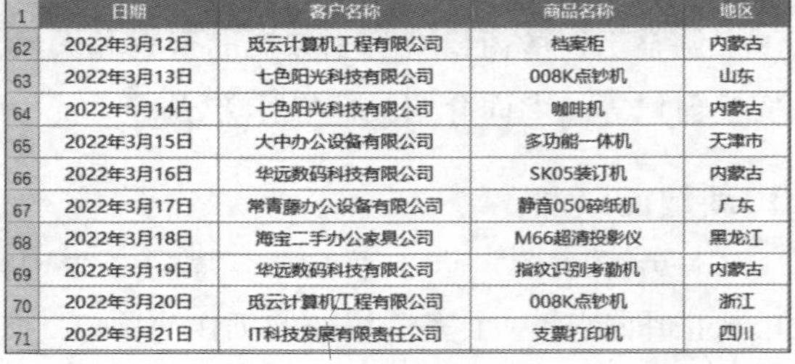

	日期	客户名称	商品名称	地区
62	2022年3月12日	觅云计算机工程有限公司	档案柜	内蒙古
63	2022年3月13日	七色阳光科技有限公司	008K点钞机	山东
64	2022年3月14日	七色阳光科技有限公司	咖啡机	内蒙古
65	2022年3月15日	大中办公设备有限公司	多功能一体机	天津市
66	2022年3月16日	华远数码科技有限公司	SK05装订机	内蒙古
67	2022年3月17日	常青藤办公设备有限公司	静音050碎纸机	广东
68	2022年3月18日	海宝二手办公家具公司	M66超清投影仪	黑龙江
69	2022年3月19日	华远数码科技有限公司	指纹识别考勤机	内蒙古
70	2022年3月20日	觅云计算机工程有限公司	008K点钞机	浙江
71	2022年3月21日	IT科技发展有限责任公司	支票打印机	四川

图 5-12

若想从工作表指定位置开始冻结，例如同时冻结第1行和第A列，可以选择B2单元格，单击“冻结窗格”按钮，在下拉列表中选择“冻结窗格”选项，如图5-13所示。

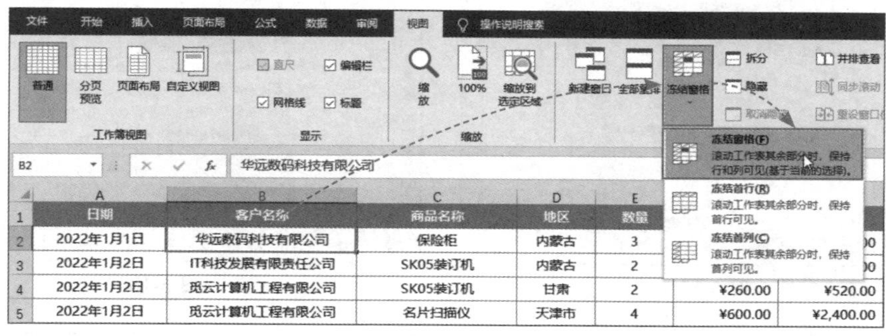

图 5-13

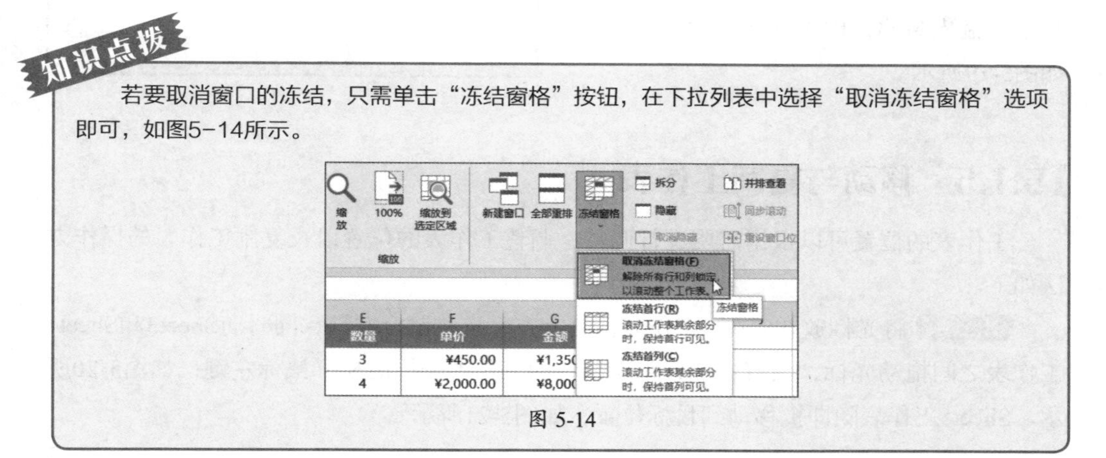

知识点拨

若要取消窗口的冻结，只需单击“冻结窗格”按钮，在下拉列表中选择“取消冻结窗格”选项即可，如图5-14所示。

图 5-14

5.1.4 创建与删除工作表

Excel 2016默认包含1张工作表，用户可以新建更多工作表，也可将多余的工作表删除。

Step 01 单击Sheet1工作表标签右侧的“新工作表”按钮，如图5-15所示，工作簿中随即新建一张空白工作表，如图5-16所示。

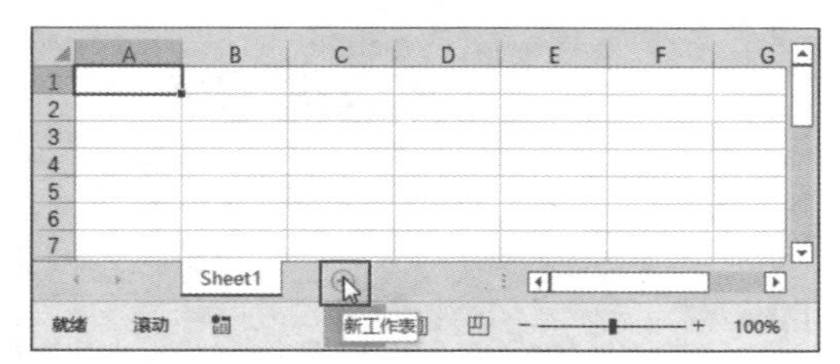

图 5-15

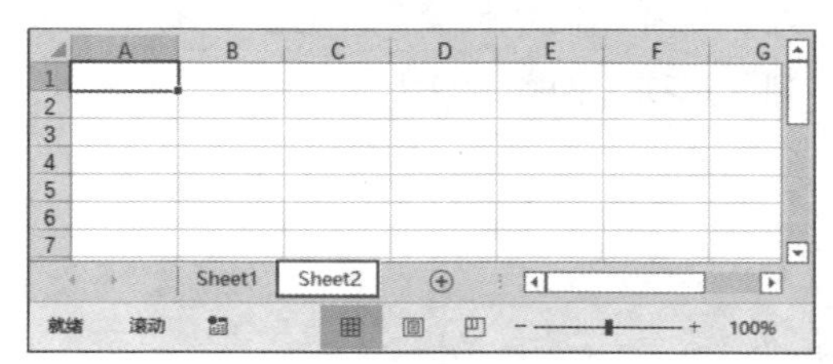

图 5-16

Step 02 右击Sheet2工作表标签，在弹出的菜单中选择“删除”选项，即可删除工作表，如图5-17所示。

Step 03 右击工作表标签，在弹出的快捷菜单中选择“重命名”选项，如图5-18所示。

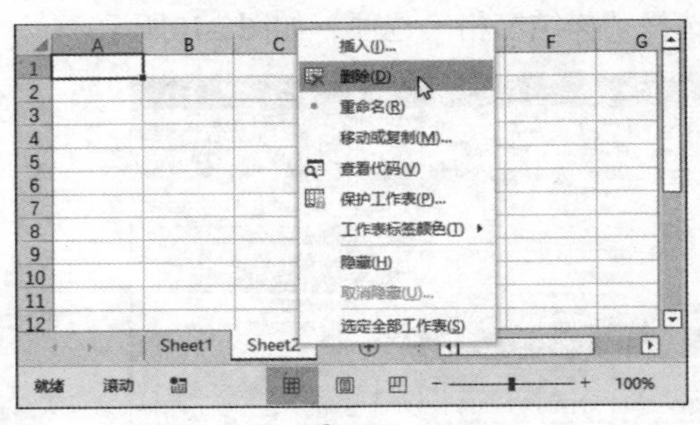

图 5-17

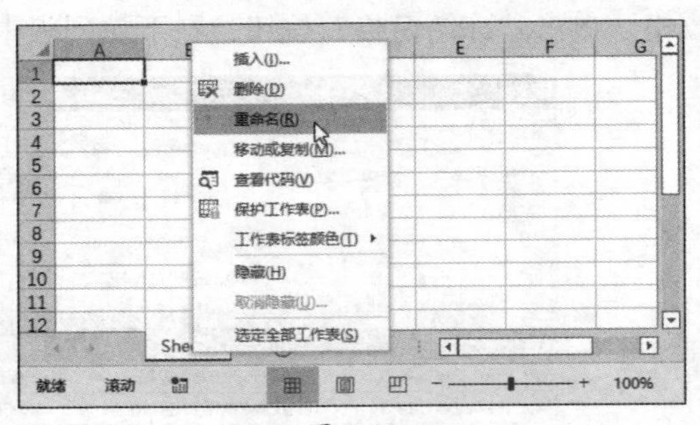

图 5-18

Step 04 工作表标签随即进入可编辑状态，输入名称，即可完成重命名操作，如图5-19所示。

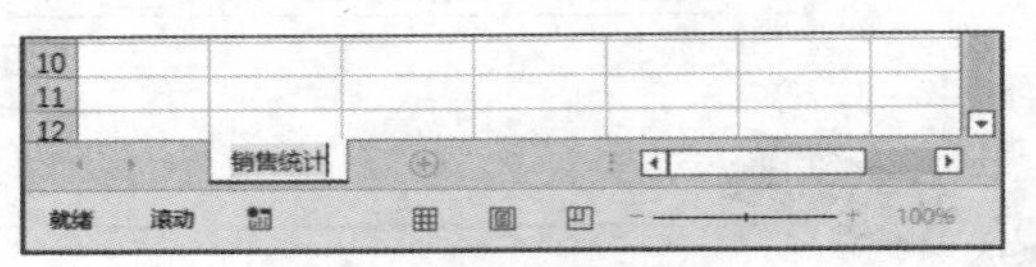

图 5-19

5.1.5 移动与复制工作表

工作表的位置可以根据需要进行调整，调整工作表的位置以及复制工作表的操作方法如下。

Step 01 将光标放在Sheet5工作表标签上方，按住鼠标左键，同时向Sheet3和Sheet4工作表之间拖动光标，当目标位置出现黑色的三角形图标时松开鼠标左键，如图5-20所示。Sheet5工作表随即被移动到目标位置，如图5-21所示。

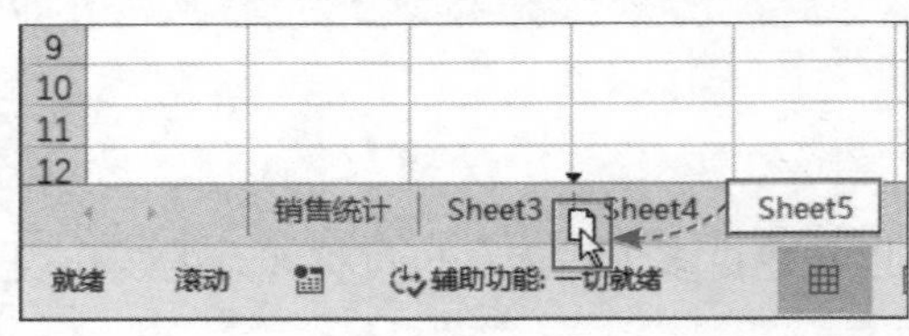

图 5-20

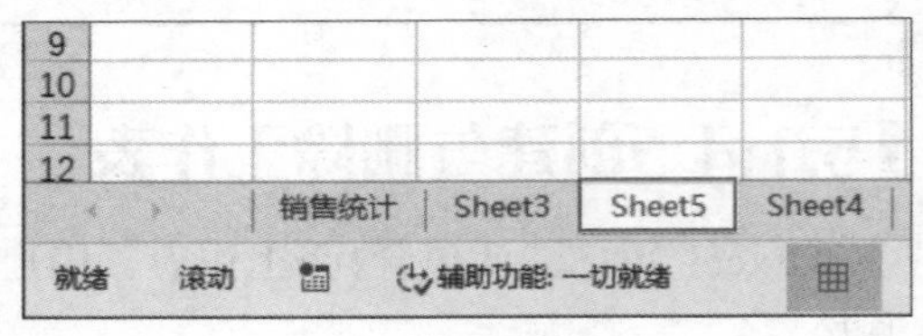

图 5-21

Step 02 右击“销售统计”工作表标签，在弹出的快捷菜单中选择“移动或复制”选项，如图5-22所示。

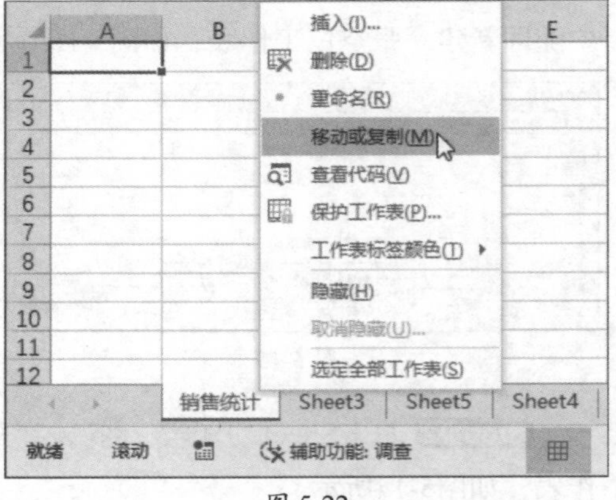

图 5-22

Step 03 弹出“移动或复制工作表”对话框，选择Sheet4工作表，勾选“建立副本”复选框，单击“确定”按钮，如图5-23所示。

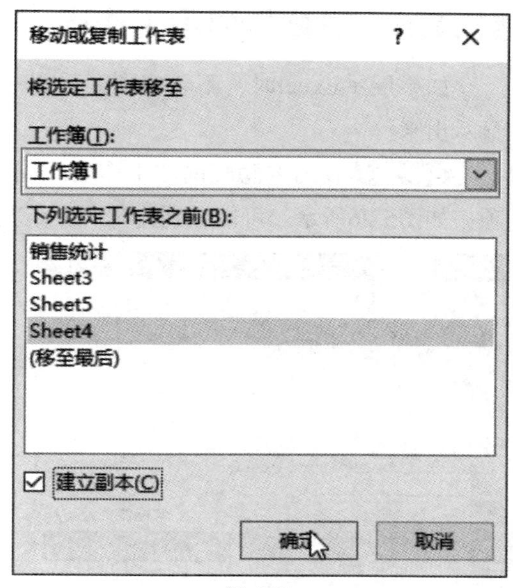

图 5-23

Step 04 返回Excel工作界面，可以看到“销售统计”工作表已经被复制到Sheet4工作表之前，并重命名为“销售统计（2）”，如图5-24所示。

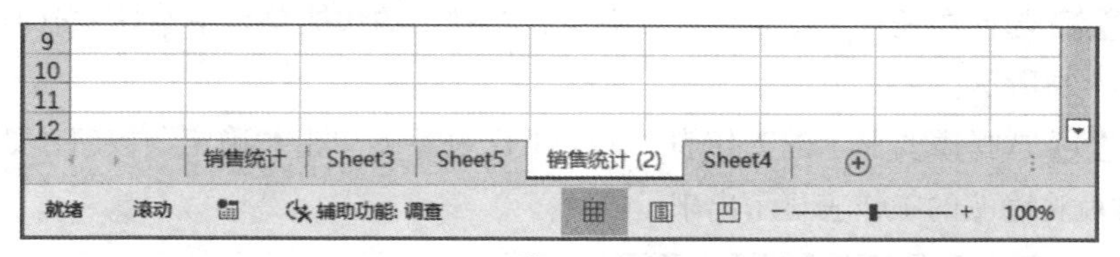

图 5-24

操作提示

工作表也可以在不同工作簿之间进行复制或移动。在“移动或复制工作表”对话框中单击“工作簿”下拉按钮，在下拉列表中会显示当前打开的所有工作簿名称，选择需要移动至的工作簿，单击“确定”按钮即可完成移动，如图5-25所示，若是复制，则勾选“建立副本”复选框。

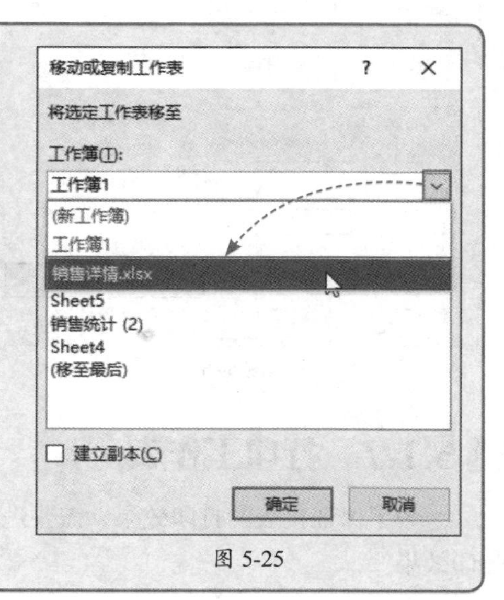

图 5-25

5.1.6 隐藏与显示工作表

如果展示Excel时，不希望别人看到一些工作表，可以将其隐藏，在需要编辑时再显示出来。

Step 01 在需要隐藏的“工作表2”上右击，在弹出的快捷菜单中选择“隐藏”选项，如图5-26所示。可以看到此时“工作表2”消失了，如图5-27所示。

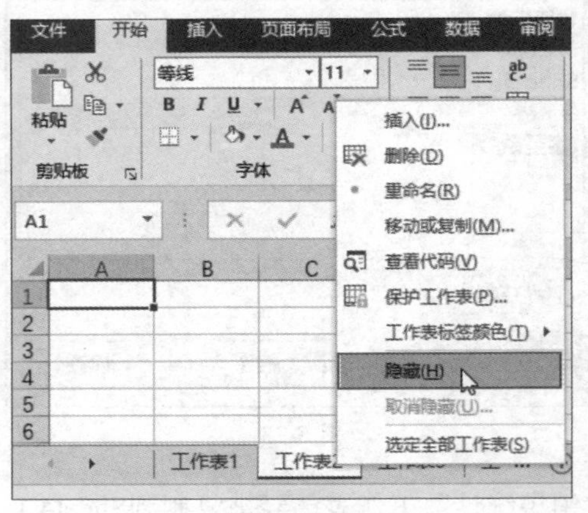

图 5-26

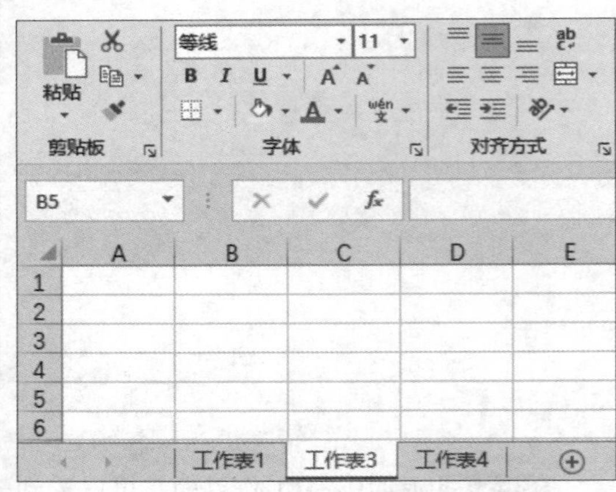

图 5-27

Step 02 随便在任意工作表名称上右击，在弹出的快捷菜单中选择“取消隐藏”选项，如图5-28所示。

Step 03 选择需要显示的工作表，如“工作表2”，单击“确定”按钮，如图5-29所示，这样就将隐藏的工作表显示出来了。

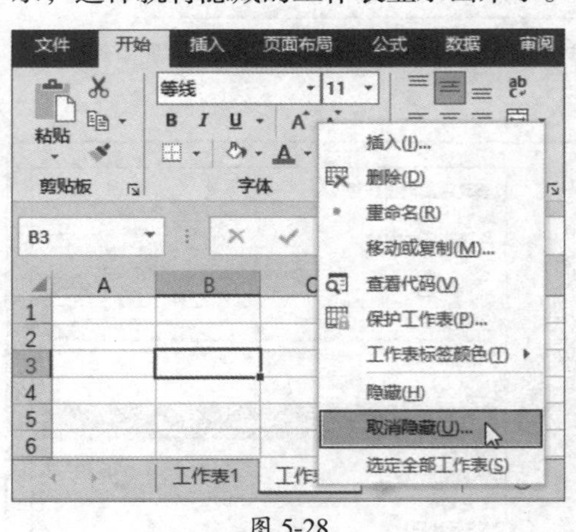

图 5-28

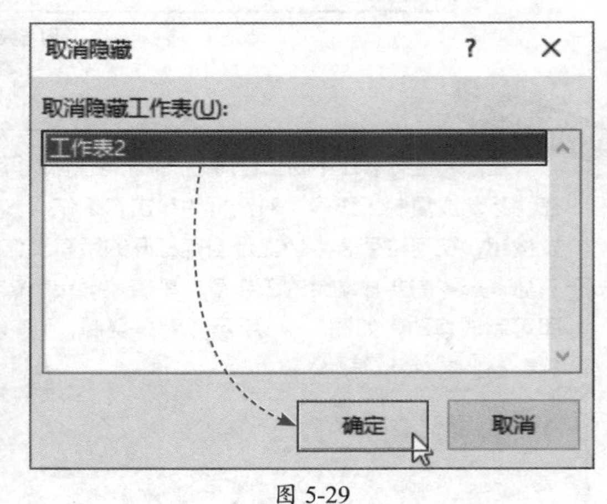

图 5-29

5.1.7 打印工作表

为了保证报表的打印效果，需要进行一些打印设置，在打印之前还需要提前预览打印效果。

页面的设置可以通过“页面布局”选项卡中的各项命令按钮来完成，“页面设置”组中包含“页边距”“纸张方向”“纸张大小”“打印区域”“分隔符”“背景”以及“打印标题”7个按钮，如图5-30所示。各命令按钮的作用如下。

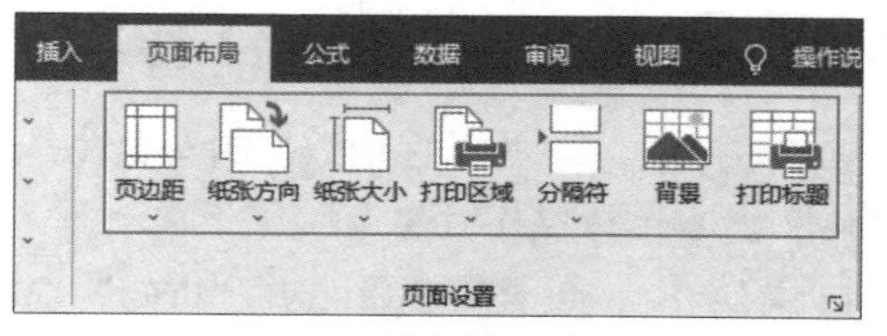

图 5-30

- **页边距：** 设置页边距的大小。
- **纸张方向：** 设置纸张的方向，包含横向和纵向两种方向。
- **纸张大小：** 设置纸张的大小。
- **打印区域：** 将表格中选中的区域设置为打印区域，打印时将只打印该区域。
- **分隔符：** 在所选单元格上方插入分隔符。分隔符下方的内容自动打印到下一页。
- **背景：** 为工作表添加背景。打印时可连背景一起打印。
- **打印标题：** 内容比较多的报表，默认只有第一页会显示标题。使用“打印标题”功能可以在打印时让每一页都显示标题。

单击“文件”按钮，进入文件菜单，在“打印”界面可预览打印效果，此时可以看到报告多出了一列，此列会自动打印到下一页，如图5-31所示。

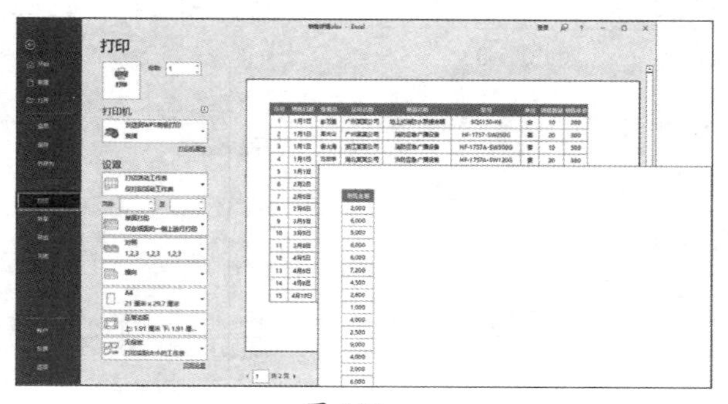

图 5-31

单击“无缩放”下拉按钮，选择“将所有列调整为一页”选项，即可将多出的列缩放至一页打印，如图5-32所示。

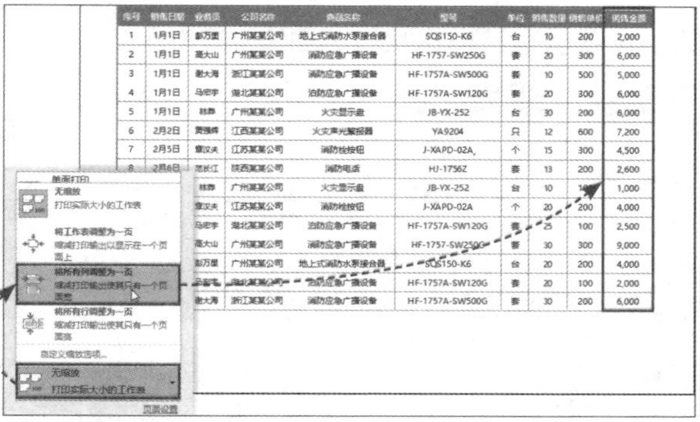

图 5-32

动手练 保护工作簿与工作表

为了保证数据的安全性，需要对工作簿和工作表进行保护。下面介绍具体操作方法。

Step 01 打开“审阅”选项卡，在“保护”组中单击“保护工作表”按钮，如图5-33所示。

Step 02 弹出“保护工作表”对话框，输入密码，单击“确定”按钮，如图5-34所示。在随后弹出的对话框中再次输入密码。

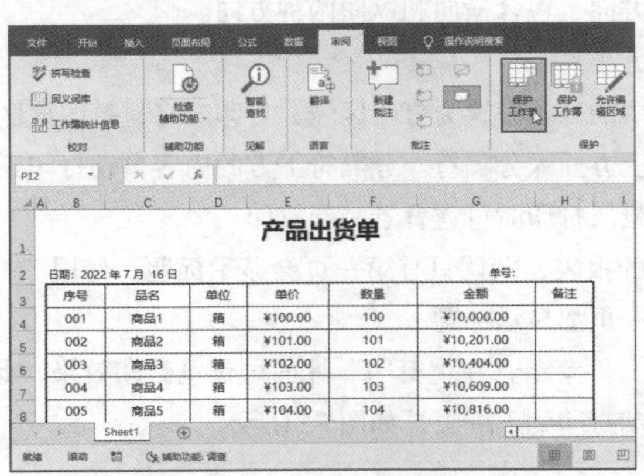

图 5-33

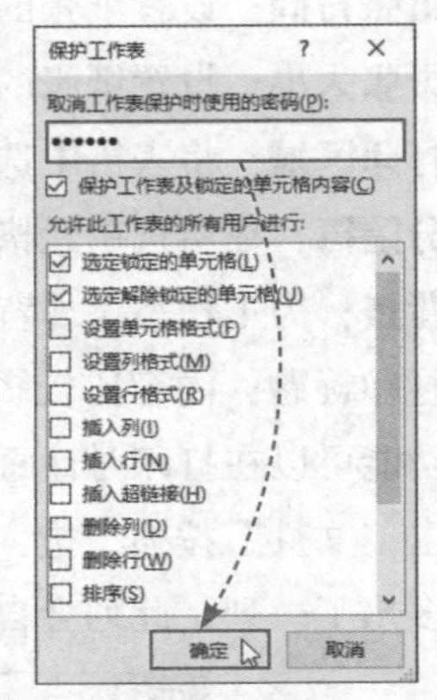

图 5-34

Step 03 完成保护工作表操作后，当试图编辑工作表中的数据时，将弹出警告对话框，如图5-35所示。

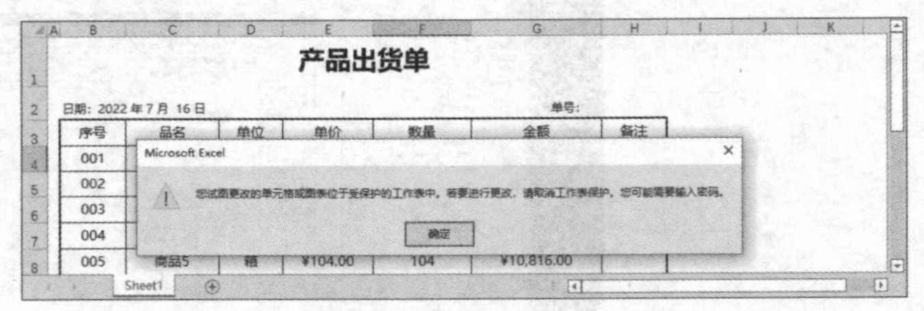

图 5-35

Step 04 在“保护”组中单击“保护工作簿”按钮，弹出“保护结构和窗口”对话框，输入密码，单击“确定”按钮，如图5-36所示。

Step 05 保护密码结构，将无法对工作表执行插入、删除、重命名等操作，右击工作表标签可以看到这些选项呈不可操作状态，如图5-37所示。

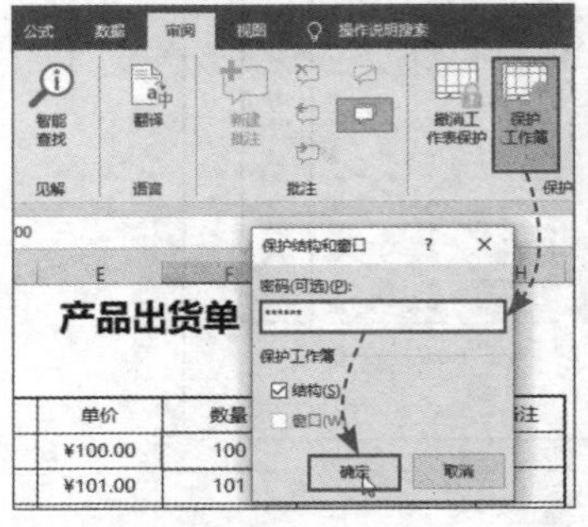

图 5-36

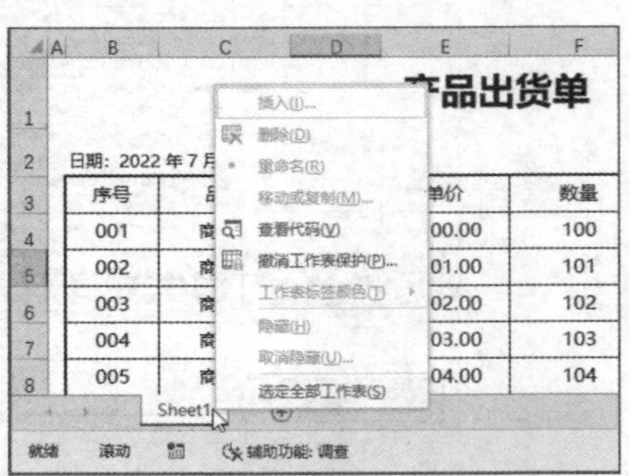

图 5-37

5.2 数据录入与表格美化

在Excel表格中录入数据有很多技巧。要想高效地输入数据，还需要掌握一些数据录入技巧。

5.2.1 录入数据

选中单元格，输入内容后按Enter键即可确认输入，如图5-38、图5-39所示。用户可以通过键盘上的↑、↓、←、→按键快速切换到下一个需要输入内容的单元格。

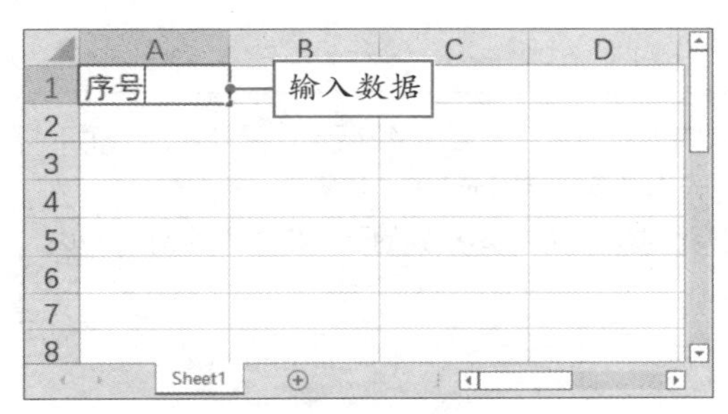

图 5-38

序号
按Enter键确认

图 5-39

动手练 输入以0开头的数字

默认情况下，在单元格中输入以0开头的数字时，确认录入后，前面的0会消失，若想让数字前面的0显示，需要提前设置单元格格式。

Step 01 选中需要输入数据的单元格区域，打开“开始”选项卡，在“数字”组中单击“数字格式”下拉按钮，在下拉列表中选择“文本”选项，如图5-40所示。

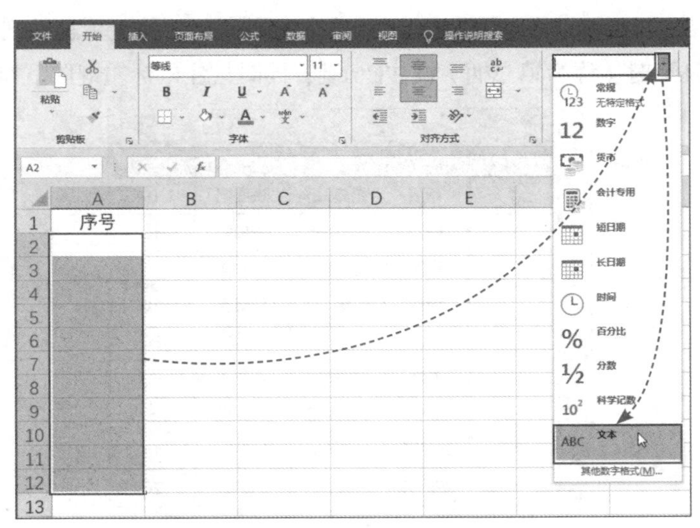

图 5-40

Step 02 在之前选中的单元格区域中输入以0开头的数字时，此时数字前面的0可以正常显示，如图5-41所示。

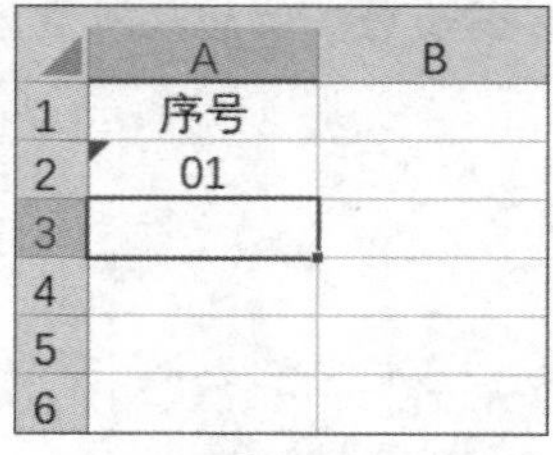

图 5-41

操作提示

当输入的数字超过11位数时，将以科学记数法的形式显示，如图5-42所示。另外，Excel对数字的最大识别精度为15位，第15位之后不论输入什么数字都将显示为0，如图5-43所示。

提前将单元格格式设置为“文本”可避免上述两种情况。在文本格式的单元格中无论输入多少个数字，都可以正常显示。

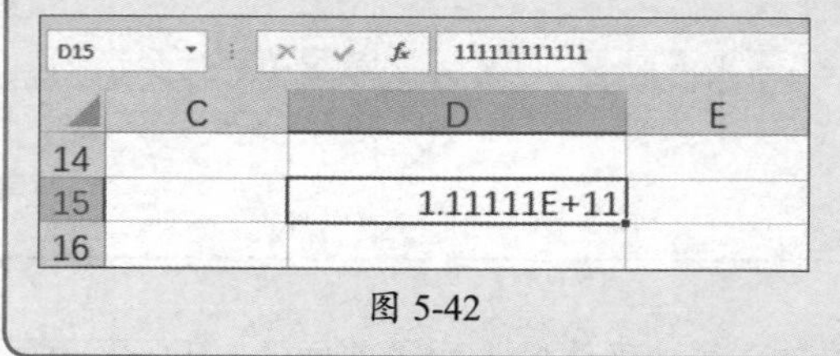

图 5-42

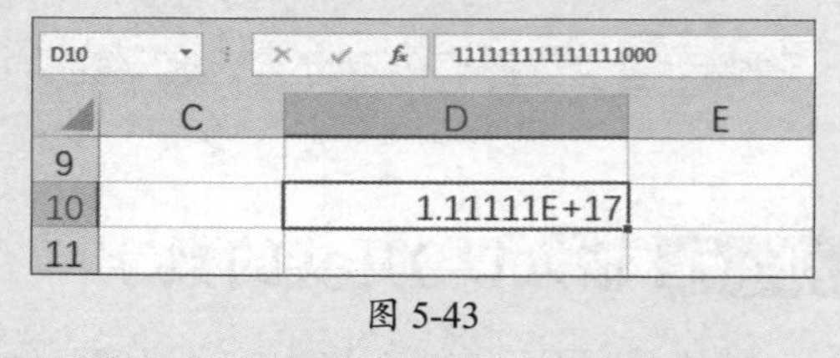

图 5-43

动手练 填充数据

填充柄可以快速输入连续的或者一定规则的数列，也可以填充公式或者其他格式。

在A2单元格中输入1，随后选中A2单元格，将光标移动到该单元格右下角，光标变成**+**形时（称为填充柄）按住Ctrl键，同时按住鼠标左键向下拖动，如图5-44所示。

	A	B	C	D	E
1	序号	销售员	部门	销售商品	销售数量
2	1	青阳	销售B组	洗面奶	10
3		薛燕	销售A组	隔离霜	10
4		青阳	销售B组	精华液	5
5		薛燕	销售A组	防晒霜	10
6		薛燕	销售A组	BB霜	50
7		青阳	销售B组	柔肤水	40
8		刘妙可	销售B组	洗面奶	5
9		刘妙可	销售B组	BB霜	18
10		蒋明芳	销售A组	防晒霜	20

图 5-44

释放鼠标左键后，单元格中自动填充有序的数字，如图5-45所示。

序号	销售员	部门	销售商品	销售数量
1	青阳	销售B组	洗面奶	10
2	薛燕	销售A组	隔离霜	10
3	青阳	销售B组	精华液	5
4	薛燕	销售A组	防晒霜	10
5	薛燕	销售A组	BB霜	50
6	青阳	销售B组	柔肤水	40
7	刘妙可	销售B组	洗面奶	5
8	刘妙可	销售B组	BB霜	18
9	董明芳	销售A组	防晒霜	20

图 5-45

操作提示

当数据类型为日期或文本时，可直接拖动填充柄进行填充，填充效果如图5-46、图5-47所示。

日期	销售员	部门	销售商品	销售数量
2023/1/1	青阳	销售B组	洗面奶	10
2023/1/2	薛燕	销售A组	隔离霜	10
2023/1/3	青阳	销售B组	精华液	5
2023/1/4	薛燕	销售A组	防晒霜	10
2023/1/5	薛燕	销售A组	BB霜	50
2023/1/6	青阳	销售B组	柔肤水	40
2023/1/7	刘妙可	销售B组	洗面奶	5
2023/1/8	刘妙可	销售B组	BB霜	18
2023/1/9	董明芳	销售A组	防晒霜	20

图 5-46

区域	销售员	部门	销售商品	销售数量
华东	青阳	销售B组	洗面奶	10
华东	薛燕	销售A组	隔离霜	10
华东	青阳	销售B组	精华液	5
华东	薛燕	销售A组	防晒霜	10
华东	薛燕	销售A组	BB霜	50
华东	青阳	销售B组	柔肤水	40
华东	刘妙可	销售B组	洗面奶	5
华东	刘妙可	销售B组	BB霜	18
华东	董明芳	销售A组	防晒霜	20

图 5-47

5.2.2 设置数据格式

将数据录入表格后，还需要对数据的格式进行设置，以便更容易读取。不同类型的数据设置方法稍有不同。

1. 设置日期格式

Excel常用的日期格式包括长日期（如2023年1月1日）和短日期（如2023/1/1）两种。用户可根据需要更改日期的格式。

首先，选中包含日期的单元格区域，打开“开始”选项卡，在“数字”组中单击“数字格式”对话框启动器按钮，如图5-48所示。弹出“设置单元格格式”对话框，在“数字”选项卡中的“分类”列表框中选择“日期”选项，在右侧“类型”列表中选择需要的日期类型，单击“确定”按钮，如图5-49所示。

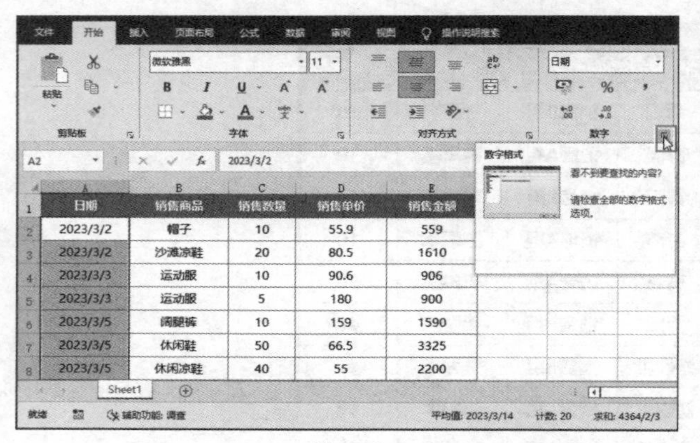

日期	销售商品	销售数量	销售单价	销售金额
2023/3/2	帽子	10	55.9	559
2023/3/2	沙滩凉鞋	20	80.5	1610
2023/3/3	运动服	10	90.6	906
2023/3/3	运动服	5	180	900
2023/3/5	阔腿裤	10	159	1590
2023/3/5	休闲鞋	50	66.5	3325
2023/3/5	休闲凉鞋	40	55	2200

图 5-48

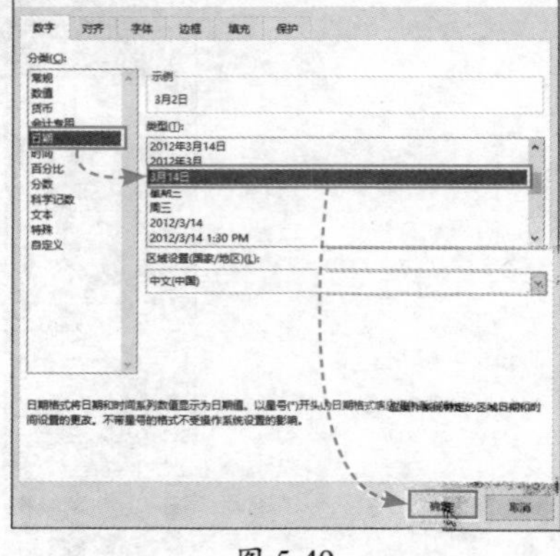

图 5-49

所选单元格区域内的日期、格式随即发生更改，如图5-50所示。

日期	销售商品	销售数量	销售单价	销售金额
3月2日	帽子	10	55.9	559
3月2日	沙滩凉鞋	20	80.5	1610
3月3日	运动服	10	90.6	906
3月3日	运动服	5	180	900
3月5日	阔腿裤	10	159	1590
3月5日	休闲鞋	50	66.5	3325
3月5日	休闲凉鞋	40	55	2200

图 5-50

2. 为数字设置统一的小数位数

设置统一的小数位数能让数值看起来更整齐、更易读。

选中要设置小数位数的单元格区域，打开“设置单元格格式”对话框。在“数字”选项卡中的“分类”列表框中选择“数值”选项，调整小数位数为2，单击“确定”按钮，如图5-51所示。所选区域中的数字随即被设置为2位小数，如图5-52所示。

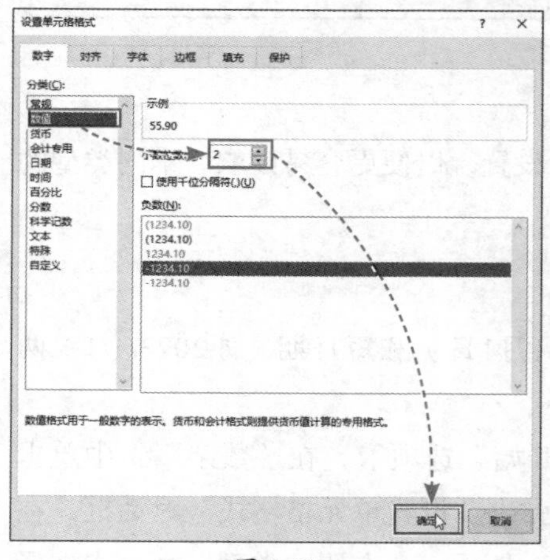

图 5-51

日期	销售商品	销售数量	销售单价	销售金额
3月2日	帽子	10	55.90	559
3月2日	沙滩凉鞋	20	80.50	1610
3月3日	运动服	10	90.60	906
3月3日	运动服	5	180.00	900
3月5日	阔腿裤	10	159.00	1590
3月5日	休闲鞋	50	66.50	3325
3月5日	休闲凉鞋	40	55.00	2200
3月11日	运动凉鞋	5	60.00	300
3月13日	连衣裙	18	99.00	1782
3月18日	凉鞋	20	150.80	3016
3月18日	沙滩鞋	5	180.00	900
3月18日	牛仔裙	15	50.00	750
3月18日	牛仔裤	6	99.90	599.4

图 5-52

动手练 将数字转换成货币格式

代表金额的数值可转换成带千位分隔符的货币格式，让数据看起来更规范，同时也更容易读取。

Step 01 选择需要转换成货币格式的数值所在单元格，打开“设置单元格格式”对话框，在“数字”选项卡中的“分类”列表中选择“货币”选项，小数位数和货币符号均使用默认值，单击“确定”按钮，如图5-53所示。

Step 02 所选区域中的数值随即被转换成货币格式，如图5-54所示。

图 5-53

	A	B	C	D	E
1	日期	销售商品	销售数量	销售单价	销售金额
2	3月2日	帽子	10	55.90	¥559.00
3	3月2日	沙滩凉鞋	20	80.50	¥1,610.00
4	3月3日	运动服	10	90.60	¥906.00
5	3月3日	运动服	5	180.00	¥900.00
6	3月5日	阔腿裤	10	159.00	¥1,590.00
7	3月5日	休闲鞋	50	66.50	¥3,325.00
8	3月5日	休闲凉鞋	40	55.00	¥2,200.00
9	3月11日	运动凉鞋	5	60.00	¥300.00
10	3月13日	连衣裙	18	99.00	¥1,782.00
11	3月18日	凉鞋	20	150.80	¥3,016.00
12	3月18日	沙滩鞋	5	180.00	¥900.00
13	3月18日	牛仔裙	15	50.00	¥750.00
14	3月18日	牛仔裤	6	99.90	¥599.40
15	3月21日	运动服	5	108.00	¥540.00
16	3月21日	牛仔裤	10	170.00	¥1,700.00
17	3月21日	连衣裙	2	45.60	¥91.20
18	3月24日	连衣裙	15	90.00	¥1,350.00

Sheet1

图 5-54

5.2.3 查找与替换数据

查找与替换数据一般用于查找指定内容，然后做统一替换，也可以按照单元格格式、字体格式等进行查找。

动手练 替换指定文本

使用Ctrl+H组合键打开“查找和替换”对话框，分别在“查找内容”和“替换为”文本框中输入内容，单击“全部替换”按钮，即可将工作表中包含“运动服”的单元格全部替换为“运动套装”，如图5-55所示。

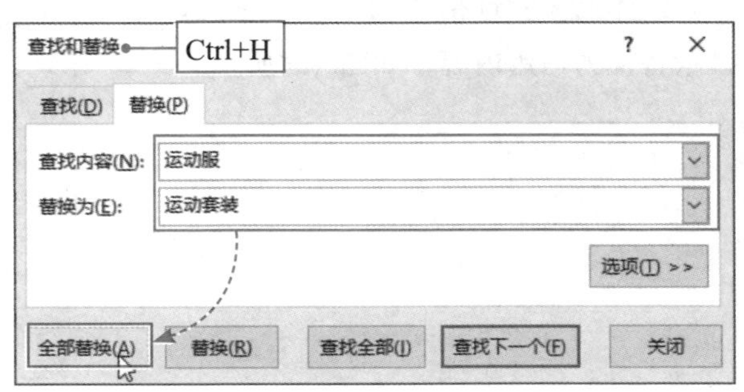

图 5-55

动手练 按格式查找替换

Excel可以根据单元格的格式进行查找和替换，具体操作方法如下。

Step 01 使用Ctrl+H组合键打开“查找和替换”对话框，单击“选项”按钮，展开对话框中的所有选项，单击“查找内容”右侧的“格式”下拉按钮，在下拉列表中选择“从单元格选择格式”选项，如图5-56所示。

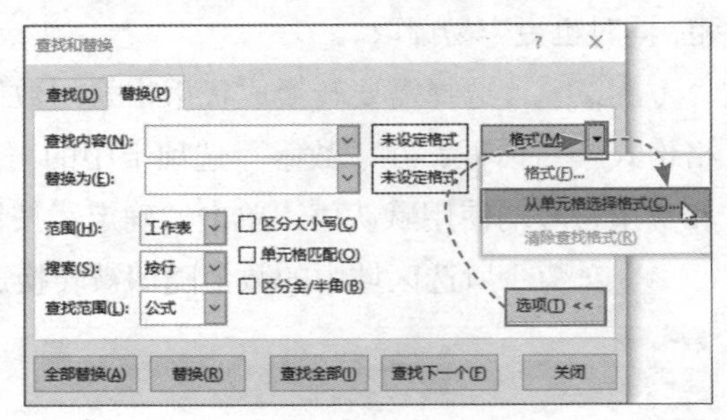

图 5-56

Step 02 将光标移动到工作表中，在需要查找的单元格上方单击，如图5-57所示。

	A	B	C	D
1	日期	销售商品	销售数量	销售单价
2	3月2日	帽子	10	55.90
3	3月2日	沙滩凉鞋	20	80.50
4	3月3日	运动服	10	90.60
5	3月3日	运动服	5	180.00
6	3月5日	阔腿裤	10	159.00
7	3月5日	休闲鞋	50	66.50
8	3月5日	休闲凉鞋	单击	55.00
9	3月11日	运动凉鞋	5	60.00

图 5-57

Step 03 在“替换为”文本框中输入内容，单击“全部替换”按钮，如图5-58所示。

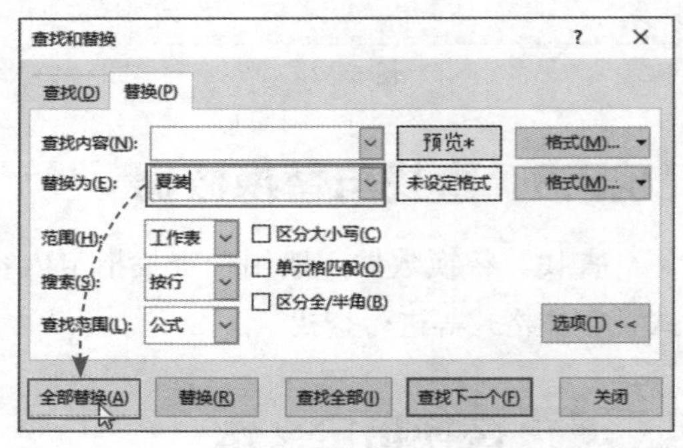

图 5-58

Step 04 所选格式的单元格中随即被批量替换为指定内容，如图5-59所示。

	A	B	C	D
1	日期	销售商品	销售数量	销售单价
2	3月2日	帽子	10	55.90
3	3月2日	夏装	20	80.50
4	3月3日	运动服	10	90.60
5	3月3日	运动服	5	180.00
6	3月5日	阔腿裤	10	159.00
7	3月5日	休闲鞋	50	66.50
8	3月5日	夏装	40	55.00
9	3月11日	夏装	5	60.00
10	3月13日	夏装	18	99.00

图 5-59

5.2.4 调整表格结构

在制作表格的过程中，经常需要对表格的结构进行调整，例如插入或删除行/列、调整行高、列宽等。下面介绍具体的操作步骤。

动手练 插入或删除行/列

在Excel中插入或删除行/列的方法有很多种，下面介绍比较常用的操作方法。

Step 01 选中A列任意单元格，在“开始”选项卡的“单元格”选项组中单击“插入”下拉按钮，在下拉列表中选择“插入工作表列”选项，如图5-60所示。

Step 02 Excel会自动在选中的列左侧新建空白列，如图5-61所示。

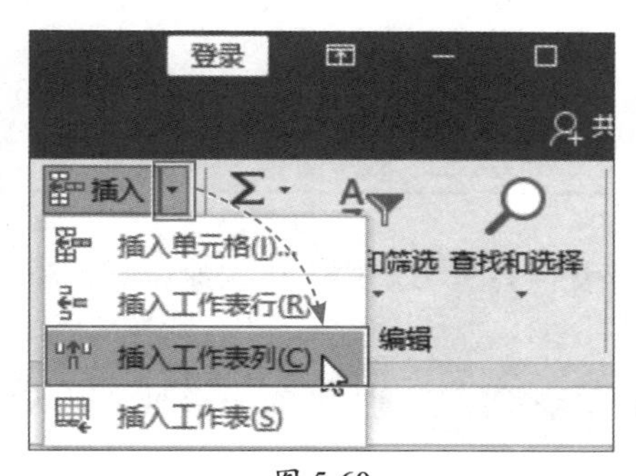

图 5-60

	A	B	C	D	E	F
1		姓名	性别	出生日期	学历	职务
2		姜雨薇	女	1978年2月25日	硕士	经理
3		郝思嘉	男	1983年8月2日	本科	员工
4		林晓彤	女	1980年3月8日	本科	主管
5		曾云	女	1980年4月16日	本科	员工
6		邱月清	女	1980年7月8日	本科	员工
7		蔡晓蓓	女	1981年1月1日	专科	员工
8		陈晓旭	男	1979年12月25日	硕士	经理
9		乔小麦	男	1980年1月6日	本科	员工
10		赵瑞丰	男	1980年8月9日	本科	员工

图 5-61

Step 03 选中B2单元格，右击，在弹出的快捷菜单中选择“插入”选项，如图5-62所示。

Step 04 在“插入”对话框中选中“整行”单选按钮，单击“确定”按钮，如图5-63所示。

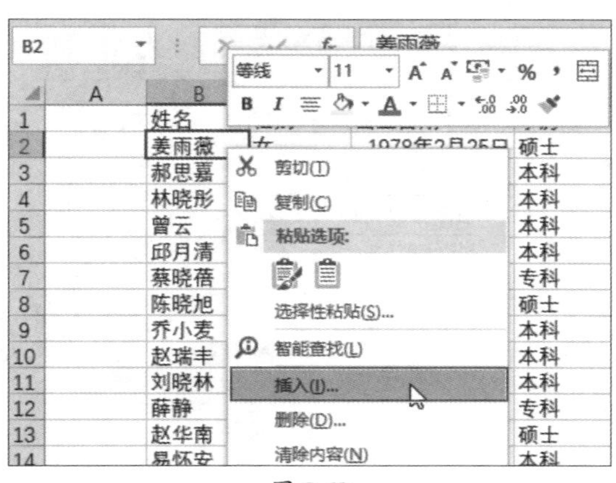

图 5-62

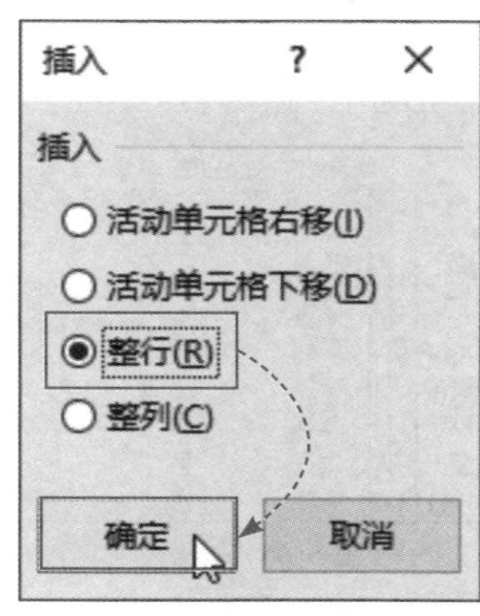

图 5-63

Step 05 此时会在B2单元格上方插入新的空白行，如图5-64所示。

Step 06 选中需要删除的行的任意单元格，在“开始”选项卡的“单元格”选项组中单击“删除”下拉按钮，在下拉列表中选择“删除工作表行”选项，如图5-65所示。此时选中的单元格所在行即可被删除。列的删除方法和行的删除方法一致。

L24

	A	B	C	D
1		姓名	性别	出生日期
2				
3		姜雨薇	女	1978年2月25日
4		郝思嘉	男	1983年8月2日
5		林晓彤	女	1980年3月8日
6		曾云	女	1980年4月16日
7		邱月清	女	1980年7月8日
8		蔡晓蓓	女	1981年1月1日
9		陈晓旭	男	1979年12月25日
10		乔小麦	男	1980年1月6日

图 5-64

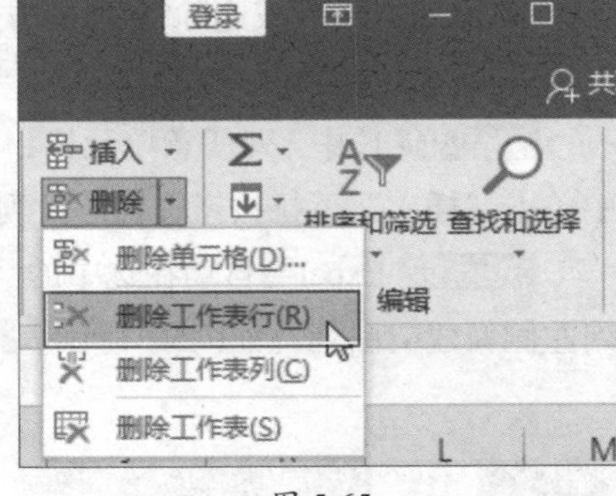

图 5-65

动手练 调整行高和列宽

合适的行高和列宽能够让表格看起来更美观大方。用户可快速调整行高和列宽，也可精确调整行高和列宽。

将光标放置在需要调节列宽的两列列号之间，当光标变成✛形时，拖动光标进行调整，即可快速调整列宽，如图5-66所示。

行高的调节方法相同。选中需要调整的行，在“开始”选项卡的“单元格”组中单击“格式”下拉按钮，在下拉列表中选择“行高”选项，在弹出的“行高”对话框中设置具体数值，单击“确定”按钮，即可精确调整行高，如图5-67所示。若要调整列宽，则在“格式”下拉列表中选择“列宽”选项。

宽度: 10.50 (89 像素)

D	E	F
出生日期	学历	职务
1978/2/25	硕士	经理
1983/8/2	本科	员工
1980/3/8	本科	主管
1980/4/16	本科	员工
1980/7/8	本科	员工
1981/1/1	专科	员工

图 5-66

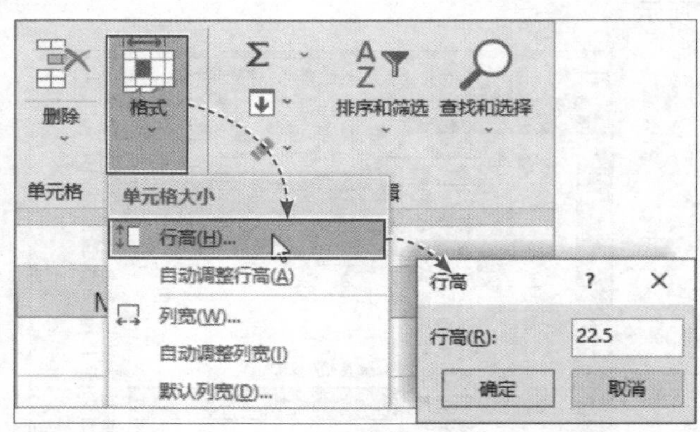

图 5-67

5.2.5 设置表格样式

为表格设置合适的样式能够突出数据、美化表格。表格样式的设置包括字体格式的设置、边框和底纹的设置等。

Step 01 选中表格标题所在单元格区域，打开“开始”选项卡，在“字体”组中设置字体为“微软雅黑”，字号为11号，“加粗”字体，填充颜色为“绿色，个性色6，淡色40%”，如图5-68所示。

图 5-68

Step 02 选中数据表区域，在“对齐方式”组中单击“居中”按钮，将所有数据设置为居中显示，如图5-69所示。

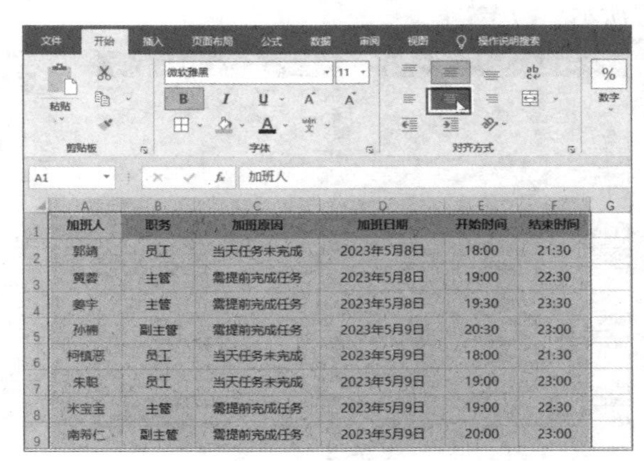

图 5-69

Step 03 在“字体”组中单击边框下拉按钮，在下拉列表中选择“所有框线”选项，如图5-70所示。表格随即自动添加边框线，如图5-71所示。

图 5-70

加班人	职务	加班原因	加班日期	开始时间	结束时间
郭靖	员工	当天任务未完成	2023年5月8日	18:00	21:30
黄蓉	主管	需提前完成任务	2023年5月8日	19:00	22:30
姜宇	主管	需提前完成任务	2023年5月8日	19:30	23:30
孙楠	副主管	需提前完成任务	2023年5月9日	20:30	23:00
柯镇恶	员工	当天任务未完成	2023年5月9日	18:00	21:30
朱聪	员工	当天任务未完成	2023年5月9日	19:00	23:00
米宝宝	主管	需提前完成任务	2023年5月9日	19:00	22:30
南希仁	副主管	需提前完成任务	2023年5月9日	20:00	23:00
全金发	员工	当天任务未完成	2023年5月10日	20:30	23:30
韩小莹	员工	当天任务未完成	2023年5月10日	18:00	21:30
欧阳锋	员工	当天任务未完成	2023年5月10日	19:00	23:00
马钰	主管	需提前完成任务	2023年5月10日	19:30	23:30
谭瑞	员工	当天任务未完成	2023年5月10日	20:30	22:30
王重阳	主管	需提前完成任务	2023年5月10日	18:00	21:30

图 5-71

5.3 数据处理与分析

完成数据的录入后，通常会对数据进行处理，按照要求得出需要的数据组织形式，为决策提供数据支持。下面介绍一些常用的数据处理方法。

5.3.1 排序数据

以数据的某属性为标准进行排序的操作是最常见的数据处理方式。下面介绍数据排序的方法。

动手练 升序排列数据

Step 01 选中F列中的任意单元格，在“数据”选项卡的“排序和筛选”选项组中单击“升序”按钮，如图5-72所示。

Step 02 表格中的所有行会按照F列从小到大进行排序，结果如图5-73所示。

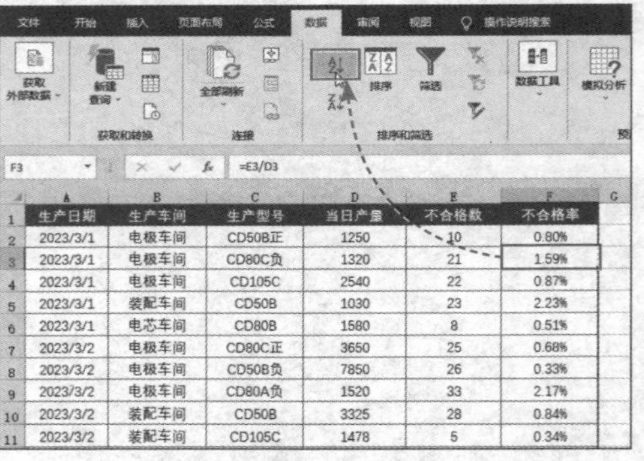

生产日期	生产车间	生产型号	当日产量	不合格数	不合格率
2023/3/1	电极车间	CD50B正	1250	10	0.80%
2023/3/1	电极车间	CD80C负	1320	21	1.59%
2023/3/1	电极车间	CD105C	2540	22	0.87%
2023/3/1	装配车间	CD50B	1030	23	2.23%
2023/3/1	电芯车间	CD80B	1580	8	0.51%
2023/3/2	电极车间	CD80C正	3650	25	0.68%
2023/3/2	电极车间	CD50B负	7850	26	0.33%
2023/3/2	电极车间	CD80A负	1520	33	2.17%
2023/3/2	装配车间	CD50B	3325	28	0.84%
2023/3/2	装配车间	CD105C	1478	5	0.34%

图 5-72

生产日期	生产车间	生产型号	当日产量	不合格数	不合格率
2023/3/3	电芯车间	CD105C	2301	2	0.09%
2023/3/3	电芯车间	CD50B	1256	3	0.24%
2023/3/3	装配车间	CD50B	1158	3	0.26%
2023/3/2	电极车间	CD50B负	7850	26	0.33%
2023/3/2	装配车间	CD105C	1478	5	0.34%
2023/3/1	电芯车间	CD80B	1580	8	0.51%
2023/3/2	电极车间	CD80C正	3650	25	0.68%
2023/3/3	电极车间	CD80A负	1203	9	0.75%
2023/3/1	电极车间	CD50B正	1250	10	0.80%
2023/3/2	装配车间	CD50B	3325	28	0.84%
2023/3/1	电极车间	CD105C	2540	22	0.87%
2023/3/1	电极车间	CD80C负	1320	21	1.59%
2023/3/2	电极车间	CD80A负	1520	33	2.17%
2023/3/1	装配车间	CD50B	1030	23	2.23%
2023/3/3	电极车间	NE42B	1123	33	2.94%

图 5-73

操作提示

在“排序和筛选”选项组中单击“排序”按钮，会启动高级排序对话框，在这里可以设置按多个关键字排序，如图5-74所示。

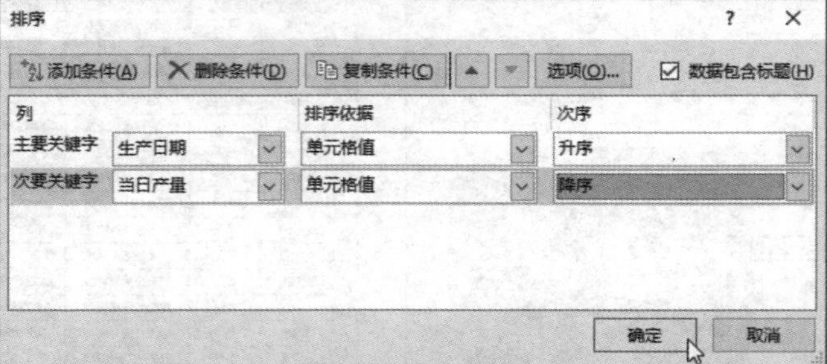

图 5-74

5.3.2 筛选数据

数据的筛选可以将需要的数据行快速筛选出来，并隐藏无关的数据，使结果满足用户的筛选要求。

动手练 筛选报表数据

Step 01 选中任意有数据的单元格，在“数据”选项卡的“排序和筛选”选项组中单击“筛选”按钮，如图5-75所示。

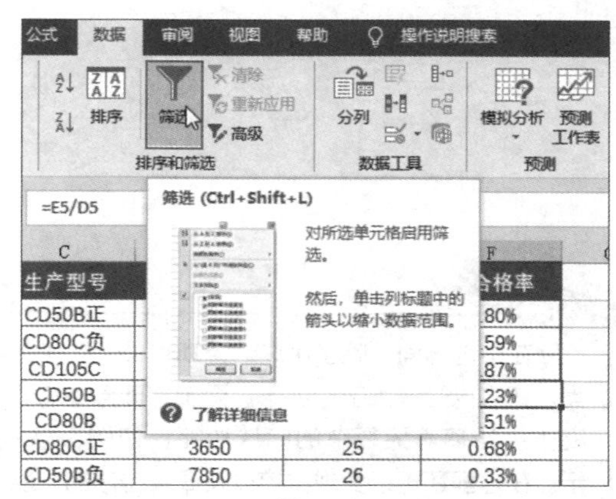

图 5-75

Step 02 此时在数据表标题中出现筛选按钮，单击“生产车间”的“筛选”按钮，如图5-76所示。

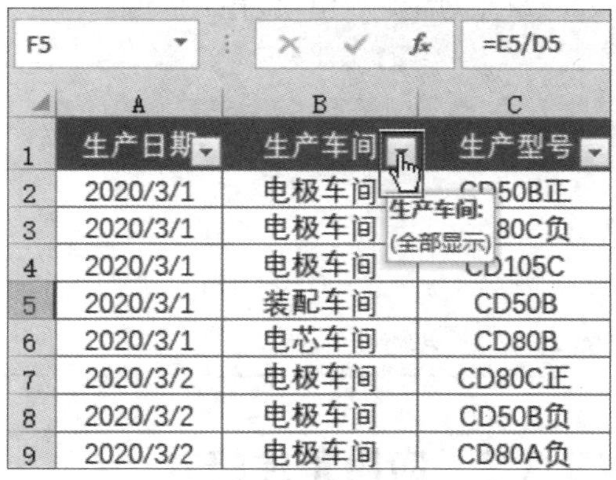

图 5-76

Step 03 只勾选“电芯车间”复选框，单击“确定”按钮，如图5-77所示。

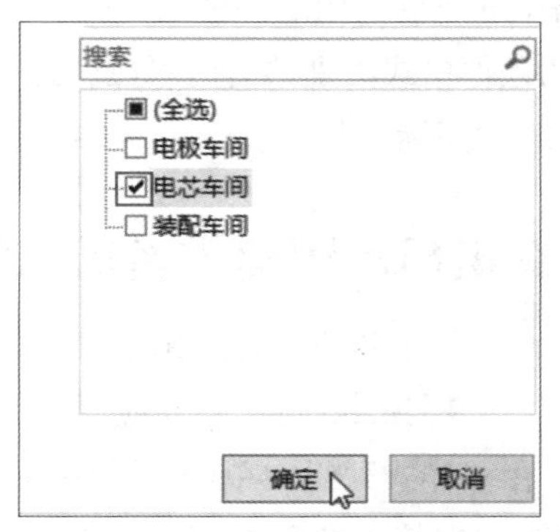

图 5-77

Step 04 表格只显示“电芯车间”的相关数据，如图5-78所示，其他行都被隐藏起来了。

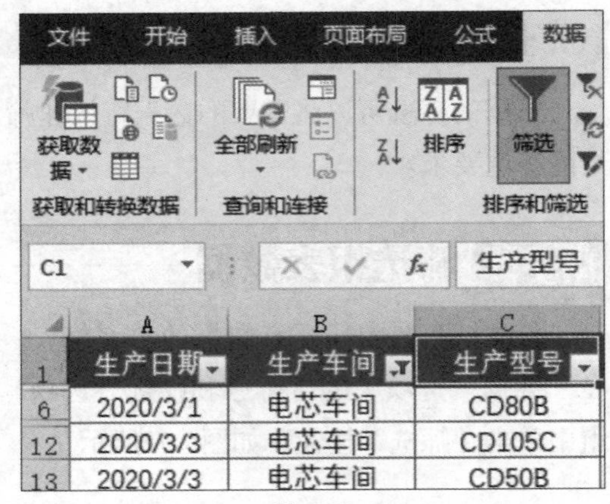

	A	B	C
1	生产日期	生产车间	生产型号
6	2020/3/1	电芯车间	CD80B
12	2020/3/3	电芯车间	CD105C
13	2020/3/3	电芯车间	CD50B

图 5-78

操作提示

在筛选界面，除了可以选择项目外，对于数字类，还可以筛选大于、小于、介于、低于平均值、高于平均值等更复杂的筛选功能，如图5-79所示。在这里还可以实现排序以及高级排序的功能。如果要取消筛选，可以在“排序和筛选”选项组中再次单击“筛选”按钮，取消筛选。

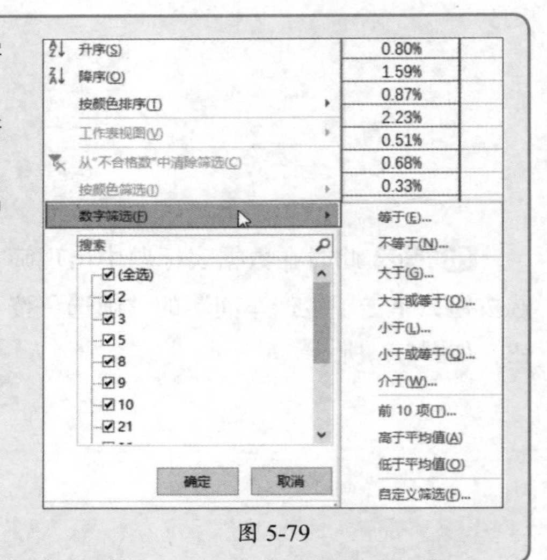

图 5-79

5.3.3 应用条件格式

为表格中的数据应用条件格式，能够将符合条件的数据以特定方式突出显示出来。Excel包含的条件格式类别共5种，分别为“突出显示单元格规则”“最前/最后规则”“数据条”“色阶”“图标集”。

动手练 突出显示销量排名前3的数据

下面以突出显示销量排名前3的单元格为例进行介绍。

Step 01 选中需要应用条件格式的单元格区域，打开“开始”选项卡，在“样式”组中单击“条件格式”下拉按钮，在下拉列表中选择“最前/最后规则”选项，在其下级列表中选择“前10项”选项，如图5-80所示。

Step 02 弹出“前10项”对话框，将数值设置为3，单击“确定”按钮，如图5-81所示。

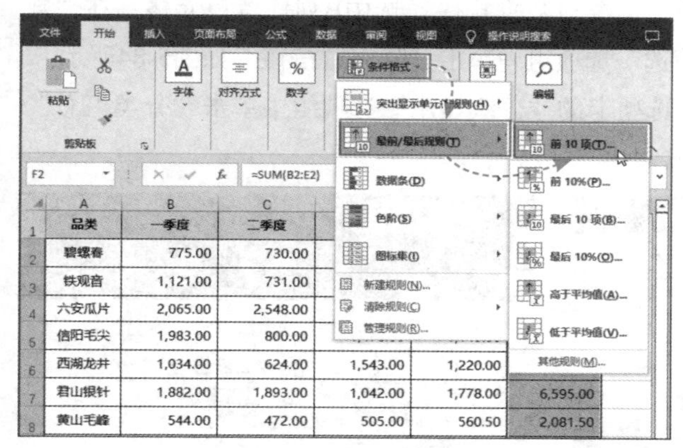

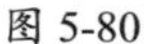
图 5-80

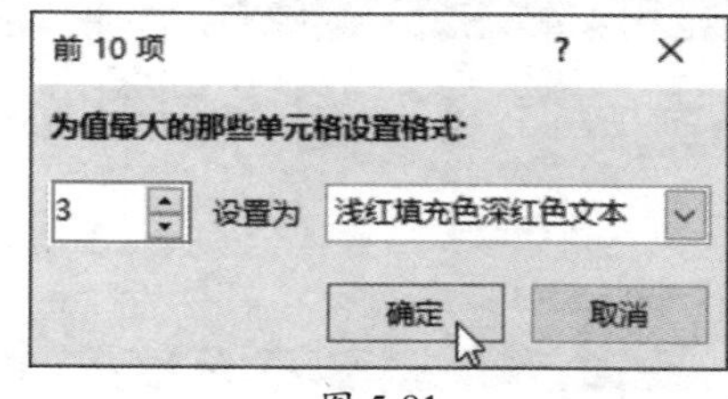

图 5-81

Step 03 所选区域中数值排名前3的单元格随即被突出显示，效果如图5-82所示。

品类	一季度	二季度	三季度	四季度	合计
碧螺春	775.00	730.00	670.00	862.00	3,037.00
铁观音	1,121.00	731.00	631.00	843.00	3,326.00
六安瓜片	2,065.00	2,548.00	1,746.00	2,988.00	9,347.00
信阳毛尖	1,983.00	800.00	1,476.00	1,149.00	5,408.00
西湖龙井	1,034.00	624.00	1,543.00	1,220.00	4,421.00
君山银针	1,882.00	1,893.00	1,042.00	1,778.00	6,595.00
黄山毛峰	544.00	472.00	505.00	560.50	2,081.50
武夷岩茶	1,330.00	1,060.00	967.00	1,030.00	4,387.00
祁门红茶	1,660.00	1,483.00	1,390.00	1,525.00	6,058.00
都匀毛尖	657.00	1,678.00	658.00	2,185.00	5,178.00

图 5-82

操作提示

用户也可通过“条件格式”功能以其他方式突出数据，例如用数据条直观对比数值的大小，如图5-83所示。

品类	一季度	二季度	三季度	四季度	合计
碧螺春	775.00	730.00	670.00	862.00	3,037.00
铁观音	1,121.00	731.00	631.00	843.00	3,326.00
六安瓜片	2,065.00	2,548.00	1,746.00	2,988.00	9,347.00
信阳毛尖	1,983.00	800.00	1,476.00	1,149.00	5,408.00
西湖龙井	1,034.00	624.00	1,543.00	1,220.00	4,421.00
君山银针	1,882.00	1,893.00	1,042.00	1,778.00	6,595.00
黄山毛峰	544.00	472.00	505.00	560.50	2,081.50
武夷岩茶	1,330.00	1,060.00	967.00	1,030.00	4,387.00
祁门红茶	1,660.00	1,483.00	1,390.00	1,525.00	6,058.00
都匀毛尖	657.00	1,678.00	658.00	2,185.00	5,178.00

图 5-83

5.3.4 分类汇总数据

分类汇总是常用的数据分析的一种方法，在日常数据管理过程中，经常需要对数据进行分类汇总，分类汇总能够将同类数据的汇总结果体现在表格中。

动手练 分类汇总报表中的数据

Step 01 分类汇总前，需要对数据排序。选中B列任意单元格，在“数据”选项卡的“排序和筛选”选项组中单击“降序”按钮，如图5-84所示。

Step 02 在“数据”选项卡的“分级显示”选项组中单击“分类汇总”按钮，如图5-85所示。

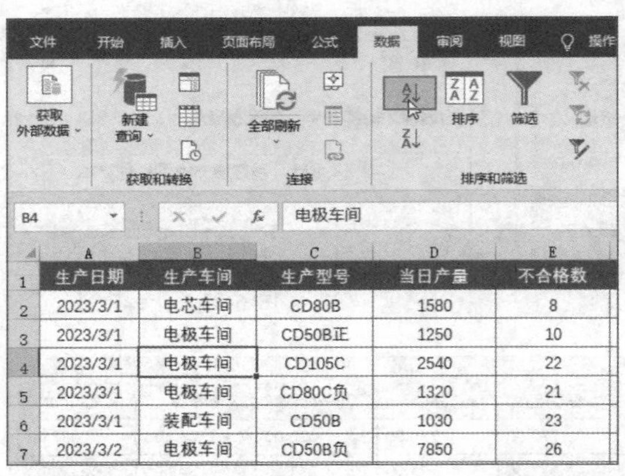

图 5-84

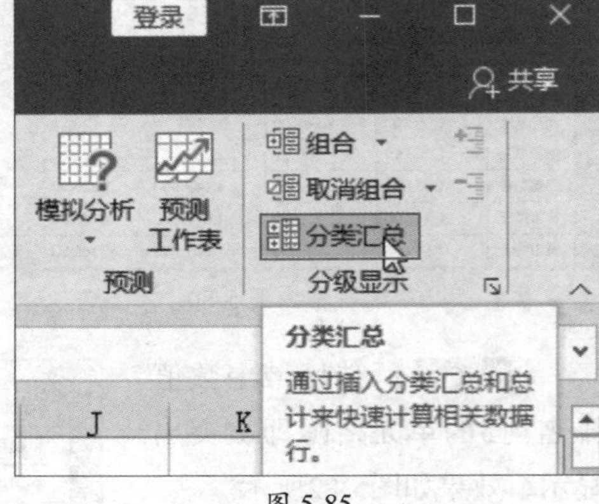

图 5-85

Step 03 在“分类汇总”对话框中，单击“分类字段”下拉按钮，在下拉列表中选择“生产车间”选项，如图5-86所示。

Step 04 “汇总方式”设置为“求和”。“选定汇总项”中只勾选“当日产量”复选框，单击“确定”按钮，如图5-87所示。

分类汇总 ? ×

分类字段(A):

生产日期

生产日期
生产车间
生产型号
当日产量
不合格数
不合格率

图 5-86

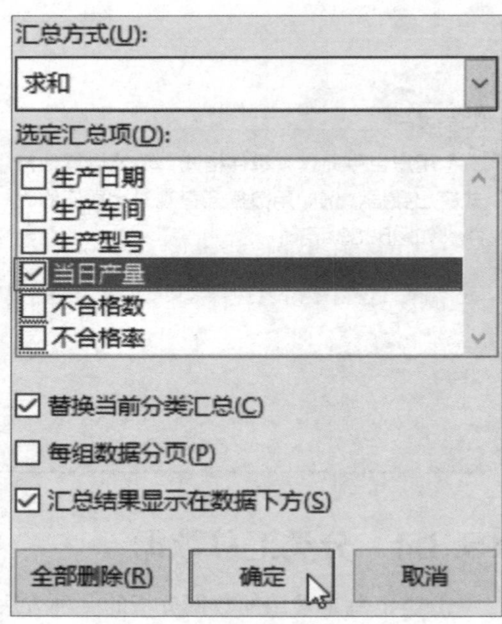

图 5-87

Step 05 确定后，表格按照生产车间进行分类，并进行产量的求和计算。如图5-88所示，数据表变成了当日产量按照生产车间汇总的统计表。

生产日期	生产车间	生产型号	当日产量	不合格数	不合格率
2020/3/1	装配车间	CD50B	1030	23	2.23%
2020/3/2	装配车间	CD50B	3325	28	0.84%
2020/3/2	装配车间	CD105C	1478	5	0.34%
2020/3/3	装配车间	CD50B	1158	3	0.26%
	装配车间 汇总		6991		
2020/3/1	电芯车间	CD80B	1580	8	0.51%
2020/3/3	电芯车间	CD105C	2301	2	0.09%
2020/3/3	电芯车间	CD50B	1256	3	0.24%
	电芯车间 汇总		5137		
2020/3/1	电极车间	CD50B正	1250	10	0.80%
2020/3/1	电极车间	CD80C负	1320	21	1.59%
2020/3/1	电极车间	CD105C	2540	22	0.87%
2020/3/2	电极车间	CD80C正	3650	25	0.68%
2020/3/2	电极车间	CD50B负	7850	26	0.33%
2020/3/2	电极车间	CD80A负	1520	33	2.17%
2020/3/3	电极车间	NE42B	1123	33	2.94%
2020/3/3	电极车间	CD80A负	1203	9	0.75%
	电极车间 汇总		20456		
	总计		32584		

图 5-88

5.3.5 合并计算数据

在处理数据的过程中，有时需要将多张工作表中的数据汇总到一张工作表中，这时可以使用合并计算功能来完成。

动手练 将多个报表的数据合并输出

下面将合并三个城市的产品销售数据，如图5-89所示。

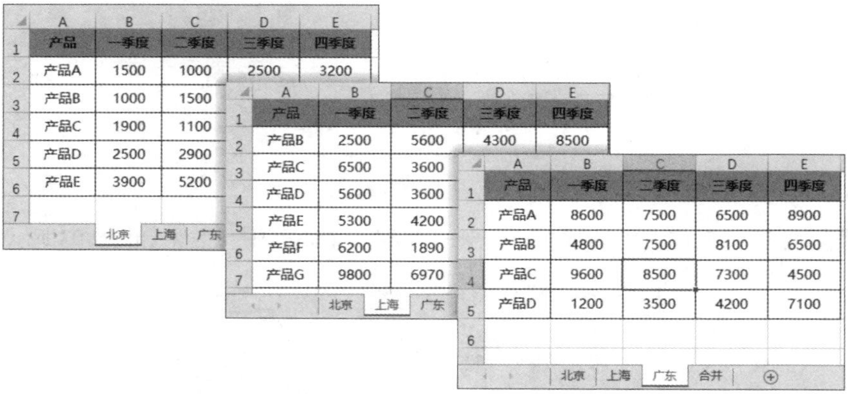

产品	一季度	二季度	三季度	四季度
产品A	1500	1000	2500	3200
产品B	1000	1500		
产品C	1900	1100		
产品D	2500	2900		
产品E	3900	5200		

北京 上海 广东

产品	一季度	二季度	三季度	四季度
产品B	2500	5600	4300	8500
产品C	6500	3600		
产品D	5600	3600		
产品E	5300	4200		
产品F	6200	1890		
产品G	9800	6970		

北京 上海 广东

产品	一季度	二季度	三季度	四季度
产品A	8600	7500	6500	8900
产品B	4800	7500	8100	6500
产品C	9600	8500	7300	4500
产品D	1200	3500	4200	7100

北京 上海 广东 合并

图 5-89

Step 01 在“合并”工作表中选择A1单元格，打开“数据”选项卡，在“数据工具”组中单击“合并计算”按钮，如图5-90所示。

Step 02 弹出“合并计算”对话框，将光标定位于“引用位置”文本框中，单击“北京”工作表标签，随后在该工作表中选择A1:E6单元格区域，此时，文本框中自动显示“北京！$A$1:$E$6”，单击“添加”按钮，将该引用添加到“所有引用位置”列表框中，如图5-91所示。

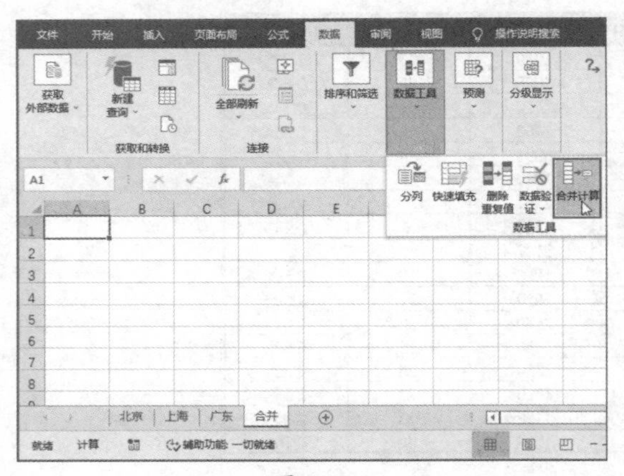

图 5-90

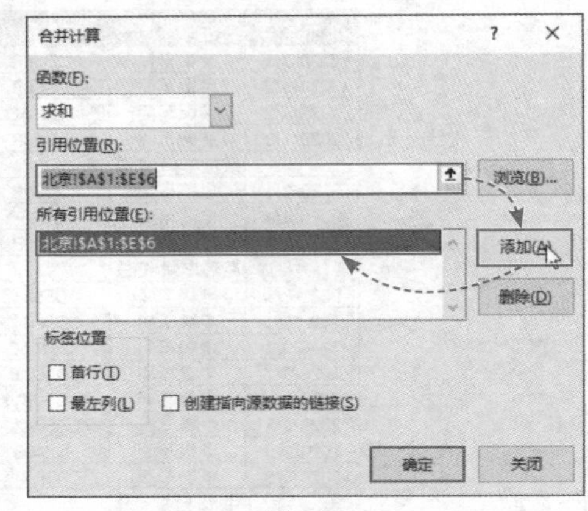

图 5-91

Step 03 参照Step 02，继续添加广东和上海工作表中的数据区域，随后勾选“首行”和“最左列”复选框，最后单击“确定”按钮，如图5-92所示。

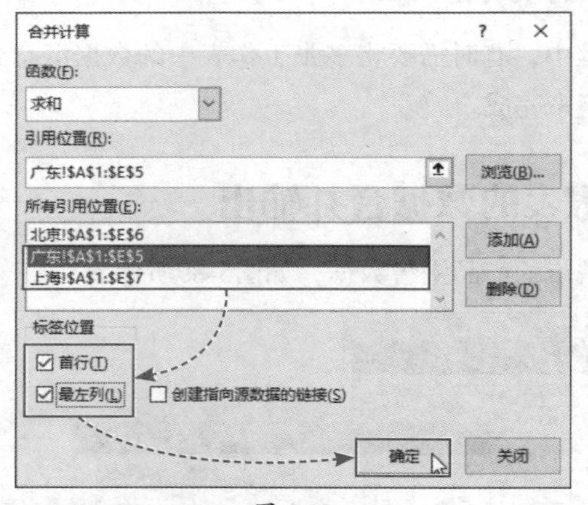

图 5-92

Step 04 三张工作表中的数据随即被合并到一个表格中，效果如图5-93所示。

	A	B	C	D	E
1		一季度	二季度	三季度	四季度
2	产品A	10100	8500	9000	12100
3	产品B	8300	14600	14200	17900
4	产品C	18000	13200	16600	14300
5	产品D	9300	10000	10000	22100
6	产品E	9200	9400	6400	13200
7	产品F	6200	1890	3700	4500
8	产品G	9800	6970	2300	5500
9					

北京 | 上海 | 广东 | 合并

图 5-93

5.4 应用公式与函数

在Excel中进行数据处理和数据分析时常常会用到各种函数，公式和函数能够快速对复杂的数据做出计算，灵活地运用公式和函数来处理工作，对提高工作效率有很大帮助。

5.4.1 公式应用基础知识

Excel公式是对工作表中的数据进行计算的等式，它能够自动返回计算结果。和普通数学公式不同的是，Excel公式的等号必须写在最前面。

1. 公式的构成

Excel公式通常由等号、函数、括号、单元格引用、常量、运算符等构成。常量可以是数字、文本，也可以是其他字符。如果常量不是数字，则需要加上双引号。

2. 公式中的运算符

Excel公式中的运算符包含4种类型，分别是数学运算符、逻辑运算符、连接运算符和引用运算符。下面以表格的形式对不同的运算符的作用进行详细说明。

（1）数学运算符

算数运算符	名称	含义	示例
+	加号	进行加法运算	A1+B1
-	减号	进行减法运算	A1-B1
	负号	求相反数	-30
*	乘号	进行乘法运算	A1*3
/	除号	进行除法运算	A1/2
%	百分号	将值缩小100倍	50%
^	乘幂	进行乘方和开方运算	2^3

（2）比较运算符

比较运算符	名称	含义	示例
=	等号	判断左右两边的数据是否相等	A1=B1
>	大于号	判断左边的数据是否大于右边的数据	A1>B1
<	小于号	判断左边的数据是否小于右边的数据	A1<B1
>=	大于等于号	判断左边的数据是否大于或等于右边的数据	A1>=B1
<=	小于等于号	判断左边的数据是否小于或等于右边的数据	A1<=B1
<>	不等于	判断左右两边的数据是否不相等	A1<>B1

（3）文本运算符

文本运算符	名称	含义	示例
&	链接符号	将两个文本链接在一起形成一个连续的文本	A1&B1

（4）引用运算符

引用运算符	名称	含义	示例
:	冒号	对两个引用之间，包括两个引用在内的所有单元格进行引用	A1:C5
空格	单个空格	对两个引用相交叉的区域进行引用	(B1:B5 A3:D3)
,	逗号	将多个引用合并为一个引用	(A1:C5,D3:E7)

注意事项 当公式中包含多种类型的运算符时，Excel将按优先级从高到低的顺序进行运算，相同优先级的运算符，将从左到右进行计算。若想指定运算顺序，可用小括号括起相应部分。

优先级别由高到低依次为引用运算符、负号、百分比、乘方、乘除、加减、连接符、比较运算符。

3. 单元格引用原则

在公式中使用单元格地址，从而间接调用存储在单元格中数据的方法称为单元格引用。单元格引用形式有三种，分别为相对引用、绝对引用以及混合引用。不同的引用形式会对公式的填充结果带来很大影响，用户可通过手动输入或鼠标选择两种方法在公式中引用单元格。

（1）相对引用

相对引用是最常见的引用形式，输入公式时，在需要引用的单元格上方单击，即可引用该单元格地址，如图5-94所示。

图 5-94

填充公式时，相对引用的单元格会随着公式位置的变化发生相应改变，如图5-95所示。

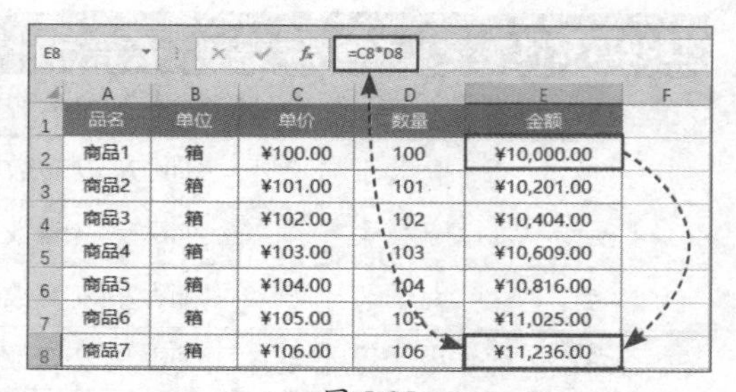

品名	单位	单价	数量	金额
商品1	箱	¥100.00	100	¥10,000.00
商品2	箱	¥101.00	101	¥10,201.00
商品3	箱	¥102.00	102	¥10,404.00
商品4	箱	¥103.00	103	¥10,609.00
商品5	箱	¥104.00	104	¥10,816.00
商品6	箱	¥105.00	105	¥11,025.00
商品7	箱	¥106.00	106	¥11,236.00

图 5-95

（2）绝对引用

绝对引用的单元格行号及列标前均有$符号，如图5-96所示。绝对引用的单元格引用不会随着公式位置的变化发生改变，如图5-97所示。

H2 =E2*$H$2

	A	B	C	D	E	F	G	H
1	品名	单位	单价	数量	金额	利润		利润率
2	商品1	箱	¥100.00	100	¥10,000.00	=E2*$H$2		30%
3	商品2	箱	¥101.00	101	¥10,201.00			
4	商品3	箱	¥102.00	102	¥10,404.00			
5	商品4	箱	¥103.00	103	¥10,609.00			
6	商品5	箱	¥104.00	104	¥10,816.00			
7	商品6	箱	¥105.00	105	¥11,025.00			
8	商品7	箱	¥106.00	106	¥11,236.00			
9	商品8	箱	¥107.00	107	¥11,449.00			

图 5-96

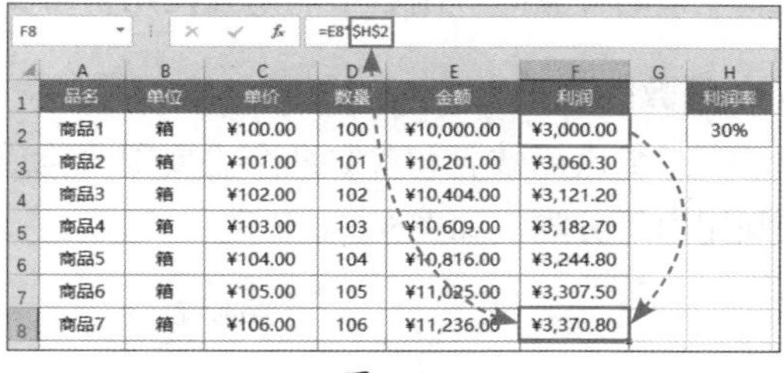

F8 =E8*$H$2

	A	B	C	D	E	F	G	H
1	品名	单位	单价	数量	金额	利润		利润率
2	商品1	箱	¥100.00	100	¥10,000.00	¥3,000.00		30%
3	商品2	箱	¥101.00	101	¥10,201.00	¥3,060.30		
4	商品3	箱	¥102.00	102	¥10,404.00	¥3,121.20		
5	商品4	箱	¥103.00	103	¥10,609.00	¥3,182.70		
6	商品5	箱	¥104.00	104	¥10,816.00	¥3,244.80		
7	商品6	箱	¥105.00	105	¥11,025.00	¥3,307.50		
8	商品7	箱	¥106.00	106	¥11,236.00	¥3,370.80		

图 5-97

（3）混合引用

混合引用有两种形式，分别为“相对引用列绝对引用行”（图5-98），和“绝对引用列相对引用行”（图5-99）。只有绝对引用的部分前面会显示$符号。在填充过程中绝对引用的部分不会发生变化，相对引用的部分发生相对改变。

E2 =A$2

	A	B	C	D	E	F	G	H
1	数据区域				混合引用			
2	1	4	7		=A$2			
3	2	5	8					
4	3	6	9					
5								

图 5-98

E2 =$A2

	A	B	C	D	E	F	G	H
1	数据区域				混合引用			
2	1	4	7		=$A2			
3	2	5	8					
4	3	6	9					
5								

图 5-99

5.4.2 常见错误值说明

新手在使用公式时经常会出现错误值。常见的错误值类型包括#DIV/0、#NAME?、#VALUE!、#REF!、#N/A、#NUM!、#NULL!等。不同的错误值类型及错误值产生的原因如下。

- **#DIV/0：** 除数为0，或者在除法公式中分母指定为空白单元格。
- **#NAME?：** 利用了不能定义的名称，或者名称输入错误，或文本没有加双引号。
- **#VALUE!：** 参数的数据格式错误，或者函数中使用的变量或参数类型错误。
- **#REF!：** 公式中引用了无效的单元格。
- **#N/A：** 参数中没有输入必需的数值，或者查找与引用函数中没有匹配检索的数据。
- **#NUM!：** 参数中指定的数值过大或过小，函数不能计算正确的答案。
- **#NULL!：** 根据引用运算符指定公用区域的两个单元格区域，但公用区域不存在。

5.4.3 函数应用基础知识

函数是预先编写的公式，函数可以简化和缩短Excel公式，尤其在用公式执行很长或复杂的计算时。函数不能单独使用，需要嵌入到公式中使用。

1. 函数的构成

函数由函数名和参数两个主要部分构成，所有参数写在括号中，且每个参数之间必须用逗号分隔，如图5-100所示。

图 5-100

注意事项 也有一些函数是没有参数的，例如NOW、TODAY、ROW等，虽然没有参数，但是在使用时函数名称后面也必须写一对括号，例如“=ROW()”。

2. 函数的类型

Excel函数类型包括财务函数、文本函数、日期和时间函数、查找与引用函数、数学和三角函数、统计函数、查找与引用函数、文本函数、逻辑函数等。在“公式”选项卡的“函数库”组内可以看到这些函数类型，如图5-101所示。

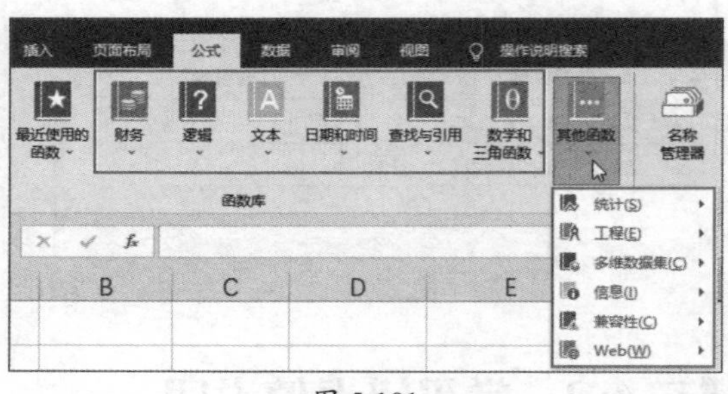

图 5-101

单击任意函数类型，在展开的列表中包含了该类型的所有函数，单击需要的函数选项即可应用该函数，如图5-102所示。

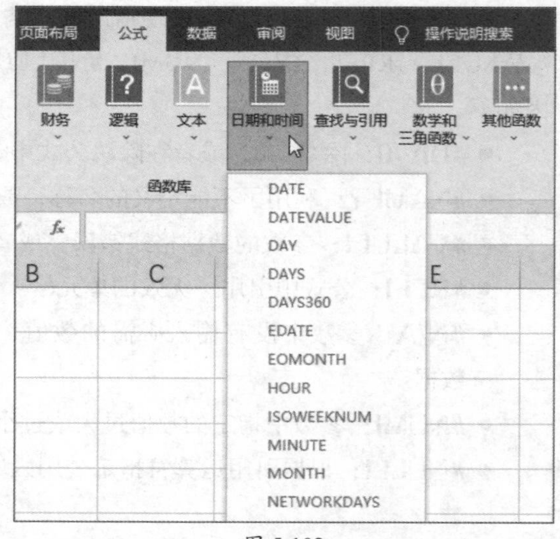

图 5-102

5.4.4 应用常见函数计算数据

工作中使用率较高的函数包括求和函数、求平均值函数、求最大或最小值函数、排名函数、逻辑函数、查询函数等，下面详细介绍这些函数的应用方法。

动手练 对数据快速求和

求和函数SUM是常用的函数之一。Excel为常用的计算提供了快捷操作方式。

Step 01 选中需要输入求和公式的单元格区域，打开“公式”选项卡，在“函数库”组中单击“自动求和”下拉按钮，在下拉列表中选择“求和”选项，如图5-103所示。

Step 02 所选单元格区域中随即自动输入求和公式，并返回求和结果，如图5-104所示。

[illegible]	[illegible]	二季度	三季度	四季度	合计
[illegible]	[illegible]	730.00	670.00	862.00	
铁观音	1,121.00	731.00	631.00	843.00	
六安瓜片	2,065.00	2,548.00	1,746.00	2,988.00	
信阳毛尖	1,983.00	800.00	1,476.00	1,149.00	
西湖龙井	1,034.00	624.00	1,543.00	1,220.00	
君山银针	1,882.00	1,893.00	1,042.00	1,778.00	
黄山毛峰	544.00	472.00	505.00	560.50	
武夷岩茶	1,330.00	1,060.00	967.00	1,030.00	
祁门红茶	1,660.00	1,483.00	1,390.00	1,525.00	
都匀毛尖	657.00	1,678.00	658.00	2,185.00	

图 5-103

=SUM(B2:E2)

品类	一季度	二季度	三季度	四季度	合计
碧螺春	775.00	730.00	670.00	862.00	3,037.00
铁观音	1,121.00	731.00	631.00	843.00	3,326.00
六安瓜片	2,065.00	2,548.00	1,746.00	2,988.00	9,347.00
信阳毛尖	1,983.00	800.00	1,476.00	1,149.00	5,408.00
西湖龙井	1,034.00	624.00	1,543.00	1,220.00	4,421.00
君山银针	1,882.00	1,893.00	1,042.00	1,778.00	6,595.00
黄山毛峰	544.00	472.00	505.00	560.50	2,081.50
武夷岩茶	1,330.00	1,060.00	967.00	1,030.00	4,387.00
祁门红茶	1,660.00	1,483.00	1,390.00	1,525.00	6,058.00
都匀毛尖	657.00	1,678.00	658.00	2,185.00	5,178.00

图 5-104

动手练 按条件求和

SUMIF函数用于对指定区域中符合某个特定条件的值求和。下面使用SUMIF函数统计“饼干”类产品的合计销量。

Step 01 选择E2单元格，在编辑栏中单击“插入函数”按钮，如图5-105所示。

序号	商品	销售额		饼干类销售总额
1	曲奇饼干	¥92,514.00		
2	巧克力	¥36,556.00		
3	梳打饼干	¥74,613.00		
4	薯片	¥117,499.00		
5	蛋黄派	¥96,312.00		
6	巧克力派	¥28,754.00		
7	沙琪玛	¥20,912.00		
8	牛肉干	¥118,028.00		
9	棒棒糖	¥105,234.00		
10	威化饼干	¥110,900.00		
11	果冻	¥21,337.00		
12	辣条	¥60,547.00		
13	彩虹糖	¥80,185.00		
14	星球杯	¥88,807.00		

图 5-105

Step 02 弹出“插入函数”对话框，“或选择类别”选择“数学与三角函数”选项，随后选中SUMIF函数，单击“确定”按钮，如图5-106所示。

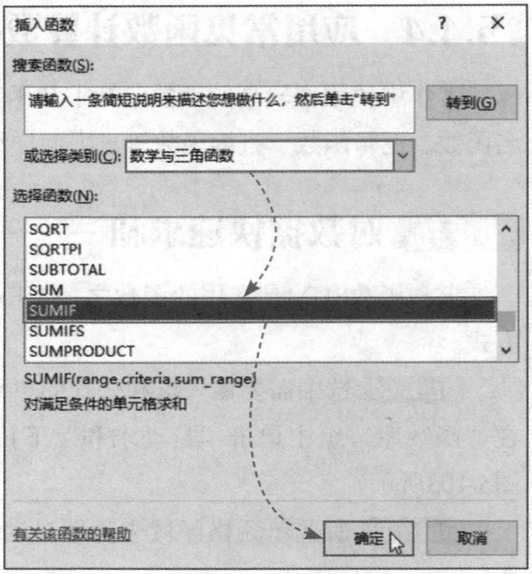

图 5-106

Step 03 打开“函数参数”对话框，依次设置参数为“B2:B15”“*饼干”“C2:C15”，最后单击“确定”按钮，如图5-107所示。

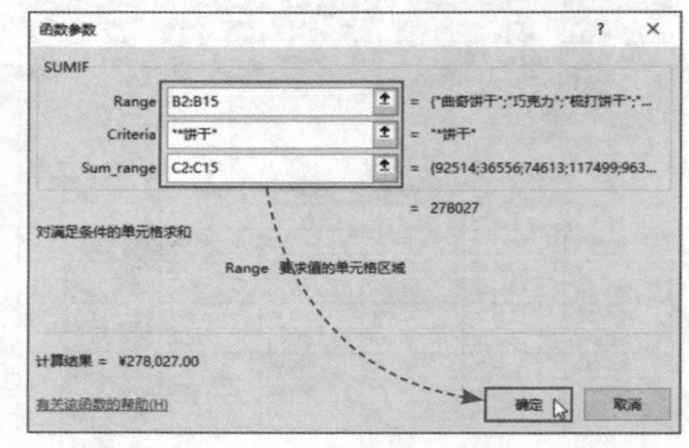

图 5-107

Step 04 此时E2单元格中已经自动统计出了最后两个字为“饼干”的商品总销售额，在编辑栏中可以查看到完整的公式，如图5-108所示。

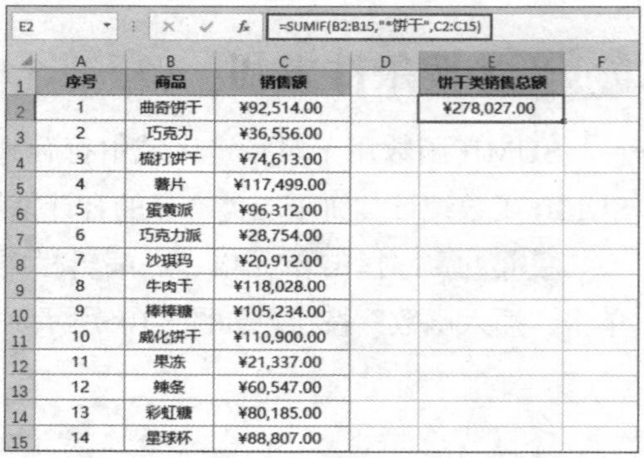

E2 =SUMIF(B2:B15,"*饼干",C2:C15)

	A	B	C	D	E
1	序号	商品	销售额		饼干类销售总额
2	1	曲奇饼干	¥92,514.00		¥278,027.00
3	2	巧克力	¥36,556.00		
4	3	梳打饼干	¥74,613.00		
5	4	薯片	¥117,499.00		
6	5	蛋黄派	¥96,312.00		
7	6	巧克力派	¥28,754.00		
8	7	沙琪玛	¥20,912.00		
9	8	牛肉干	¥118,028.00		
10	9	棒棒糖	¥105,234.00		
11	10	威化饼干	¥110,900.00		
12	11	果冻	¥21,337.00		
13	12	辣条	¥60,547.00		
14	13	彩虹糖	¥80,185.00		
15	14	星球杯	¥88,807.00		

图 5-108

操作提示

（1）公式中用到的“*”为通配符，表示任意数量的字符。

（2）在“函数参数”对话框中设置文本型参数时不需要手动录入双引号，系统会自动录入双引号。

动手练 计算平均值

AVERAGE函数用于计算数字的平均值。该函数在计算平均值时会忽略文本、空单元格、逻辑值等。下面将使用AVERAGE函数计算平均血糖值。

Step 01 选择C10单元格，打开“公式”选项卡，在“函数库”组中单击“其他函数”下拉按钮，在下拉列表中选择“统计”选项，在其下级列表中选择AVERAGE选项，如图5-109所示。

Step 02 系统随即弹出“函数参数”对话框，设置参数为“B2:B8”，单击“确定”按钮，如图5-110所示。

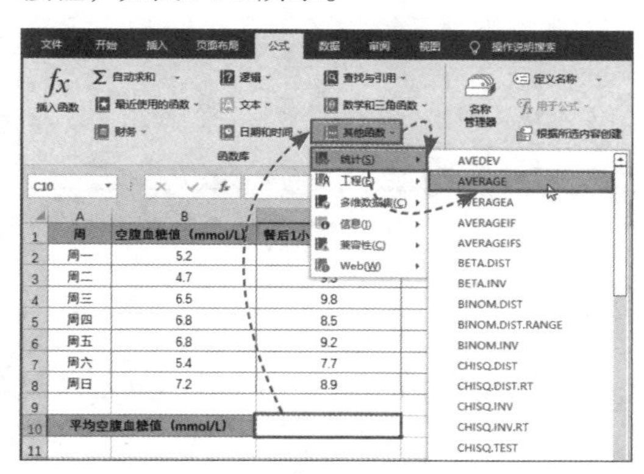

图 5-109

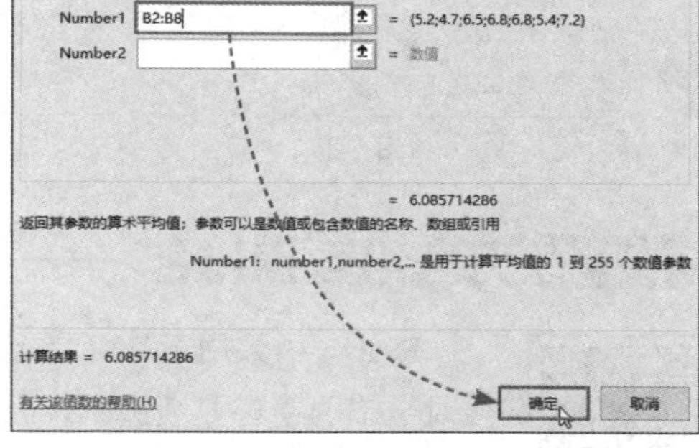

图 5-110

Step 03 C10单元格中随即返回一周平均空腹血糖统计结果，如图5-111所示。

C10 =AVERAGE(B2:B8)

	A	B	C	D
1	周	空腹血糖值（mmol/L）	餐后1小时（mmol/L）	餐后2小时（mmol/L）
2	周一	5.2	8.3	6.9
3	周二	4.7	9.3	7.5
4	周三	6.5	9.8	7.6
5	周四	6.8	8.5	8.2
6	周五	6.8	9.2	8.5
7	周六	5.4	7.7	6.3
8	周日	7.2	8.9	7.9
9				
10	平均空腹血糖值（mmol/L）		6.085714286	
11				

图 5-111

动手练 提取最大值和最小值

MAX函数是计算一组数据中的最大值。MIN函数和MAX函数正好相反，用于计算一组数据中的最小值。下面分别使用这两个函数从一组测试数据提取最大值和最小值。

Step 01 选择F1单元格，输入公式“=MAX(C2:C11)”，按Enter键返回最高得分，如图5-112所示。

Step 02 选择F2单元格，输入公式“=MIN(C2:C11)”，按Enter键返回最低得分，如图5-113所示。

F1　=MAX(C2:C11)

	A	B	C	D	E	F
1	姓名	测试	得分		最低得分	99
2	宋依依	1	86		最低得分	
3	宋依依	2	79			
4	宋依依	3	63			
5	宋依依	4	98			
6	宋依依	5	99			
7	宋依依	6	84			
8	宋依依	7	75			
9	宋依依	8	71			
10	宋依依	9	66			
11	宋依依	10	92			

图 5-112

F2　=MIN(C2:C11)

	A	B	C	D	E	F
1	姓名	测试	得分		最低得分	99
2	宋依依	1	86		最低得分	63
3	宋依依	2	79			
4	宋依依	3	63			
5	宋依依	4	98			
6	宋依依	5	99			
7	宋依依	6	84			
8	宋依依	7	75			
9	宋依依	8	71			
10	宋依依	9	66			
11	宋依依	10	92			

图 5-113

动手练 为一组数据排名

RANK函数用于计算指定数值在一组数值中的排位。下面使用RANK函数对员工的销售业绩进行排名。

Step 01 选中D2单元格，输入公式“=RANK(C2,$C$2:$C$15,0)”，如图5-114所示。随后按Enter键返回计算结果。

Step 02 再次选中D2单元格，将公式向下填充即可计算出所有销售业绩的排名，如图5-115所示。

AVERAGE　=RANK(C2,$C$2:$C$15,0)

	A	B	C	D	E
1	月份	员工姓名	销售业绩	业绩排名	
2	12月	孙山青	¥6	=RANK(C2,$C$2:$C$15,0)	
3	12月	贾雨萌	¥4,282.00		
4	12月	刘玉莲	¥9,856.00		
5	12月	陈浩安	¥9,697.00		
6	12月	蒋佩娜	¥4,294.00		
7	12月	周申红	¥7,666.00		
8	12月	刘如梦	¥3,065.00		
9	12月	丁家桥	¥9,712.00		
10	12月	雷玉凝	¥9,149.00		
11	12月	崔伟伟	¥1,003.00		
12	12月	郑涵兮	¥4,187.00		
13	12月	吴佳怡	¥7,791.00		
14	12月	周凯博	¥2,750.00		
15	12月	梦若轩	¥1,533.00		

图 5-114

D2　=RANK(C2,$C$2:$C$15,0)

	A	B	C	D	E
1	月份	员工姓名	销售业绩	业绩排名	
2	12月	孙山青	¥6,879.00	7	
3	12月	贾雨萌	¥4,282.00	9	
4	12月	刘玉莲	¥9,856.00	1	
5	12月	陈浩安	¥9,697.00	3	
6	12月	蒋佩娜	¥4,294.00	8	
7	12月	周申红	¥7,666.00	6	
8	12月	刘如梦	¥3,065.00	11	
9	12月	丁家桥	¥9,712.00	2	
10	12月	雷玉凝	¥9,149.00	4	
11	12月	崔伟伟	¥1,003.00	14	
12	12月	郑涵兮	¥4,187.00	10	
13	12月	吴佳怡	¥7,791.00	5	
14	12月	周凯博	¥2,750.00	12	
15	12月	梦若轩	¥1,533.00	13	

图 5-115

动手练 判断成绩是否及格

IF函数可以对指定值跟期待值进行比较，并返回逻辑判断结果。下面使用IF函数判断三科考试成绩是否全部及格（60分为及格），是就返回“全部及格”，只要有一门不及格则返回空白。

选择G2单元格，输入公式“=IF(AND(D2>=60,E2>=60,F2>=60),"全部及格","")”，按Enter键返回判断结果，随后再次选中G2单元格，将公式向下填充，即可判断出考试结果，如图5-116所示。

G2 =IF(AND(D2>=60,E2>=60,F2>=60),"全部及格","")

序号	班级	姓名	语文	数学	英语	是否全部及格
1	九（1）	郑雪晗	81	70	68	全部及格
2	九（1）	杨木新	94	91	78	全部及格
3	九（1）	徐艺洋	42	54	62	
4	九（1）	周杰	93	99	100	全部及格
6	九（1）	孙强强	77	56	76	
7	九（1）	杜明礼	100	71	80	全部及格
8	九（1）	刘如意	76	85	82	全部及格
9	九（1）	张波	78	91	72	全部及格
10	九（1）	赵晓杰	64	82	60	全部及格

图 5-116

动手练 查找指定员工信息

VLOOKUP函数用于查找指定的数值，并返回当前行中指定列处的数值。下面使用VLOOKUP函数查询指定员工的所属部门。

选中H2单元格，输入公式“=VLOOKUP(G2,B2:E11,3,FALSE)”，按Enter键即可返回员工“郭秀妮”的所属部门，如图5-117所示。

H2 =VLOOKUP(G2,B2:E11,3,FALSE)

员工编号	员工姓名	性别	所属部门	出生日期		员工姓名	所属部门
DS001	董潇潇	女	销售部	1976/5/1		郭秀妮	质检部
DS002	刘洋铭	女	企划部	1989/3/18			
DS003	甄美丽	女	采购部	1989/2/5			
DS004	郑宇	男	采购部	1990/3/13			
DS005	郭强	男	运营部	1970/4/10			
DS006	梦之月	女	生产部	1980/8/1			
DS007	郭秀妮	男	质检部	1981/10/29			
DS008	李媛	男	采购部	1980/9/7			
DS009	张籽沐	女	采购部	1991/12/14			
DS010	葛常杰	男	生产部	1994/5/28			

图 5-117

5.5 数据图形化展示

图表可以让数据展示得更加直观和形象，利用表格中提供的数据源可以直接转化为图表。创建图表后还可以对图表进行一系列编辑和美化。

5.5.1 创建与编辑图表

图表的创建方法有很多，下面使用系统推荐的图表功能向工作表中插入图表。

Step 01 选中用于创建图表的数据所在单元格区域，打开“插入”选项卡，在“图表”组中单击“推荐的图表”按钮，如图5-118所示。

Step 02 选择图表类型，如“簇状柱形图”，单击“确定”按钮，如图5-119所示。

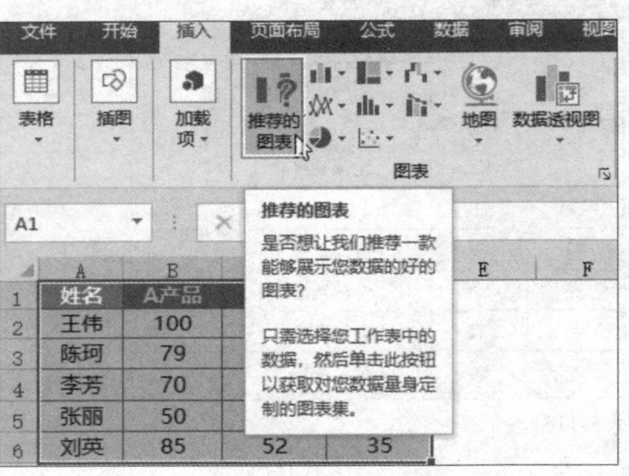

图 5-118

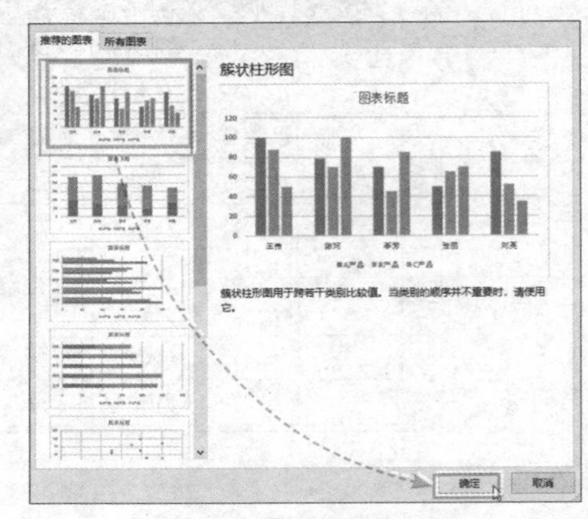

图 5-119

Step 03 返回界面后调整图表的位置，完成后如图5-120所示。

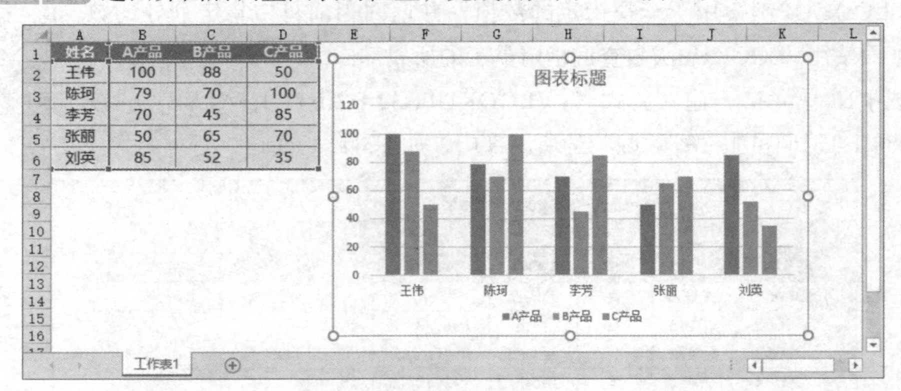

图 5-120

5.5.2 设置图表元素

图表由各种图表元素组成，包括图表标题、图表系列、坐标轴、网格线、图例、数据标签等。下面对图表元素进行简单编辑。

Step 01 选中图表标题，将标题文本框中的内容删除，如图5-121所示。

Step 02 在标题文本框中输入“销量对比”，如图5-122所示。

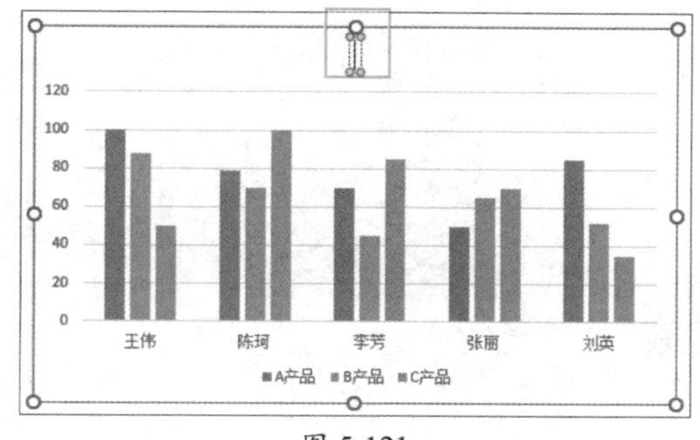

图 5-121

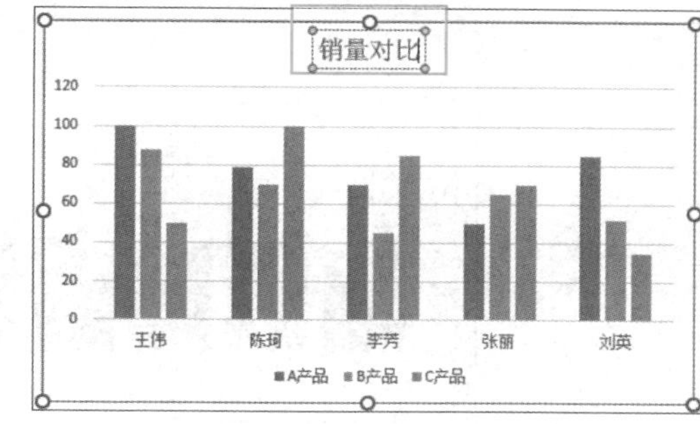

图 5-122

Step 03 选中图表，单击图表右上角的“图表元素”按钮，在打开的菜单中取消勾选“网格线”复选框，隐藏图表的网格线。随后勾选“数据标签”复选框，在图表中添加数据标签，如图5-123所示。再次单击“图表元素”按钮可隐藏菜单。

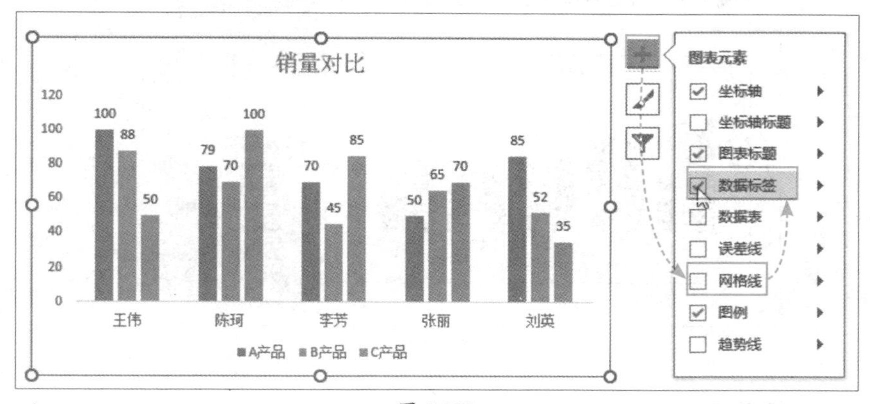

图 5-123

Step 04 右击图表任意柱形系列，在弹出的快捷菜单中选择“设置数据系列格式”选项，如图5-124所示。

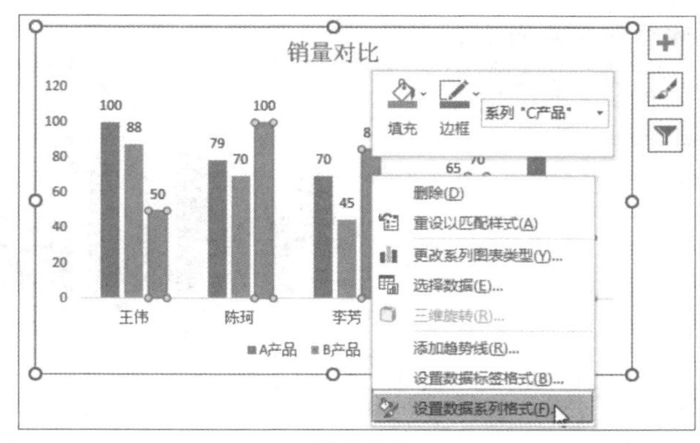

图 5-124

Step 05 打开“设置数据系列格式”窗格，在“系列选项”选项卡中设置系列重叠值为“3%”，间隙宽度值为“58%”，如图5-125所示。

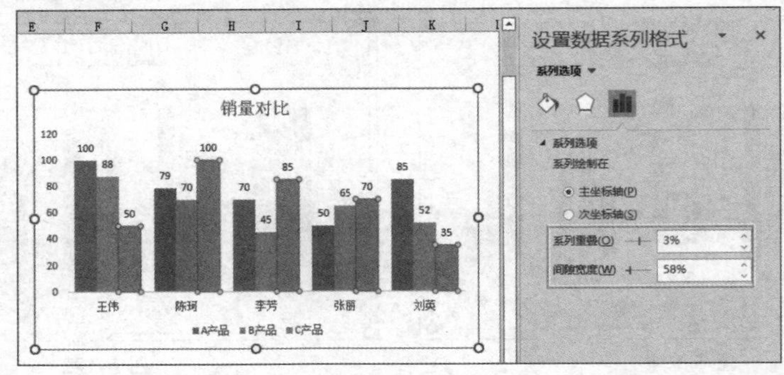

图 5-125

Step 06 不要关闭窗格，依次在图表中选择不同颜色的柱形系列，在窗格中的“填充与线条”选项卡中设置柱形的颜色为“纯色填充”，并设置满意的颜色，如图5-126所示。

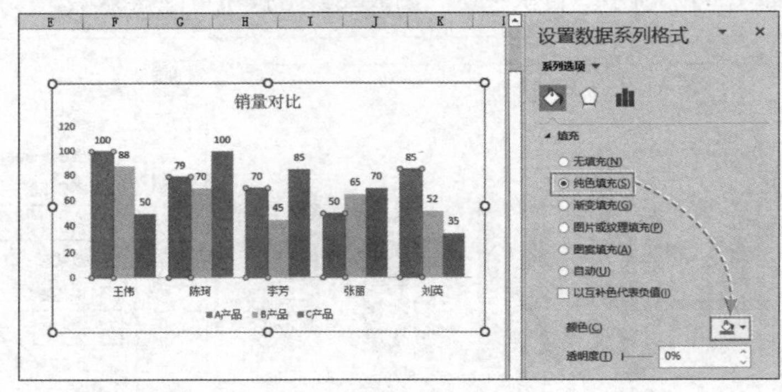

图 5-126

5.5.3 美化图表

为图表设置背景可以快速美化图表，用户可以为图表设置纯色背景、渐变背景、图片背景等。下面讲解如何为图表设置图片背景。

Step 01 在图表空白位置右击，在弹出的快捷菜单中选择“设置图表区域格式”选项，如图5-127所示。

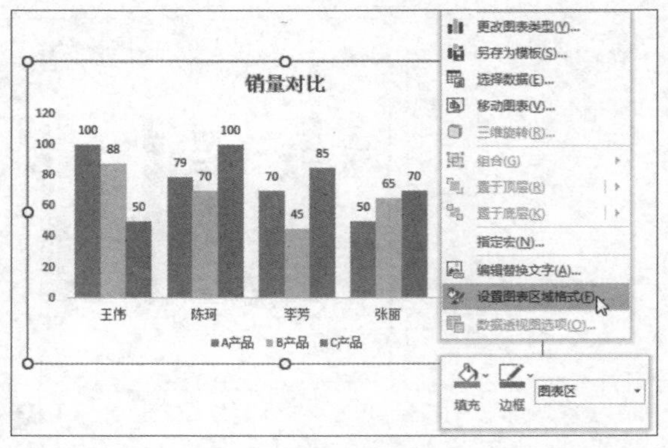

图 5-127

Step 02 打开“设置图表区格式”窗格，在“填充与线条”选项卡的“填充”组中选中“图片或纹理填充”单选按钮，单击“插入”按钮，如图5-128所示。

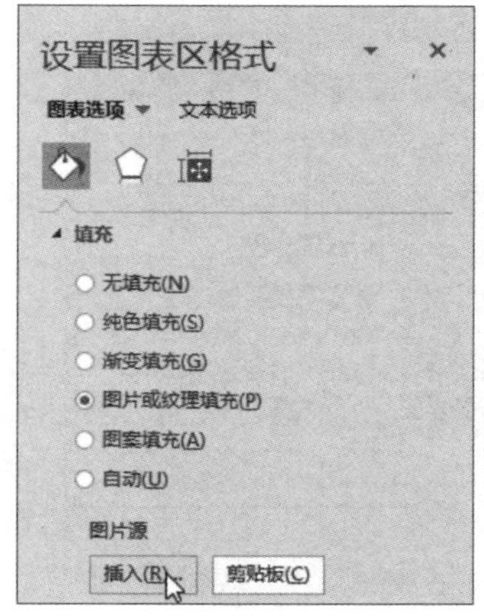

图 5-128

Step 03 在“插入图片”对话框中选择需要使用的图片，单击“插入”按钮，如图5-129所示。

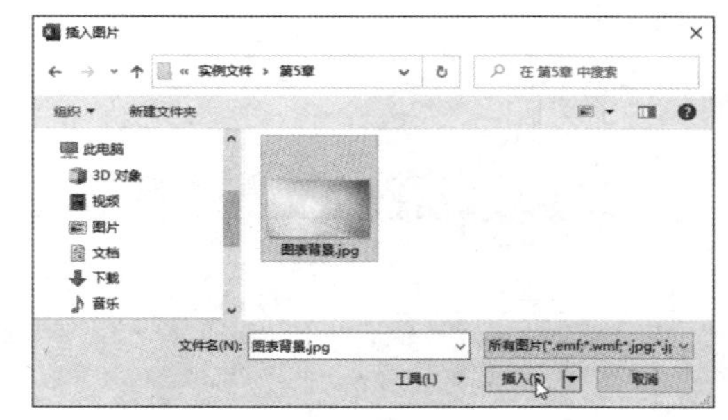

图 5-129

Step 04 所选图片随即被设置为图表背景，如图5-130所示。

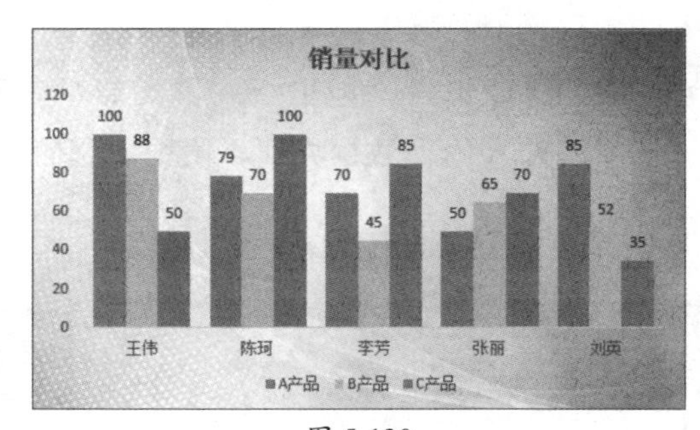

图 5-130

动手练 创建迷你图

Excel迷你图可以直观地展示数据的走向，而且就在单元格中，可以非常灵活地使用。

Step 01 在工作表中选择H2单元格，在“插入”选项卡的“迷你图”选项组中单击“折线”按钮，如图5-131所示。

Step 02 在“创建迷你图”对话框中，单击“数据范围”后的“选择”按钮，如图5-132所示。

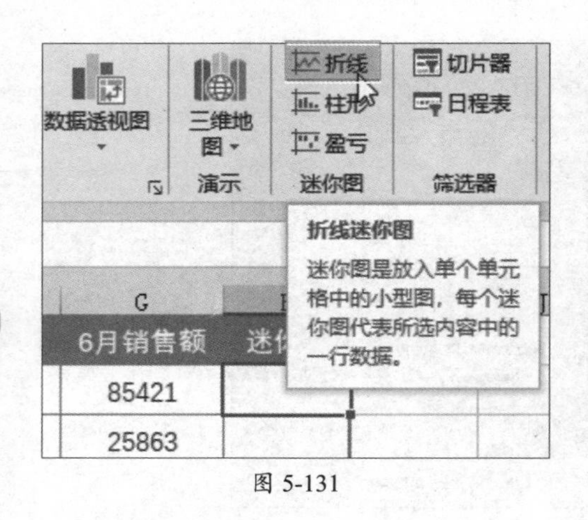

数据透视图
三维地图
演示
折线
柱形
盈亏
迷你图
切片器
日程表
筛选器
折线迷你图
迷你图是放入单个单元格中的小型图，每个迷你图代表所选内容中的一行数据。
G
6月销售额
85421
25863

图 5-131

创建迷你图
选择所需的数据
数据范围(D):
选择放置迷你图的位置
位置范围(L): $H$2
确定
取消

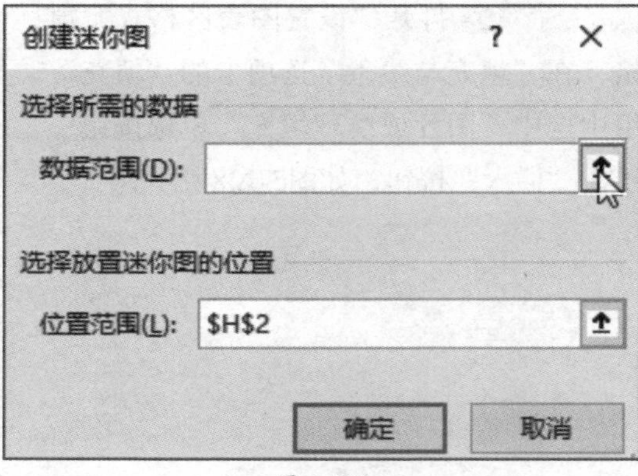

图 5-132

Step 03 回到数据表中，选中B2：G2单元格，单击“完成选择”按钮，如图5-133所示。

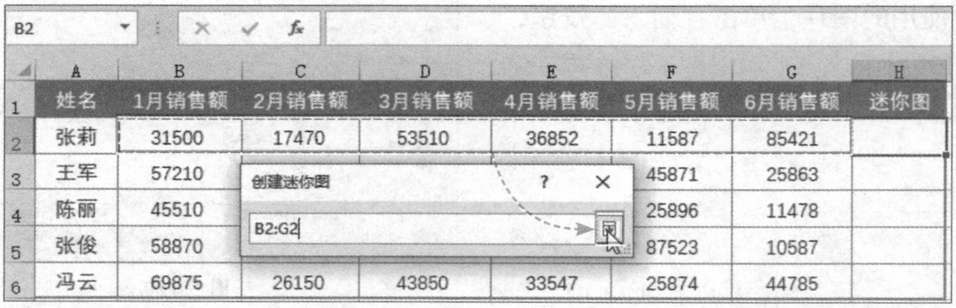

B2
A B C D E F G H
1 姓名 1月销售额 2月销售额 3月销售额 4月销售额 5月销售额 6月销售额 迷你图
2 张莉 31500 17470 53510 36852 11587 85421
3 王军 57210 45871 25863
4 陈丽 45510 25896 11478
5 张俊 58870 87523 10587
6 冯云 69875 26150 43850 33547 25874 44785
创建迷你图
B2:G2

图 5-133

Step 04 返回“创建迷你图”对话框，单击“确定”按钮，如图5-134所示。

Step 05 返回数据界面，使用填充柄完成其他单元格迷你图的设置，最终效果如图5-135所示。

创建迷你图
选择所需的数据
数据范围(D): B2:G2
选择放置迷你图的位置
位置范围(L): $H$2
确定
取消

图 5-134

E F G H
4月销售额 5月销售额 6月销售额 迷你图
36852 11587 85421
14523 45871 25863
66875 25896 11478
44875 87523 10587
33547 25874 44785

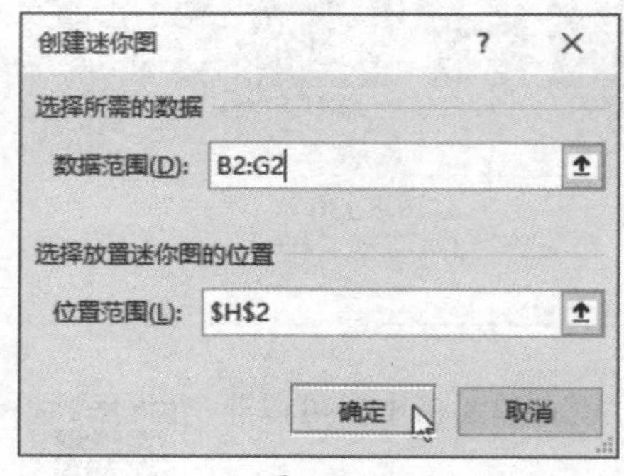

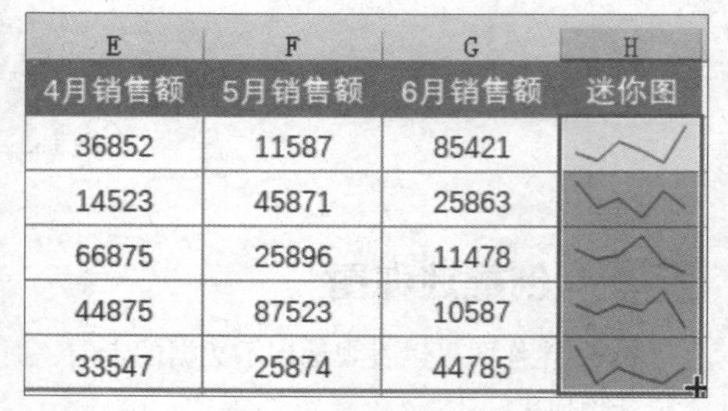

图 5-135

知识拓展：制作销售记录单

下面利用本章所学内容制作销售记录单。原始数据如图5-136所示。具体操作步骤如下。

	A	B	C	D	E	F	G	H	I	J
1	业务员	日期	产品	规格	单位	数量	单价	税率	税额	金额
2	李磊磊	2023/2/14	饮料	250ML	箱	219	55	0.17		
3	赵云狄	2023/2/15	水	250ML	箱	403	104	0.07		
4	周楠	2023/2/16	酒	250ML	箱	115	181	0.07		
5	孙威	2023/2/17	饮料	250ML	箱	358	86	0.17		
6	李磊磊	2023/2/18	水	250ML	箱	233	121	0.17		
7	李洋	2023/2/19	酒	250ML	箱	380	189	0.07		
8	周楠	2023/2/20	饮料	250ML	箱	429	66	0.07		
9	赵云狄	2023/2/21	水	250ML	箱	439	128	0.07		
10	周楠	2023/2/22	酒	250ML	箱	323	80	0.17		
11	李磊磊	2023/2/23	饮料	250ML	箱	233	190	0.07		
12										

Sheet1

图 5-136

Step 01 选择A1:J11单元格区域，使用Ctrl+1组合键打开“设置单元格格式”对话框，切换到“边框”选项卡，选择最细的实线，单击“内部”按钮，如图5-137所示。

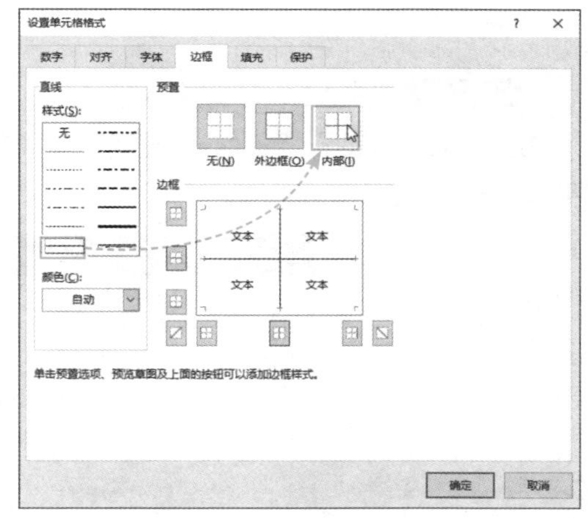

图 5-137

Step 02 在“样式”列表中选择较粗的实线，单击“外边框”按钮，随后单击“确定”按钮，关闭对话框，如图5-138所示，完成表格边框的设置。

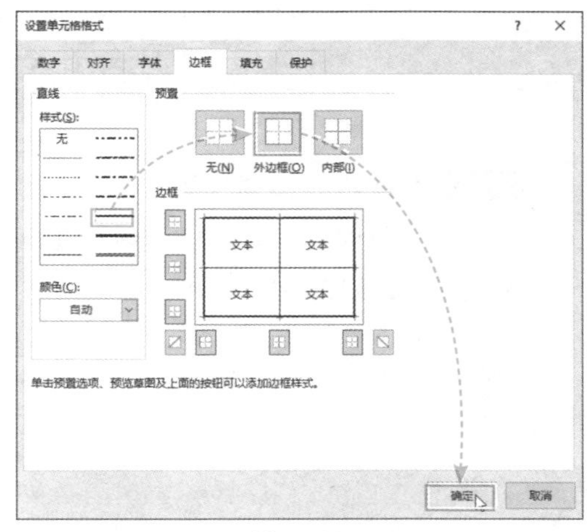

图 5-138

Step 03 保持选中A1:J11单元格区域，打开“开始”选项卡，在“字体”组中设置字体为“微软雅黑”，字号为11号，在“对齐方式”组中单击“居中”按钮，将所有数据设置成居中显示，如图5-139所示。

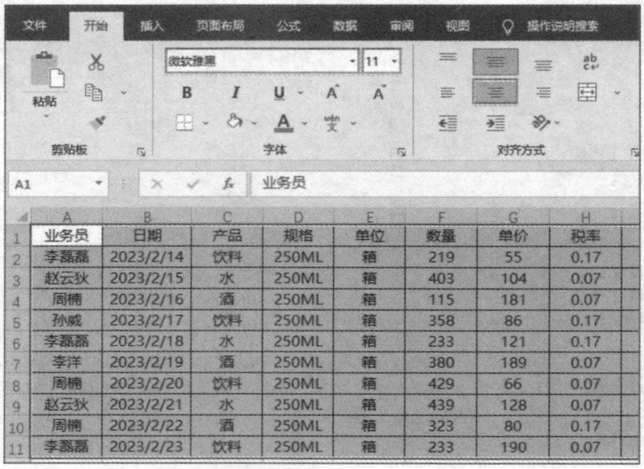

图 5-139

Step 04 选中A1:J1单元格区域，在“开始”选项卡中的“字体”组中设置字体为“加粗”，填充颜色为“蓝色，个性色5”，字体颜色为“白色，背景1”，设置好标题，效果如图5-140所示。

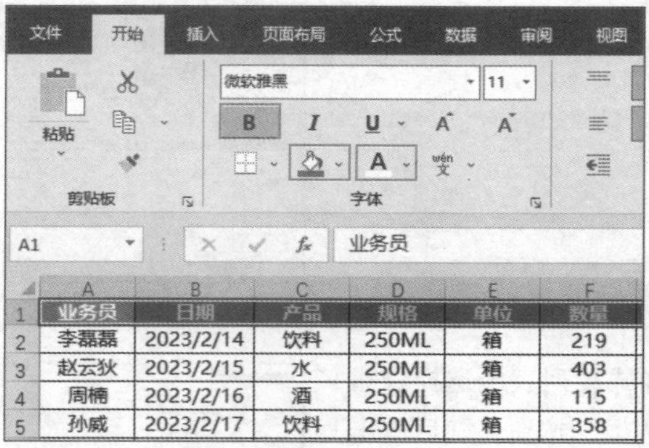

图 5-140

Step 05 将光标移动到第1行行号下方，光标变成双向箭头时按住鼠标左键拖动，调整行高，如图5-141所示。

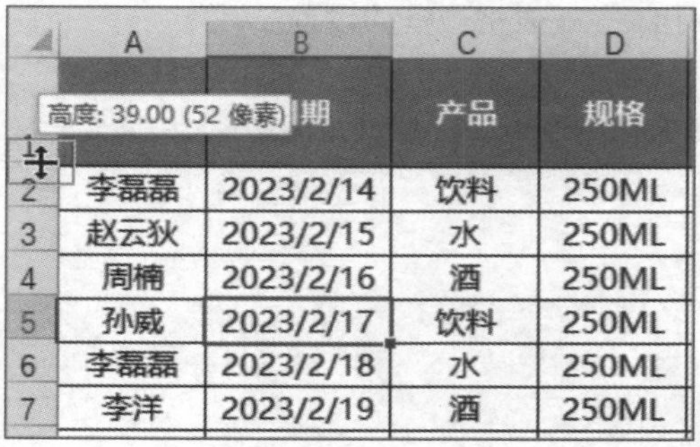

图 5-141

Step 06 参照上一步骤继续调整表格中的其他行高以及列宽，如图5-142所示。

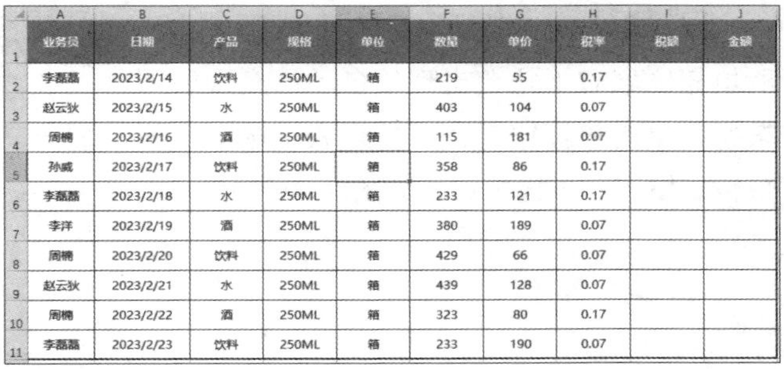

业务员	日期	产品	规格	单位	数量	单价	税率	税额	金额
李磊磊	2023/2/14	饮料	250ML	箱	219	55	0.17		
赵云狄	2023/2/15	水	250ML	箱	403	104	0.07		
周楠	2023/2/16	酒	250ML	箱	115	181	0.07		
孙威	2023/2/17	饮料	250ML	箱	358	86	0.17		
李磊磊	2023/2/18	水	250ML	箱	233	121	0.17		
李洋	2023/2/19	酒	250ML	箱	380	189	0.07		
周楠	2023/2/20	饮料	250ML	箱	429	66	0.07		
赵云狄	2023/2/21	水	250ML	箱	439	128	0.07		
周楠	2023/2/22	酒	250ML	箱	323	80	0.17		
李磊磊	2023/2/23	饮料	250ML	箱	233	190	0.07		

图 5-142

Step 07 选中H1:H11单元格区域，在“开始”选项卡中的“数字”组内单击“百分比样式”按钮，将所选单元格区域中的数据设置为百分比形式，如图5-143所示。

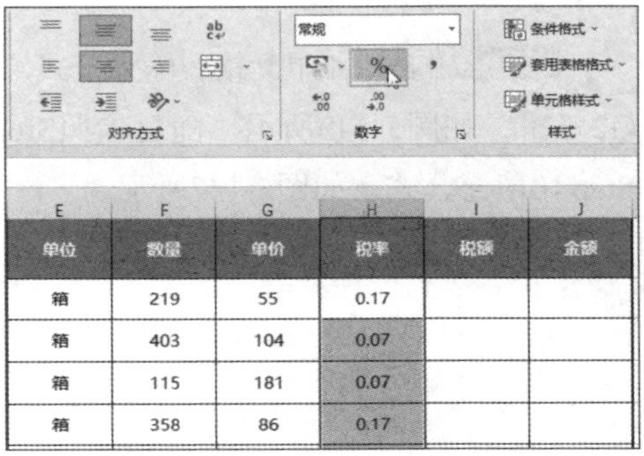

单位	数量	单价	税率	税额	金额
箱	219	55	0.17		
箱	403	104	0.07		
箱	115	181	0.07		
箱	358	86	0.17		

图 5-143

Step 08 选择I2单元格，输入公式“=F2*G2*H2”，随后按Enter键返回计算结果，如图5-144所示。

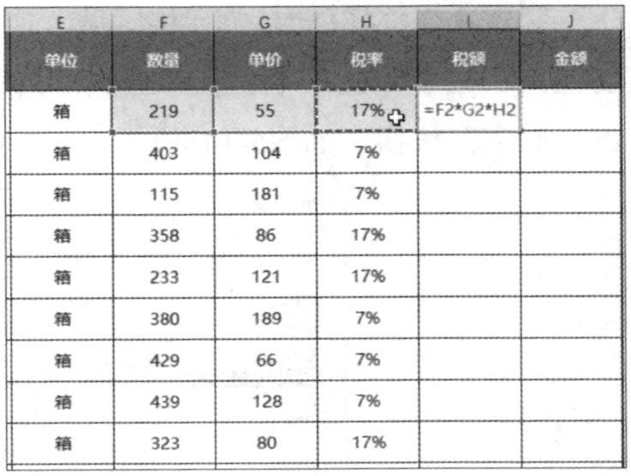

单位	数量	单价	税率	税额	金额
箱	219	55	17%	=F2*G2*H2	
箱	403	104	7%		
箱	115	181	7%		
箱	358	86	17%		
箱	233	121	17%		
箱	380	189	7%		
箱	429	66	7%		
箱	439	128	7%		
箱	323	80	17%		

图 5-144

Step 09 再次选中I2单元格，将光标移动到单元格右下角，光标变成+时双击，如图5-145所示。

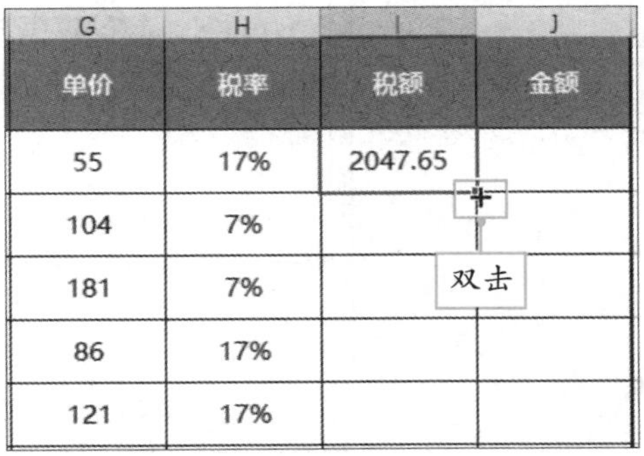

单价	税率	税额	金额
55	17%	2047.65	
104	7%		
181	7%		
86	17%		
121	17%		

双击

图 5-145

Step 10 公式随即自动向下填充，此时所填充区域右下角会出现“自动填充选项”按钮，单击该按钮，在下拉列表中选中“不带格式填充”单选按钮，如图5-146所示。

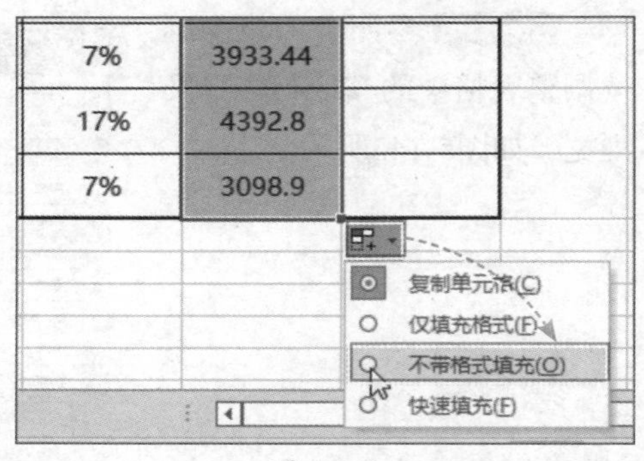

图 5-146

Step 11 选中J2单元格，输入公式“=F2*G2+I2”，如图5-149所示。随后参照Step 09、Step 10填充公式，如图5-147所示。

F	G	H	I	J
数量	单价	税率	税额	金额
219	55	17%	2047.65	=F2*G2+I2
403	104	7%	2933.84	
115	181	7%	1457.05	
358	86	17%	5233.96	
233	121	17%	4792.81	
380	189	7%	5027.4	

图 5-147

Step 12 选择I2:J11单元格区域，使用Ctrl+1组合键打开“设置单元格格式”对话框，切换到“数字”选项卡，在“分类”列表中选择“货币”选项，其他选项保持默认，单击“确定”按钮，如图5-148所示。

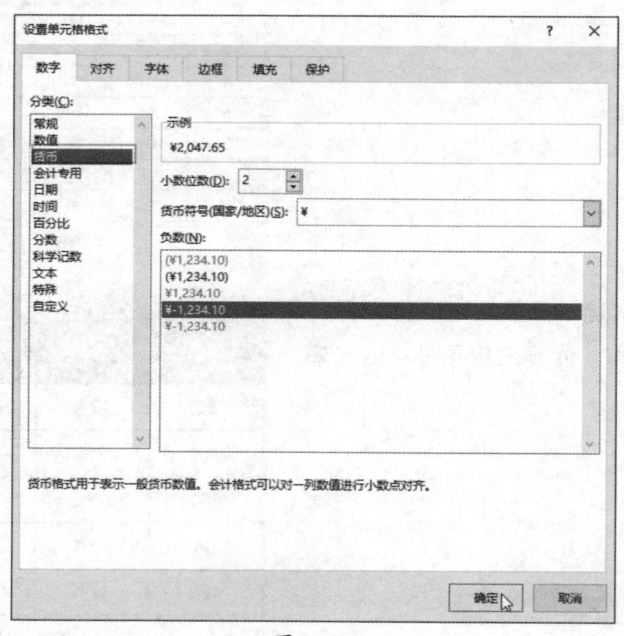

图 5-148

Step 13 选择J2:J11单元格区域，在“开始”选项卡的“样式”组内单击“条件格式”下拉按钮，在下拉列表中选择“数据条”选项，在其下级列表中选择“橙色数据条”选项，为所选区域添加数据条，如图5-149所示。

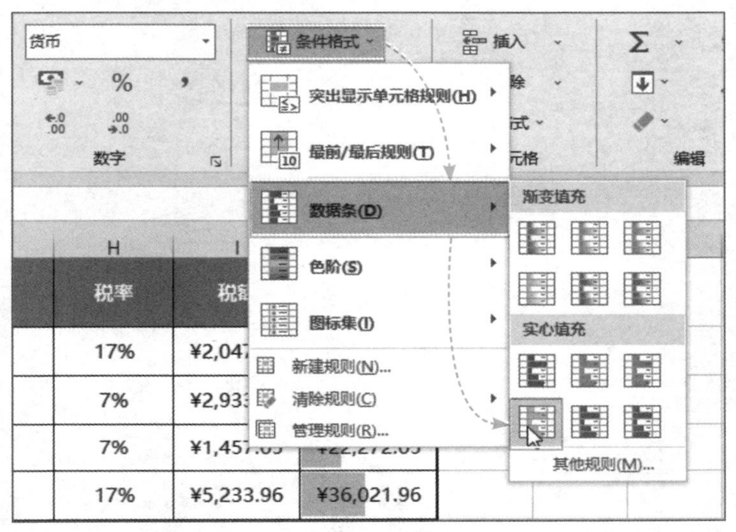

图 5-149

Step 14 至此完成销售记录单的制作，最终效果如图5-150所示。

	A	B	C	D	E	F	G	H	I	J
1	业务员	日期	产品	规格	单位	数量	单价	税率	税额	金额
2	李磊磊	2023/2/14	饮料	250ML	箱	219	55	17%	¥2,047.65	¥14,092.65
3	赵云狄	2023/2/15	水	250ML	箱	403	104	7%	¥2,933.84	¥44,845.84
4	周楠	2023/2/16	酒	250ML	箱	115	181	7%	¥1,457.05	¥22,272.05
5	孙威	2023/2/17	饮料	250ML	箱	358	86	17%	¥5,233.96	¥36,021.96
6	李磊磊	2023/2/18	水	250ML	箱	233	121	17%	¥4,792.81	¥32,985.81
7	李洋	2023/2/19	酒	250ML	箱	380	189	7%	¥5,027.40	¥76,847.40
8	周楠	2023/2/20	饮料	250ML	箱	429	66	7%	¥1,981.98	¥30,295.98
9	赵云狄	2023/2/21	水	250ML	箱	439	128	7%	¥3,933.44	¥60,125.44
10	周楠	2023/2/22	酒	250ML	箱	323	80	17%	¥4,392.80	¥30,232.80
11	李磊磊	2023/2/23	饮料	250ML	箱	233	190	7%	¥3,098.90	¥47,368.90

图 5-150

第6章 PowerPoint演示文稿的处理

PowerPoint是制作演示文稿最常用的软件，简称为PPT，一套演示文稿由多张幻灯片组成，所以演示文稿和幻灯片类似于工作簿与工作表的关系。在日常工作中，遇到汇报、讲解的情况，一般都使用演示文稿演示。本章介绍演示文稿的一些常用操作。

6.1 演示文稿的基本操作

创建演示文稿、创建幻灯片、删除幻灯片等都属于演示文稿的基本操作。下面介绍其常用的操作。

6.1.1 演示文稿的创建和保存

在制作幻灯片前需要创建演示文稿，创建的方法与Office其他组件的创建方法类似。

Step 01 在桌面上找到PowerPoint的图标，双击启动软件，如图6-1所示。

Step 02 在“欢迎”界面中单击“空白演示文稿”按钮，如图6-2所示。

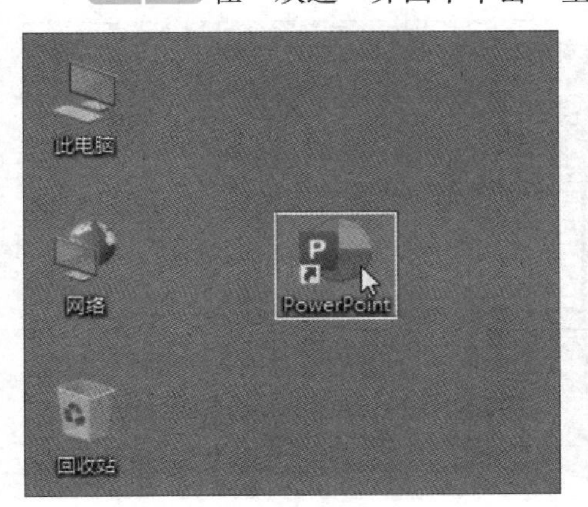

图 6-1

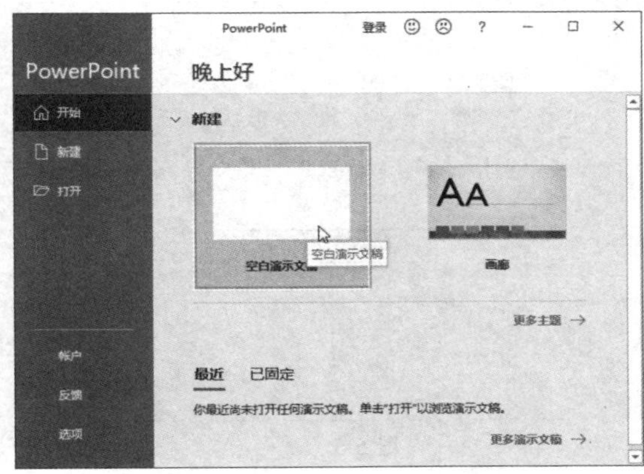

图 6-2

Step 03 输入文档内容，使用Ctrl+S组合键启动“保存”功能，弹出“另存为”界面，单击“浏览”按钮，如图6-3所示。

Step 04 选择保存的位置，重命名后单击“保存”按钮，如图6-4所示。

图 6-3

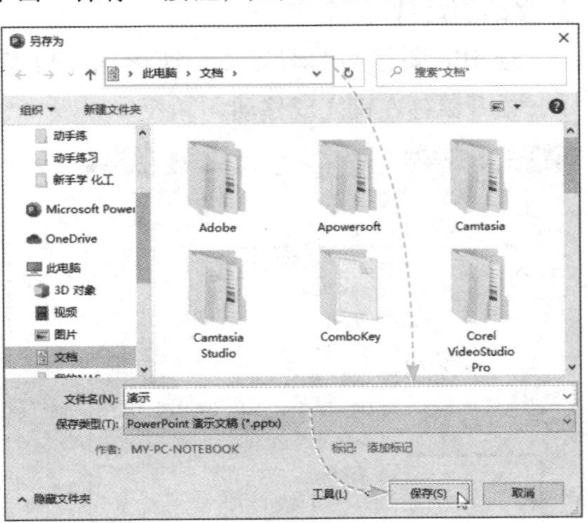

图 6-4

6.1.2　幻灯片的常用操作

幻灯片的常用操作包括幻灯片的创建、删除、复制、移动等，下面以实例文件“幻灯片的基本操作”为基础，介绍具体的操作步骤。

1. 新建幻灯片

新建幻灯片的方法有很多，这里介绍比较常用的一种。

在左侧的“幻灯片浏览”窗格中需要插入幻灯片的位置右击，在弹出的快捷菜单中选择“新建幻灯片”选项，如图6-5所示。随即在两张幻灯片中间插入一张空白幻灯片，如图6-6所示。

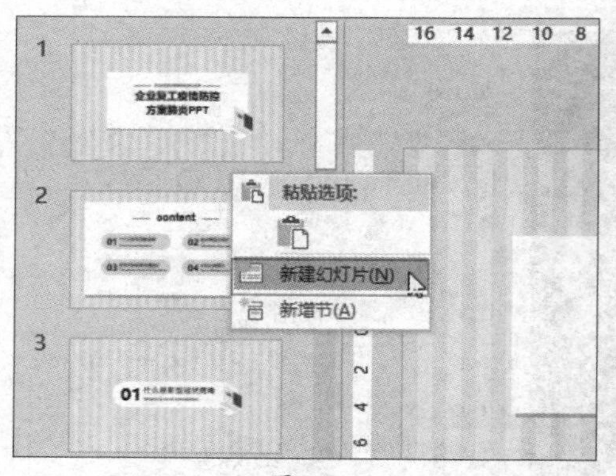

图 6-5

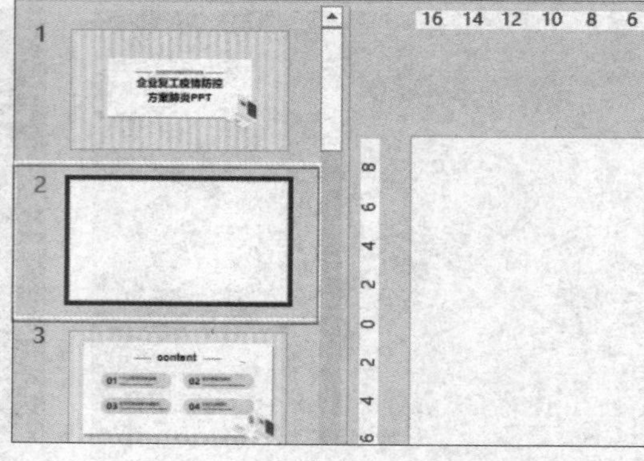

图 6-6

2. 删除幻灯片

选中需要删除的幻灯片，右击，在弹出的快捷菜单中选择“删除幻灯片”选项，如图6-7所示。

3. 移动幻灯片

选中需要移动的幻灯片，使用鼠标拖曳的方法将其拖动到插入位置，如图6-8所示，松开鼠标左键完成移动。

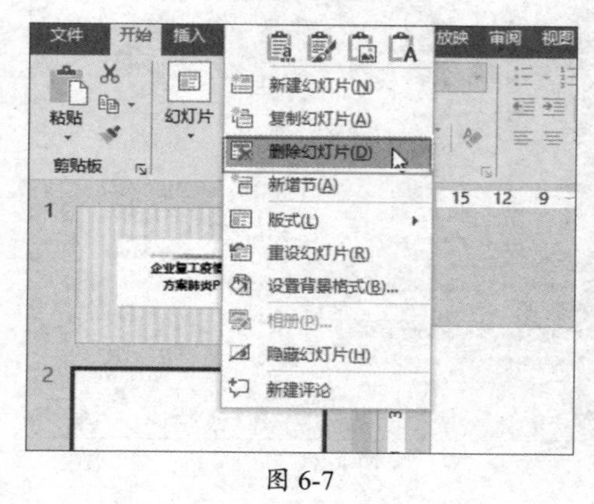

图 6-7

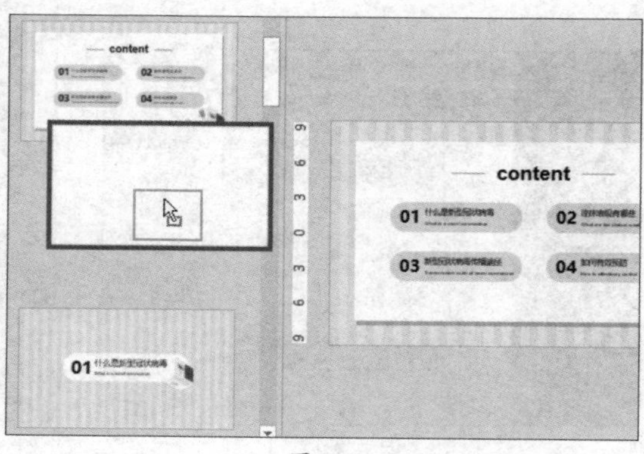

图 6-8

4. 复制幻灯片

选中需要复制的幻灯片，右击，在弹出的快捷菜单中选择“复制”选项，如图6-9所示。在粘贴的位置右击，在弹出的“粘贴选项”中选择“使用目标主题”选项，如图6-10所示。

图 6-9

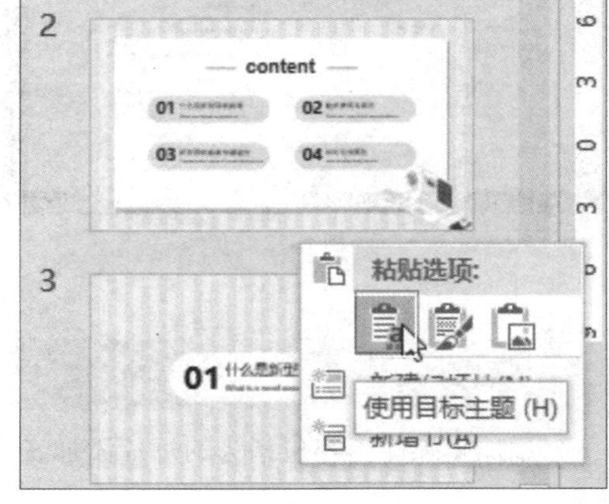

图 6-10

6.1.3 为幻灯片添加图片

在幻灯片中插入图片的方法有很多种，最快捷的方法是将图片直接拖至幻灯片中。

动手练 在课件中插入图片

下面以实例文件“PPT课件”为例，介绍图片的插入与调整操作。

Step 01 打开实例文件“PPT课件”，选择第1张幻灯片，并打开图片所在的文件夹。选中图片，将其拖至当前幻灯片中，如图6-11所示。

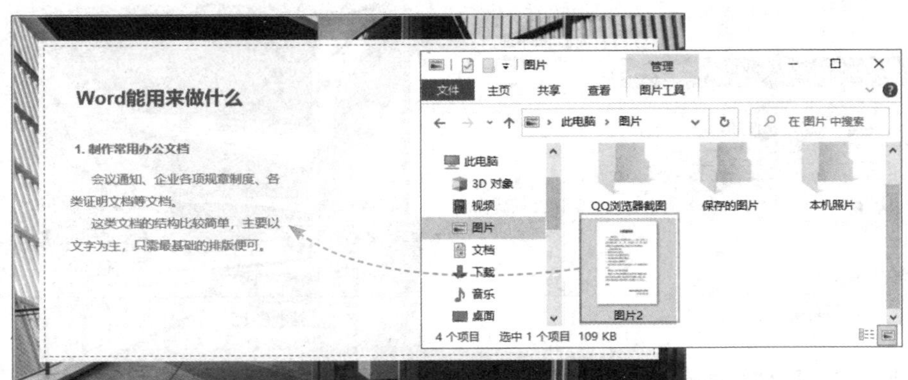

图 6-11

Step 02 插入的图片默认会显示在幻灯片中间位置。选中图片，并拖动图片至幻灯片右侧空白处，可调整图片的位置，如图6-12所示。

Step 03 选中图片右下角的控制点，当光标变成十字形时，拖动该控制点至合适位置，可调整图片的大小，如图6-13所示。

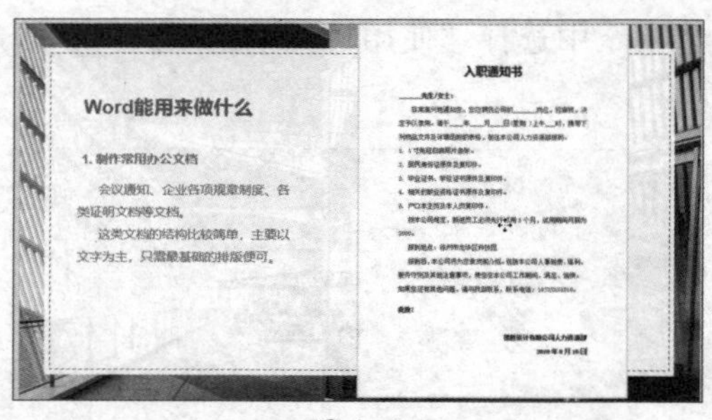

图 6-12

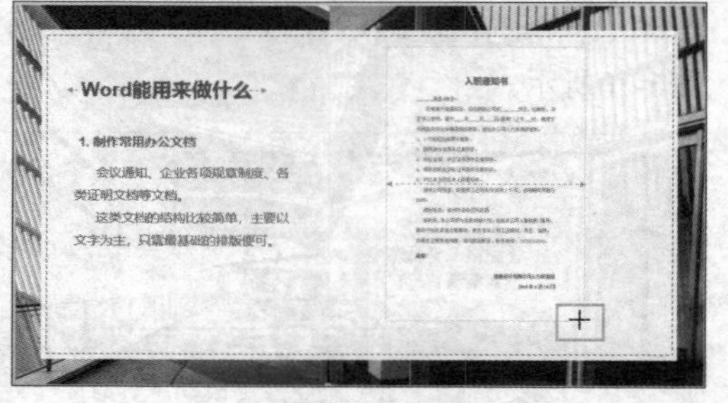

图 6-13

6.2 为幻灯片添加多媒体

添加多媒体内容包括为幻灯片添加音频以及视频的操作。下面介绍具体的步骤。

6.2.1 为幻灯片添加音频

可以为幻灯片添加音频作为背景音乐使用，在演示时营造更符合主题的氛围。

打开实例文件“插入音频 原始”，选中幻灯片，在“插入”选项卡的“媒体”选项组中单击“音频”下拉按钮，在下拉列表中选择“PC上的音频”选项，如图6-14所示。选中音频，单击“插入”按钮，如图6-15所示。

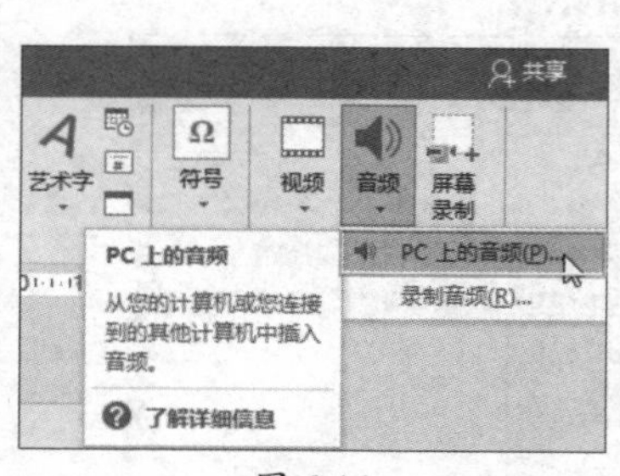

图 6-14

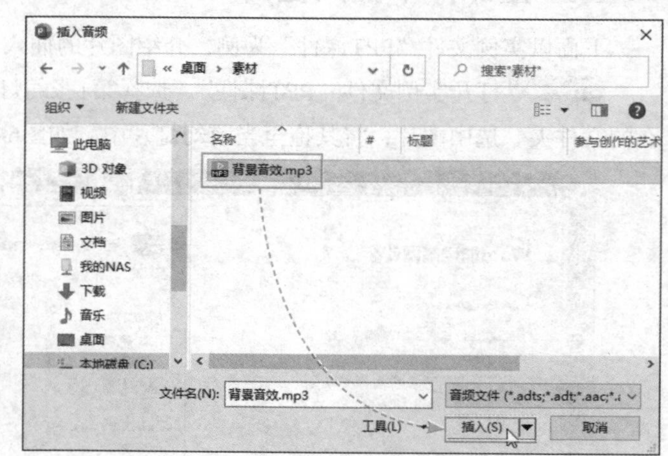

图 6-15

插入后，拖动音频图标调整位置，通过控制角点可以调整音频控件的大小。调整完毕后如图6-16所示。在“音频工具”|“播放”选项卡的“音频选项”选项组中勾选“跨幻灯片播放”“循环播放，直到停止”“放映时隐藏”复选框，将“开始”设置为“自动”，如图6-17所示，这样就完成了背景音乐的添加。

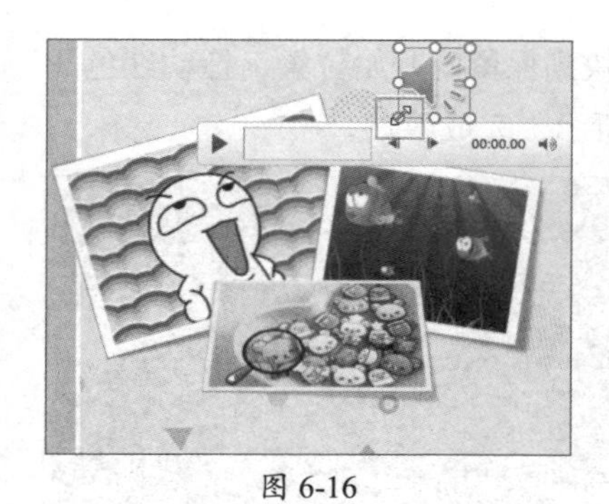
图 6-16

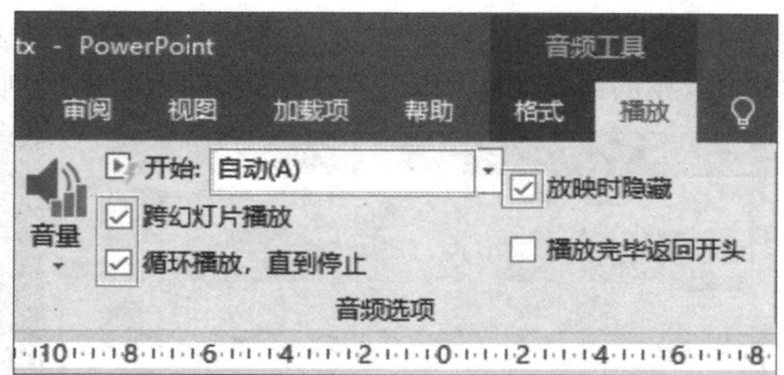

图 6-17

知识点拨

音频控制柄的作用

音频控制柄可以控制音频的播放，可以暂停或继续播放、定位播放点、快退快进、查看播放时间和静音。

6.2.2 为幻灯片添加视频

为幻灯片添加视频文件，可以在播放幻灯片时播放该视频，更加生动地展示作者的表述内容，加强幻灯片的表现效果。

打开实例文件“PPT教学 原始”，切换到第3张幻灯片，找到视频文件并拖入幻灯片中，如图6-18所示。拖动到合适位置，通过控制角点可调整视频框的大小，如图6-19所示。

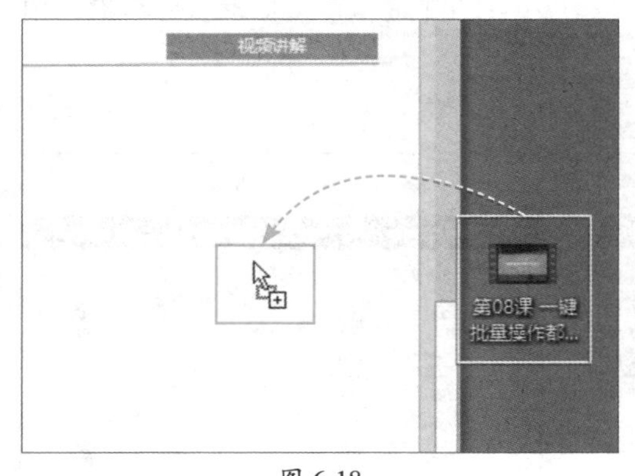

图 6-18

图 6-19

动手练 视频的剪裁

PowerPoint还提供视频的剪辑功能，可以简单地调整视频播放的内容。该操作对于音频文件也同样适用。

Step 01 选中插入的视频，在“视频工具”|“播放”选项卡的“编辑”选项组中单击“剪裁视频”按钮，如图6-20所示。

Step 02 在“剪裁视频”对话框中，拖动绿色滑块到保留的开始位置，拖动红色滑块到保留的结束位置，单击“确定”按钮，如图6-21所示，完成剪裁。

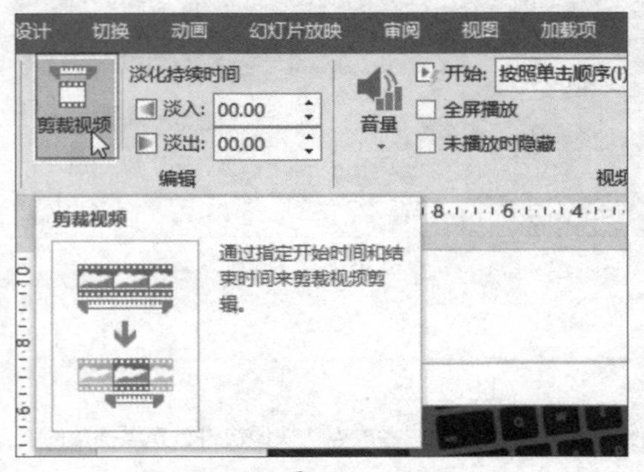

图 6-20

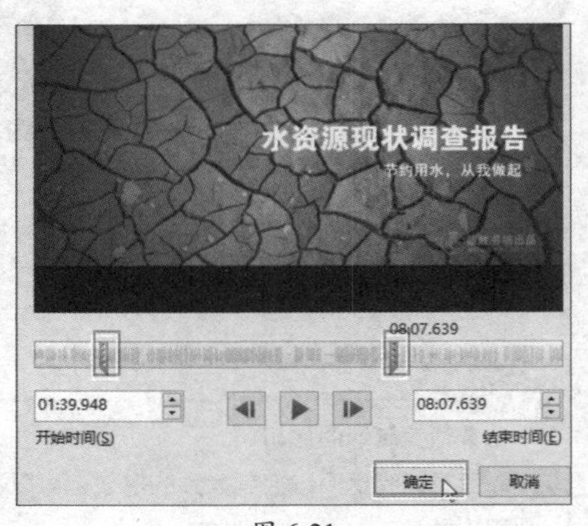

图 6-21

6.3 为幻灯片添加动画效果

除了音频和视频外，还可以为幻灯片添加转场效果，以及为幻灯片上的元素添加动画效果。下面介绍添加及设置的步骤。

6.3.1 为幻灯片添加转场效果

所谓转场效果，就是幻灯片切换时的动画。PowerPoint中内置了很多转场效果，用户可以直接调用。

动手练 页面切换动画的制作

Step 01 打开实例文件“设置幻灯片切换效果 原始”，选择第2张幻灯片，在“切换”选项卡“切换到此幻灯片”选项组中单击“其他”按钮，在下拉列表中选择“百叶窗”效果，如图6-22所示。

图 6-22

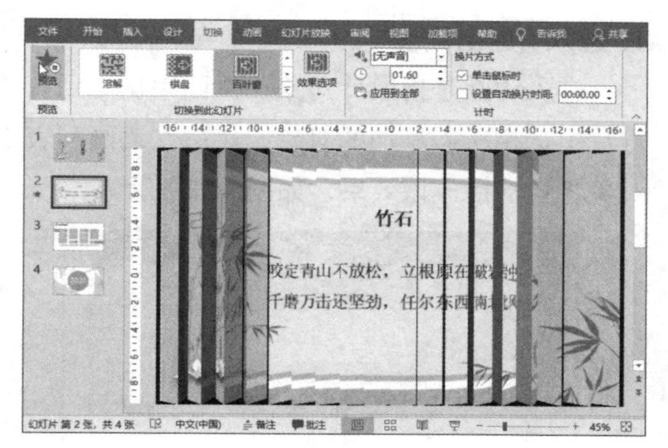

图 6-23

Step 02 返回编辑界面，显示预览，用户也可以在“预览”选项组中单击“预览”按钮，查看该效果，如图6-23所示。

Step 03 选择第4张幻灯片，按照同样方法选择“碎片”效果，如图6-24所示。

Step 04 在“切换到此幻灯片”选项组中单击“效果选项”下拉按钮，在下拉列表中选择“粒状向内”选项，如图6-25所示，可以更改“碎片”效果的类别。

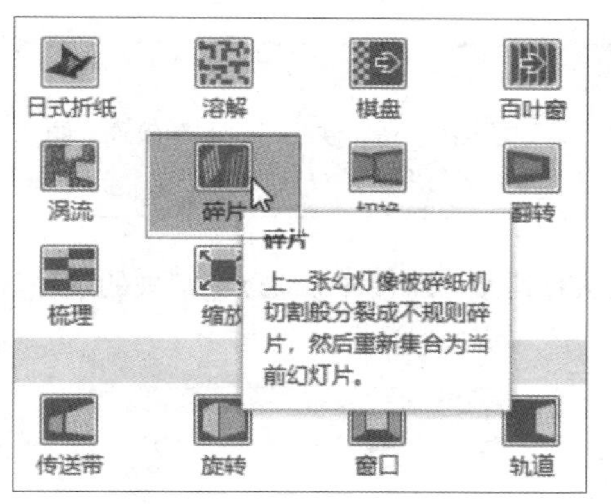

图 6-24

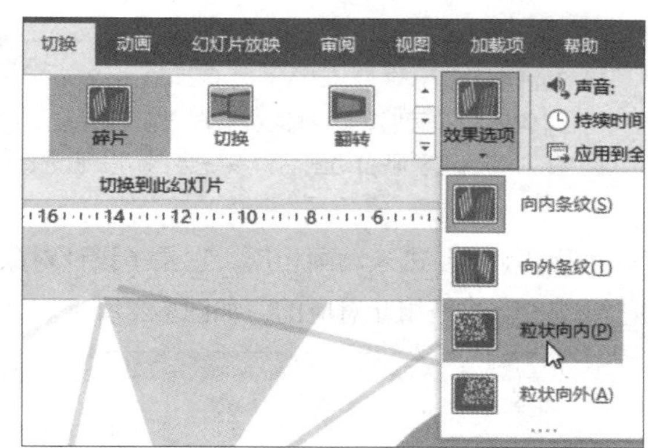

图 6-25

6.3.2 为幻灯片添加基础动画

幻灯片中的动画通常由4种基础动画组合，用户可在“动画”选项卡中选择所需的动画类型，如图6-26所示。

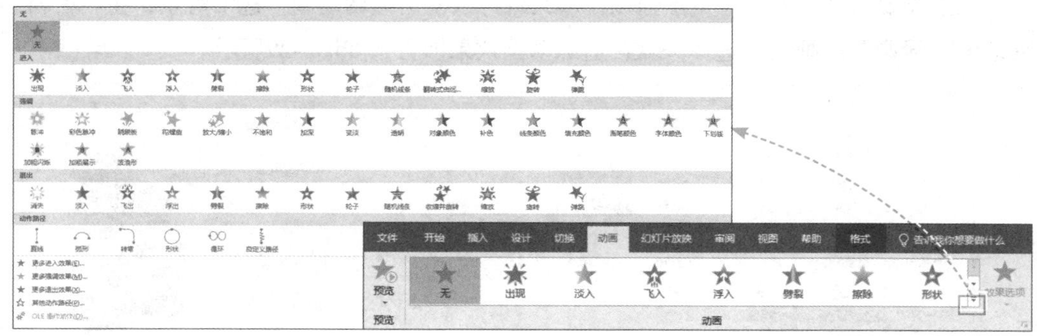

图 6-26

1. 进入/退出动画

进入动画是指设计对象在页面中从无到有，以各种动画形式逐渐出现的过程。在幻灯片中选择所需添加的对象，然后在动画列表中选择一款进入动画效果，此时被选中的对象将自动播放该效果，如图6-27所示。

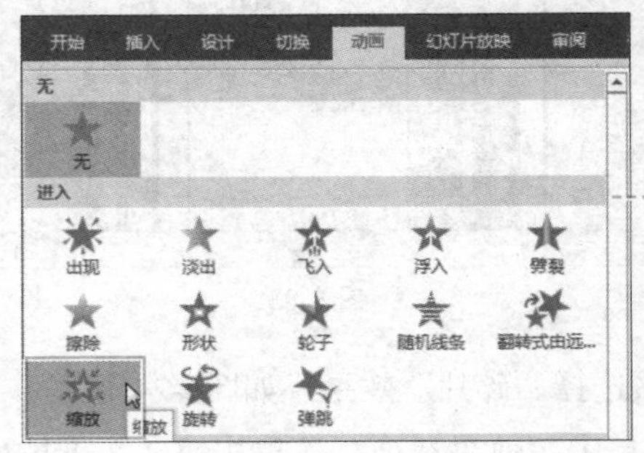

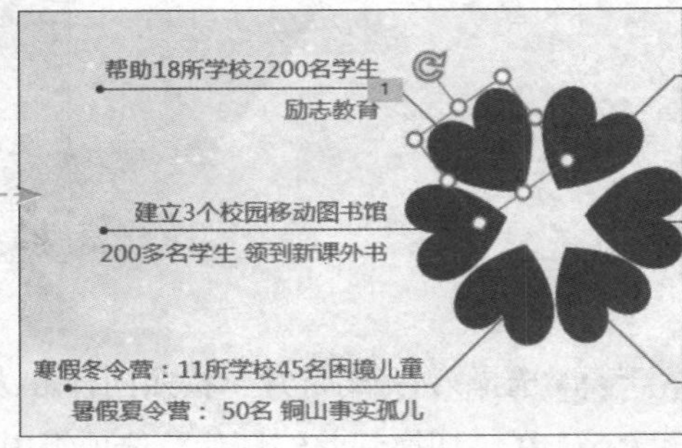

图 6-27

知识点拨

动画编号

对象添加动画后，该对象左上方会显示编号“1”，这说明当前对象添加了1个动画效果。同理，在为其他对象添加动画后，系统会自动按照选择的先后顺序进行编号。

退出动画与进入动画相反，它是指设计对象从有到无，以各种形式逐渐消失的过程。它与进入动画是相互对应的，如图6-28所示。

图 6-28

2. 强调动画

如果需要对某对象进行重点强调，那么就可以使用强调动画。选中对象，在“动画”列表的“强调”动画组中选择一款合适的动画效果即可，如图6-29所示。

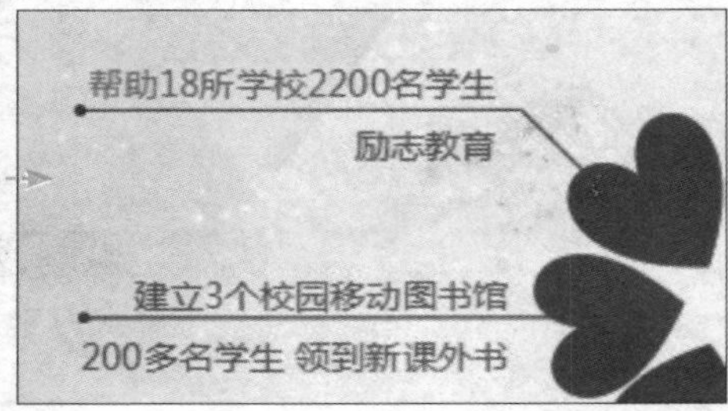

图 6-29

3. 路径动画

路径动画即让设计对象按照预设的轨迹进行运动的动画效果。用户可以使用内置的动作路径，也可以自定义动作路径。在“动画”列表的“动作路径”动画组中选择一款路径，系统会自动为其添加运动路径。其中，绿色圆点为路径的起点，红色圆点为路径的终点[①]。根据需求调整好这两个圆点位置即可，如图6-30所示。

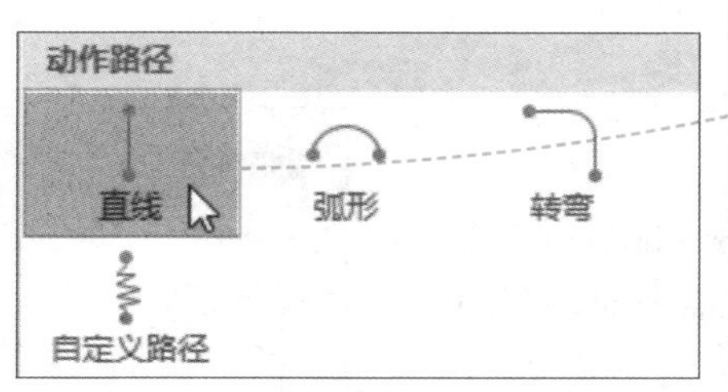

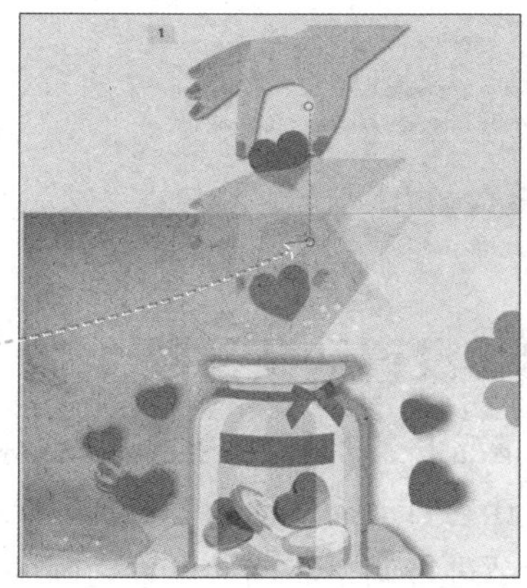

图 6-30

动手练 为图表添加擦除动画效果

在幻灯片中插入图表后，用户可以为图表添加所需的动画，从而丰富幻灯片的内容。

Step 01 打开“网课销售”实例文件，选中图表对象，在“动画”选项卡的“动画”列表中选择“擦除”效果，进入动画，为其添加擦除效果，如图6-31所示。

Step 02 在“动画”选项卡中单击“效果选项”下拉按钮，将擦除方向设置为“自左侧”，并在该列表中选择“按类别”选项，如图6-32所示。

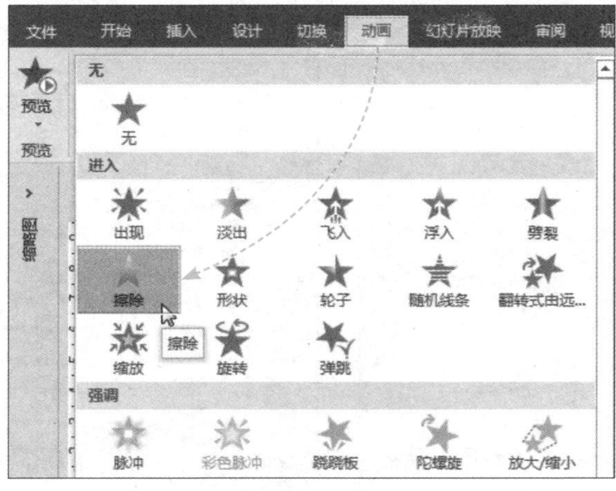

图 6-31

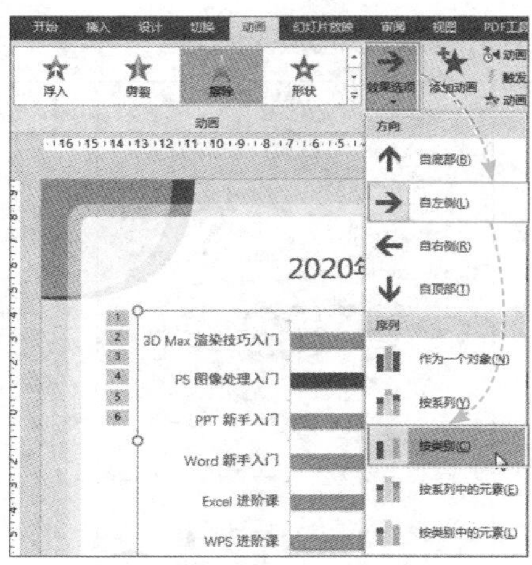

图 6-32

① 起点和终点的颜色可参考相应软件。

Step 03 在“动画”选项卡中单击“预览”按钮，即可预览添加的动画效果，如图6-33所示。

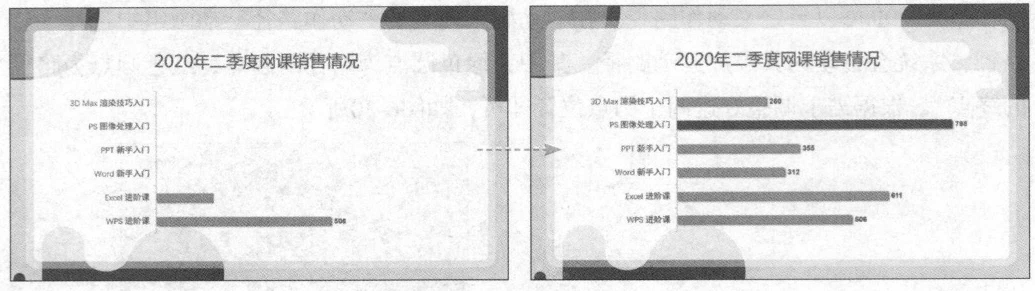

图 6-33

6.3.3 设置动画参数

默认情况下，动画需要通过单击鼠标才能进行播放，那么如何让它自动播放动画呢？这时就需要对动画的一些设置参数进行调整。例如设置动画的“开始”模式、“持续时间”“延时”等。

选中所需动画编号，在“动画”选项卡的“高级动画”选项组中单击“动画窗格”按钮，打开同名设置窗格，在该窗格中会显示当前幻灯片中的所有动画项，其中带有★图标的为进入动画项；带有★图标的为退出动画项；带有★图标的则为强调动画项，如图6-34所示。

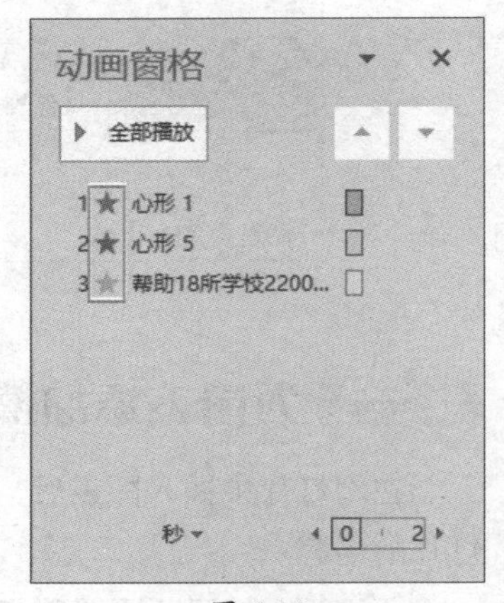

图 6-34

在动画窗格中选择所需动画项，按住鼠标左键拖曳该项至其他位置，可对当前动画播放顺序进行调整，如图6-35所示。同时相应的动画编号也会重新排序。

右击任意动画项，在弹出的快捷菜单中可设置该动画的“开始”方式、效果选项和计时参数，如图6-36所示。

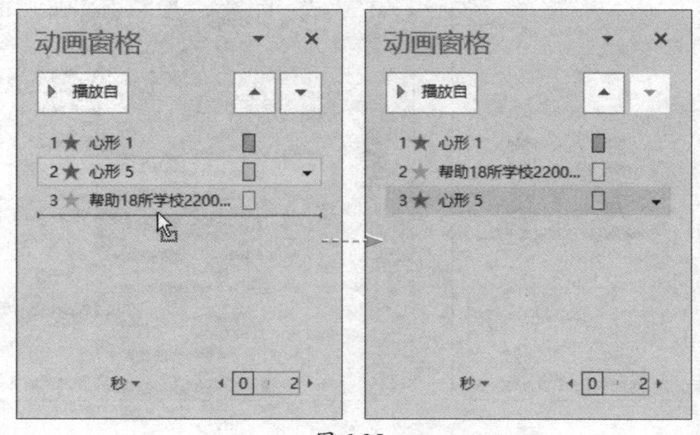

图 6-35

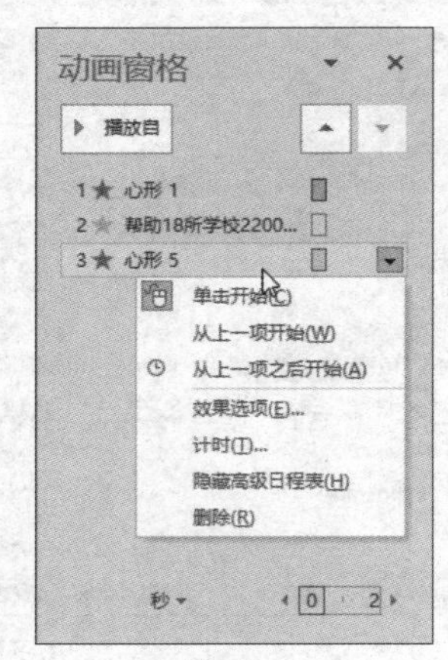

图 6-36

动手练 设置动画自动播放

默认情况下，动画启动是在用户单击时，用户也可以设置成自动播放，多个动画也可以设置成连续播放。

Step 01 打开“电子相册”实例文件，选择第1张幻灯片，并打开动画窗格，可以发现该幻灯片中已添加了相应的动画，如图6-37所示。

图 6-37

Step 02 在动画窗格中选择所有动画项（除背景乐外），右击，在弹出的快捷菜单中选择“从上一项之后开始”选项，调整这些动画的开始方式，如图6-38所示。

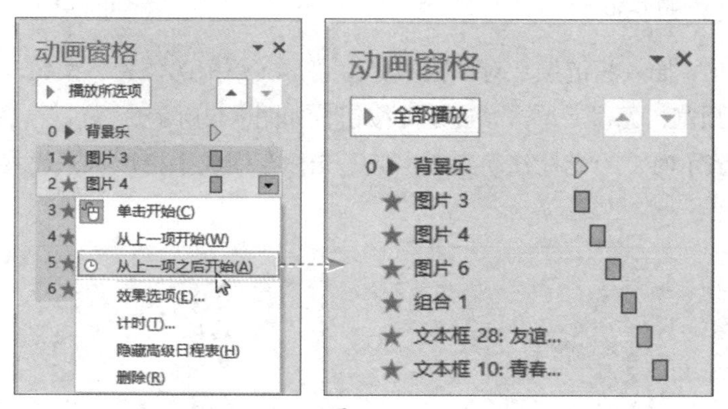

图 6-38

Step 03 单击“全部播放”按钮可预览设置的动画效果，如图6-39所示。

图 6-39

知识拓展：在幻灯片中添加超链接

超链接的主要作用是跳转，在演示过程中经常需要跳转到其他页面，如在任意页面返回到目录中。使用超链接可以一键跳转到指定的幻灯片，还可以载入其他的页面或者文档，非常方便。

Step 01 打开实例文件“添加超链接 原始”，在第2张幻灯片中选中文本框“李白简介”，如图6-40所示。

Step 02 在“插入”选项卡的“链接”选项组中单击“链接”按钮，如图6-41所示。

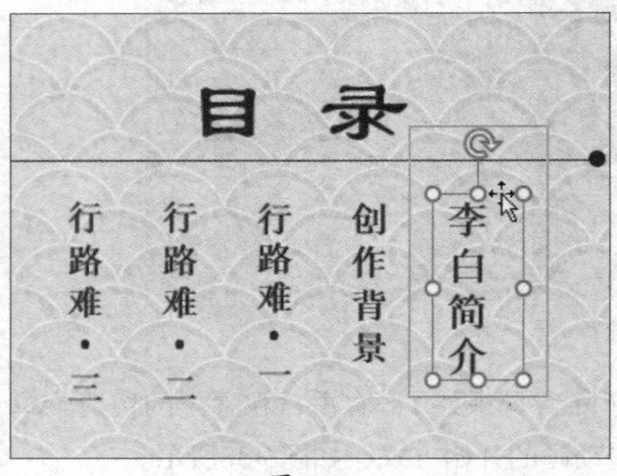

图 6-40

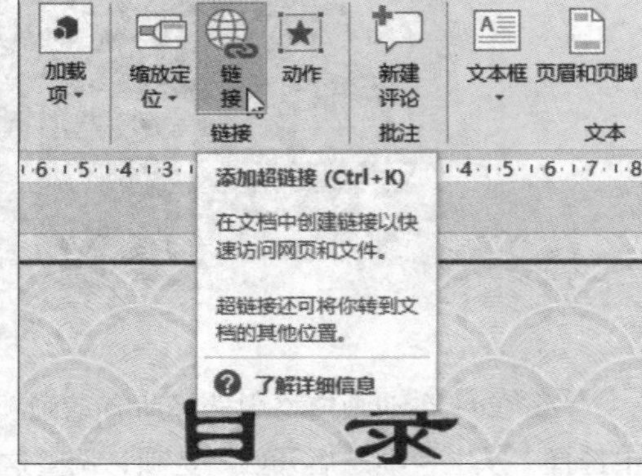

图 6-41

Step 03 在“插入超链接”对话框中单击“本文档中的位置”按钮，选中“幻灯片3”，可以查看预览，无误后单击“确定”按钮，如图6-42所示。

Step 04 演示时，当光标移动到文本上，光标会变成手指形状，代表有超链接，如图6-43所示。

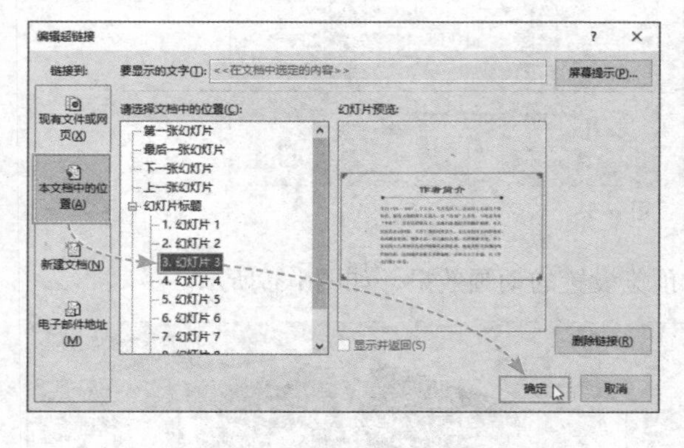

图 6-42

图 6-43

Step 05 按照同样的方法，为其他目录项创建超链接到对应的幻灯片。

Step 06 接下来设置每个页面到目录的返回按钮。定位到第3张幻灯片，在“插入”选项卡的“插图”选项组中单击“图标”按钮，如图6-44所示。

Step 07 打开素材界面，找到并选择需要的图标，单击“插入”按钮，如图6-45所示。

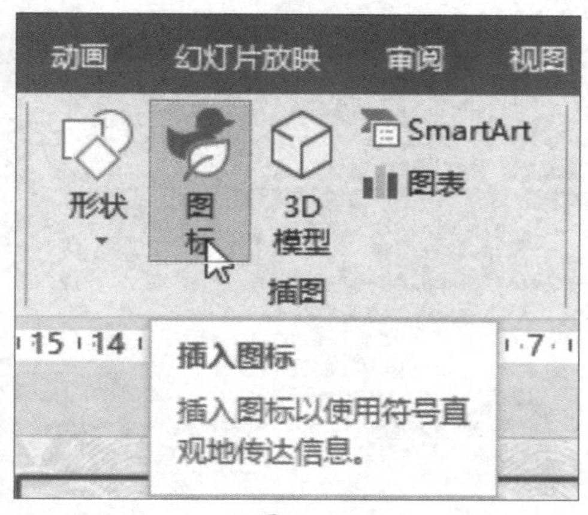

图 6-44

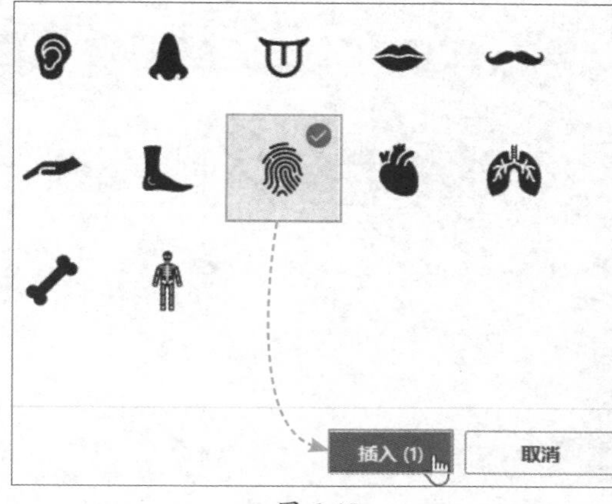

图 6-45

Step 08 调整图标的大小并移动到合适的位置后，右击，在弹出的快捷菜单中选择“超链接”选项，如图6-46所示。

Step 09 找到并选中目录页，单击“确定”按钮，如图6-47所示。演示时单击此按钮就能跳转回目录页。

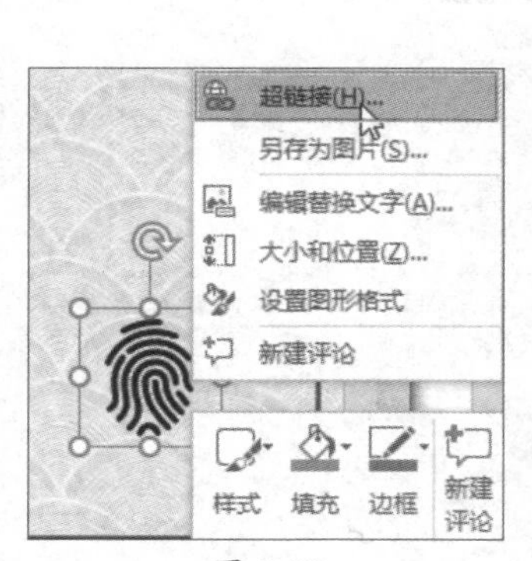

图 6-46

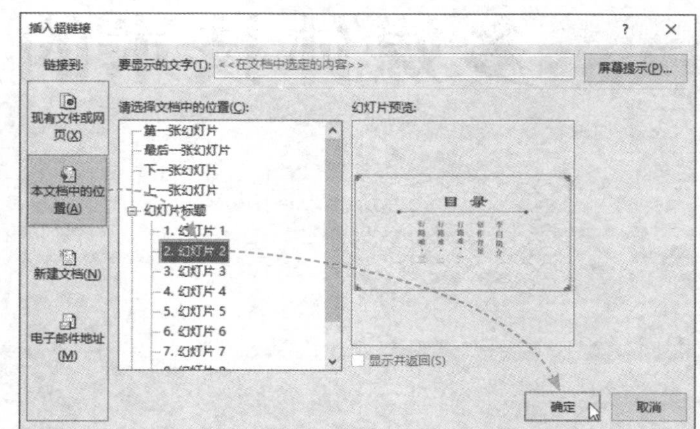

图 6-47

Step 10 选中图标，使用Ctrl+C组合键复制后，在第4～7页幻灯片上使用Ctrl+V组合键粘贴，这样每一页都有跳转到目录的图标了。

操作提示

播放幻灯片，可以按F5键从头开始播放幻灯片。也可使用Shift+F5组合键，从当前编辑的页面开始播放，在播放时经常用到。

第7章 多媒体技术的应用

在计算机的众多技术当中，多媒体技术无疑是应用最广的技术之一，它可以将文本、图像、音频、视频和动画等多种媒体结合在一起，以创建出更加丰富的信息和娱乐内容，还可以用于创建网站、游戏、视频、音乐、图书、教育软件等。本章介绍多媒体技术及其应用。

7.1 多媒体技术概念

“多媒体”一词译自英文Multimedia，而该词又是由mutiple（多样的）和media（媒体）复合而成的。媒体原有两重含义：一是指存储信息的实体，如磁盘、光盘、磁带、半导体存储器等，中文常译作媒质；二是指传递信息的载体，如数字、文字、声音、图形等，中文译作媒介。

所以与多媒体对应的一词是单媒体（Monomedia），从字面上看，多媒体就是由单媒体复合而成的。

在计算机系统中，多媒体指将两种或两种以上媒体组合的一种人机交互式信息交流和传播媒体。使用的媒体包括文字、图片、照片、声音、动画和影片，以及程序所提供的互动功能。

7.1.1 多媒体技术的定义

多媒体技术是利用计算机把文字、图形、影像、动画、声音及视频等媒体信息数字化，并将其整合在一定的交互式界面上，使计算机具有交互展示不同媒体形态的能力。它极大地改变了人们获取信息的传统方法，符合人们在信息时代的阅读方式。多媒体技术的发展改变了计算机的使用领域，使计算机由办公室、实验室中的专用品变成了信息社会的普通工具，广泛应用于工业生产管理、学校教育、公共信息查询、商业广告、军事指挥与训练，甚至家庭生活与娱乐等领域。

7.1.2 多媒体技术的特点

多媒体技术不是各种信息媒体的简单复合，而是一种把多种形式的信息结合在一起，并通过计算机进行综合处理和控制，能支持完成一系列交互式操作的信息技术。多媒体技术具有以下特点。

- **集成性：**能够对信息进行多通道统一获取、存储、组织与合成。
- **控制性：**多媒体技术是以计算机为中心，综合处理和控制多媒体信息，并按用户的要求以多种媒体形式表现出来，同时作用于用户的多种感官。
- **交互性：**交互性是多媒体应用有别于传统信息交流媒体的主要特点之一。传统信息交流媒体只能单向、被动地传播信息，而多媒体技术则可以实现人对信息的主动选择和控制。
- **非线性：**多媒体技术的非线性特点将改变人们传统的循序渐进的读写模式。以往人们的读写方式大都采用章、节、页的框架，循序渐进地获取知识，而多媒体技术将借助超文本链接（Hyper Text Link）的方法，把内容以一种更灵活、更具变化的方式呈现给用户。

- **实时性**：当用户给出操作命令时，相应的多媒体信息都能够得到实时控制。
- **信息使用的方便性**：用户可以按照自己的需要、兴趣、任务要求、偏爱和认知特点使用信息，任取图、文、声等信息表现形式。
- **信息结构的动态性**："多媒体是一部永远读不完的书"，用户可以按照自己的目的和认知特征重新组织信息，增加、删除或修改节点，重新建立链接。

7.2 图像处理技术

图像处理技术使用计算机处理图像，以产生更加准确、更加生动的图像显示。它主要用于改变样式、增强对比度，以及简化或者增加图像的特征。

7.2.1 图像处理基础知识

图像处理是对图像进行分析、加工和处理，使其满足视觉、心理以及其他要求的技术。图像处理技术可以分成两类：模拟图像处理和数字图像处理。图像处理是信号处理在图像领域中的一个应用。图像处理可应用在摄影、印刷、卫星图像处理、医学图像处理、面孔图像处理、显微图像处理以及汽车障碍识别等领域。

1. 图像处理研究内容

数字图像处理技术包括图像增强、图像恢复、图像识别、图像编码、图像分割、图像描述等。

（1）图像增强

图像增强的目的是改善图像的视觉效果，是各种技术的汇集。常用的图像增强技术有对比度处理、直方图修正、噪声处理、边缘增强、变换处理和伪彩色等。

（2）图像恢复

图像恢复的目的是力求图像保持本来面目，用来纠正图像在形成、传输、存储、记录和显示过程中产生的变质和失真。图像恢复必须首先建立图像变质模型，然后按照其褪化的逆过程恢复图像。

（3）图像识别

图像识别也称模式识别，是对图像进行特征抽取，然后根据图形的几何及纹理特征对图像进行分类，并对整个图像作结构上的分析。图像识别的应用范围极其广泛，如工业自动控制系统、指纹识别系统及医学上的癌细胞识别等。

知识点拨

通常在识别之前要对图像进行预处理，包括滤除噪声和干扰、提高对比度、增强边缘、几何校正等。

（4）图像编码

图像编码的目的是解决数字图像占用空间大，特别是在数字传输时占用频带太宽的问题。图像编码的核心技术是图像压缩。对那些实在无法承受的负荷，需要利用数据压缩使图像数据达到有关设备能够承受的水平。评价图像压缩技术要考虑三个因素：压缩比、算法的复杂程度和重现精度。

（5）图像分割

图像分割是数字图像处理中的关键技术之一。图像分割是将图像中有意义的特征部分提取出来，包括图像中的边缘、区域等，这是进一步进行图像识别、分析和理解的基础。

（6）图像描述

图像描述是图像识别和理解的必要前提。作为最简单的二值图像，可采用其几何特性描述物体的特性，一般图像的描述方法采用二维形状描述，有边界描述和区域描述两类方法。对于特殊的纹理图像采用二维纹理特征描述。

2. 图像处理的方法

图像处理技术包括点处理、组处理、几何处理和帧处理4种方法。

图像的点处理方法是处理图像最基本的方法，主要用于图像的亮度调整，图像对比度的调整，以及图像亮度的反置处理等。

图像的组处理方法处理的范围比点处理大，处理的对象是一组像素，因此又叫“区处理或块处理”。组处理方法在图像上的应用主要表现在检测图像边缘并增强边缘、图像柔化和锐化、增加和减少图像随机噪声等。

图像的几何处理方法是指经过运算，改变图像的像素位置和排列顺序，从而实现图像的放大与缩小、图像旋转、图像镜像，以及图像平移等效果的处理过程。

图像的帧处理方法是指将一幅以上的图像以某种特定的形式合成在一起，形成新的图像。其中，特定的形式是指经过“逻辑与”运算进行图像的合成，按照“逻辑或”运算关系合成，以“异或”逻辑运算关系进行合成，图像按照相加或者相减以及有条件的复合算法进行合成，图像覆盖或取平均值进行合成。图像处理软件通常具有图像的帧处理功能，并且以多种特定的形式合成图像。

3. 图像处理技术的分类

图像处理技术一般分为两类：模拟图像处理和数字图像处理。

模拟图像处理包括光学处理（利用透镜）和电子处理，如照相、遥感图像处理、电视信号处理等。模拟图像处理的特点是速度快，一般为实时处理，理论上可达到光速，并可同时并行处理。电视图像是模拟信号处理的典型例子，它处理的是25帧/s的活动图像。模拟图像处理的缺点是精度较差、灵活性差，很难有判断能力和非线性处理能力。

数字图像处理一般使用计算机处理或实时的硬件处理，因此也称为计算机图像处理。其优点是处理精度高，处理内容丰富，可进行复杂的非线性处理，有灵活的变通能力，一般来说只要改变软件就可以改变处理内容。其缺点一是处理速度有待提高，特别是进行复杂的处理更是如此。

7.2.2 专业图像处理软件（Photoshop）

Adobe Photoshop软件主要处理以像素构成的数字图像，提供众多的编修与绘图工具，可以有效地进行图片编辑工作。Photoshop软件有很多功能，在图像、图形、文字、视频、出版等各方面都有应用。

启动Photoshop 2020，在打开的软件界面中可以看到，整个界面分为菜单栏、选项栏、工具栏、文档编辑窗口以及功能面板，如图7-1所示。

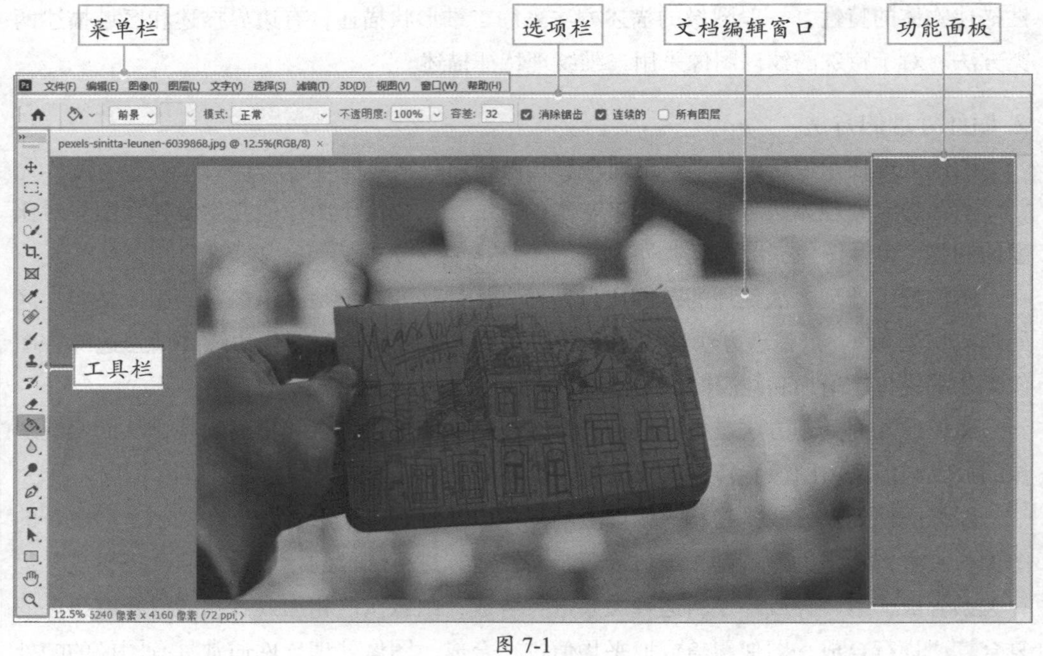

图 7-1

动手练 Photoshop软件抠图实例

下面以案例的形式介绍Photoshop软件的使用方法。

Step 01 启动Photoshop软件，将需要编辑的图像拖入虚线中，如图7-2所示。

注意事项 默认情况下，右侧的功能面板显示的是“学习”和“颜色”。用户可以单击菜单栏“窗口”按钮，取消勾选“学习”复选框，勾选“图层”“历史记录”等常用面板复选框，并将对应的面板位置进行调整，可以调整到某个面板内，或者单独作为一个面板。

Step 02 在右下角的“背景”图层上右击，在弹出的快捷菜单中选择“复制图层”选项，如图7-3所示。在出现的“复制图层”对话框中，将新图层命名为“抠图”。

图 7-2

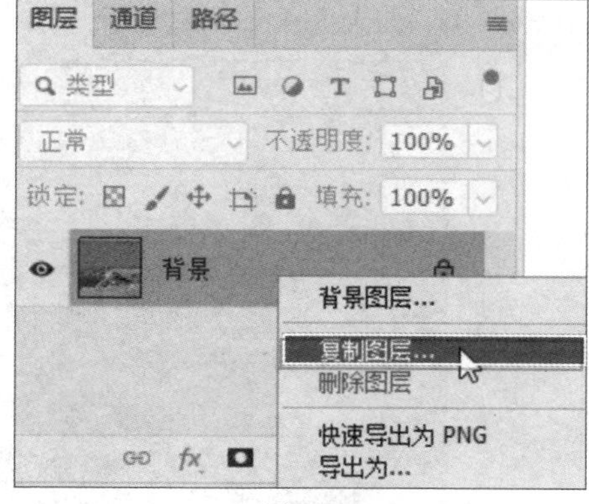

图 7-3

Step 03 单击图层面板右下角的“创建新图层”按钮，如图7-4所示。双击新出现的图层名称，使其变成可编辑状态，输入名称“抠图背景”，拖动该图层到“抠图”及“背景”图层之间。

Step 04 单击左下角的“设置前景色”按钮，如图7-5所示。设置前景色为金色。

图 7-4

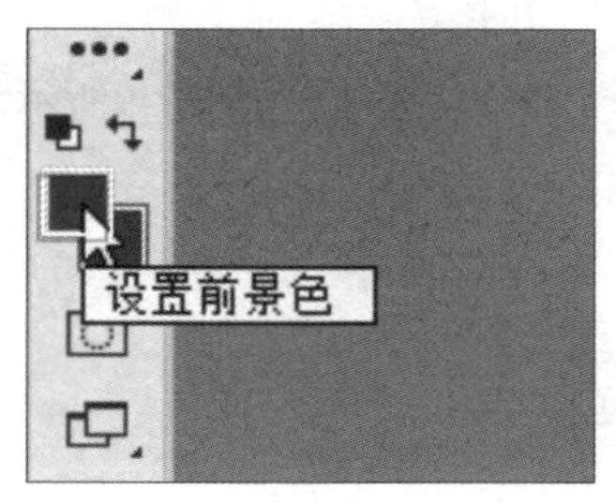

图 7-5

Step 05 在“工具箱”中找到并选择“油漆桶工具”选项，如图7-6所示。

Step 06 选中“抠图背景”图层，使用油漆桶工具为该图层涂上金色，如图7-7所示。

图 7-6

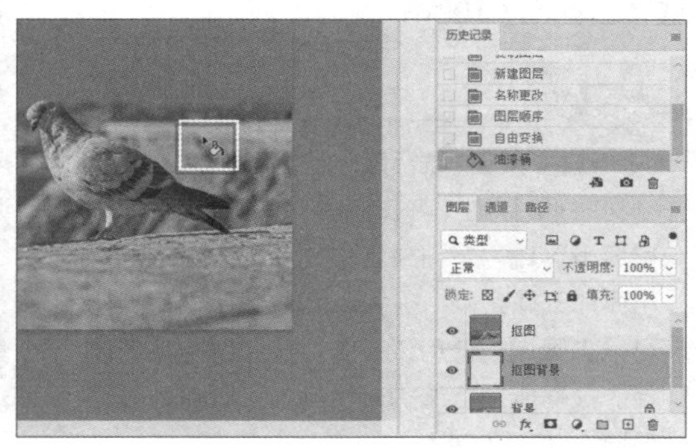

图 7-7

Step 07 在“图层”旁单击“通道”选项卡，在其中隐藏其他颜色，查看哪个通道是所抠图形与其他部分反差最大的，然后选择该通道，使其他通道变为不可见状态，如图7-8所示。

图 7-8

Step 08 在“工具箱”中找到“对象选择工具”并长按，在弹出的选项中选择“快速选择工具”选项，如图7-9所示。

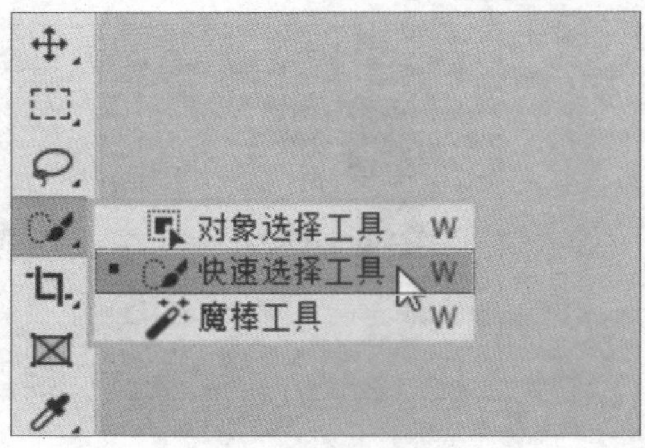

图 7-9

Step 09 在图中完成鸽子所有轮廓的选择，如图7-10所示。

知识点拨

使用Alt键+鼠标滚轮可放大图片，使用空格键+鼠标拖曳可调整当前的视图区域，调整编辑区域。单击或者按住鼠标左键拖动，可添加选择区域，按住Alt键执行上面的操作可减少区域。使用该方法，为局部图片做选择。根据所选区域的对比度，可以随时调节通道，以方便选取。

图 7-10

Step 10 在图层面板中单击“添加图层蒙版”按钮，如图7-11所示。

图 7-11

Step 11 其余部分会被蒙版盖住，完成抠图，如图7-12所示。

图 7-12

Step 12 将该图层拖曳到目标图片中，使用Ctrl+T组合键调整大小，使用拖曳功能调整图片的位置，完成后效果如图7-13所示。最后将图片保存即可。

图 7-13

7.2.3 其他图像处理小工具

除了Photoshop软件，常用的图像处理软件还有QQ截图以及Snagit截图处理工具。

1. QQ 截图的图像处理

QQ截图是腾讯QQ自带的截图软件，在截取图片后，可以对图片做简单的编辑，例如添加图形、说明、步骤、马赛克等，因为简单方便，应用也比较广泛。使用Ctrl+Alt+A组合键启动截图功能，如图7-14所示，可以使用下方功能柄中的各种功能对图片进行编辑，如图7-15所示。

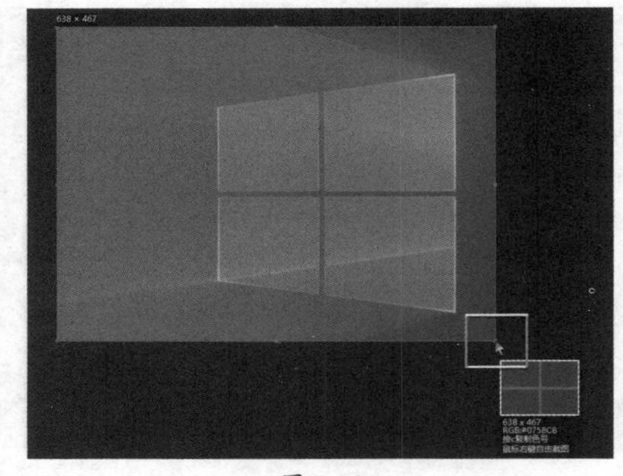

图 7-14

知识点拨

除了在图上进行标记外，QQ截图还可以识别图片中的文字、进行在线翻译、截取长图、录制范围内的操作等，非常方便。

图 7-15

2. 使用 Snagit 处理图像

Snagit是一款功能非常强大的屏幕录制及截图软件，主要是作为屏幕的捕捉、录制、截取。其本身自带编辑器，截取之后可以用编辑器编辑，对截取的屏幕或视频进行自由编辑更改，多种效果能够满足每个人的截取需求。它支持全屏、窗口、滚动窗口等多种截取方式，还可以添加效果，如阴影、水印、相框、边框、滤镜、标题等。

Snagit除了处理本身的截图外，还可以在其中打开其他需要处理的图片，进行裁剪、标注、添加特效等，如图7-16、图7-17所示。

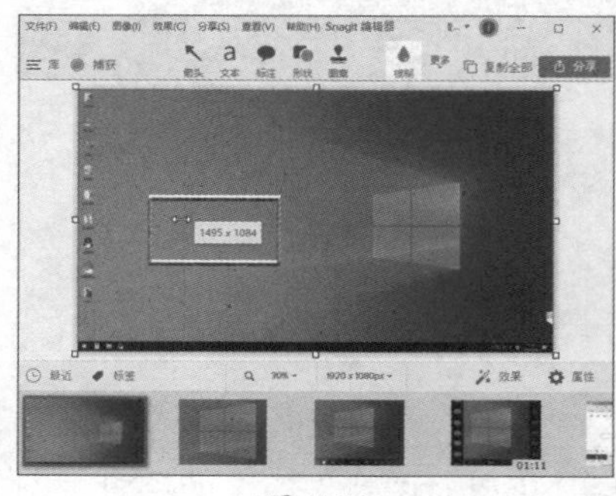

图 7-16

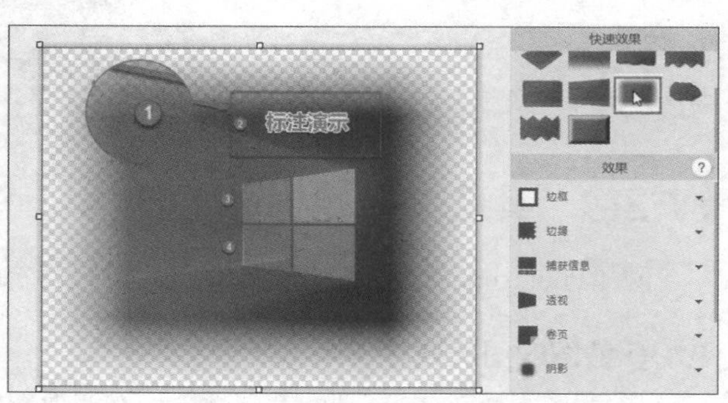

图 7-17

7.3 音视频处理技术

音视频处理技术是一种用于处理和编辑音频和视频信号的技术。它可以用于改变音频和视频的音调、音量、频率、混音、剪辑、添加特效等，还可以用于将音频和视频信号转换为其他格式，以便在不同的设备上播放。

7.3.1 常见音视频文件格式

音频或视频在计算机中以文件的形式存在，不同的采集、不同的编码，在计算机中所保存的音视频文件的格式也各不相同。下面介绍常见的音视频的文件格式。

1. 常见的音频文件格式

常见的音频文件格式如下。

- **MP3：** MP3是一种音频压缩技术，使用此格式存储的音频文件，可以大幅降低音频数据量，并提供较好的音质效果。
- **WAV：** 也称为波形文件，该文件能记录各种单声道或立体声的声音信息，并能保证声音不失真，但文件占用的磁盘空间非常大。
- **WMA：** 是微软公司推出的一种音频文件格式。WMA在压缩比和音质方面都有着出色的表现，可以媲美MP3文件。
- **FLAC：** FLAC属于无损失音频文件压缩格式，使用此编码的音频数据几乎没有任何信息损失。
- **MOV：** 苹果操作系统中常用的音频、视频封装格式文件，是QuickTime封装格式。目前，此格式文件在Windows操作系统中也较为常用。

2. 常见的视频文件格式

常见的视频文件格式如下。

- **AVI：** 微软公司发布的视频格式，AVI格式调用方便、图像质量好，压缩标准可任意选择，是应用最广泛、应用时间最长的格式之一。
- **WMV：** 一种独立于编码方式的、在Internet上实时传播多媒体的技术标准，WMV的主要优点包括：可扩充的媒体类型、本地或网络回放、可伸缩的媒体类型、流的优先级化、多语言支持、扩展性等。
- **MP4：** 是一套用于音频、视频信息的压缩编码标准，主要用于网上流媒体和语音的发送，以及电视广播。
- **MOV：** 是苹果公司开发的一种音频、视频文件格式，是常见的数字媒体类型，用于保存音频和视频信息。

7.3.2 录制音视频（Camtasia）

录制音视频使用比较多的、效果比较好的是Camtasia Recorder。该软件是TechSmith旗下一套专业屏幕录像软件，具体使用方法如下。

动手练 微课视频的录制

Step 01 启动软件，默认启动的是Camtasia 2020，也就是编辑软件，用户登录后可以试用。在主界面中会启动讲解教程，单击左上角的“录制”按钮，如图7-18所示。当然，用户也可以直接在开始菜单启动Camtasia Recorder 2020，如图7-19所示。

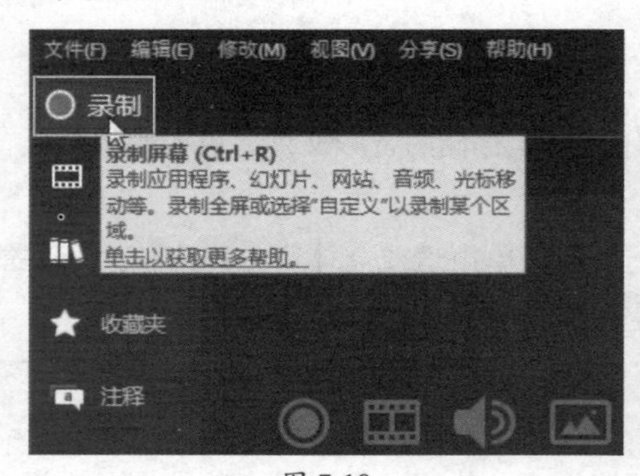

图 7-18

图 7-19

Step 02 启动后，在界面下方出现Camtasia Recorder 2020主界面，如图7-20所示，如果设置的参数没有问题，单击rec按钮，即可启动录制。

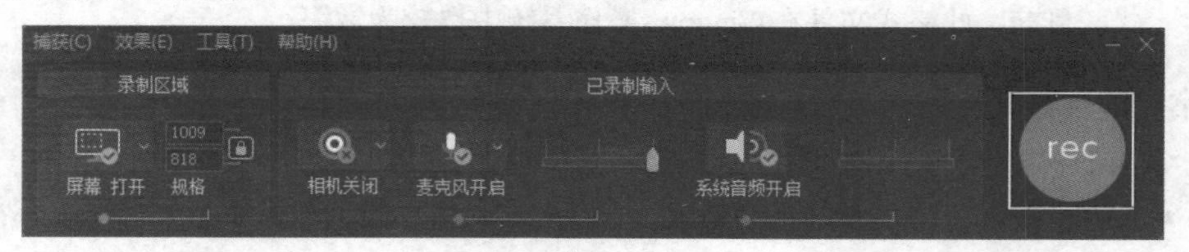

图 7-20

Step 03 此时屏幕中间出现倒计时3秒提示，如图7-21所示，用户做好录制准备，开始录制。

图 7-21

注意事项 在录制过程中，按F9键可以暂停录制，按F10键可以结束录制。暂停后，可以查看当前录制的时间以及各录制参数，如果不需要，可以删除该录制，重新录制，如图7-22所示。

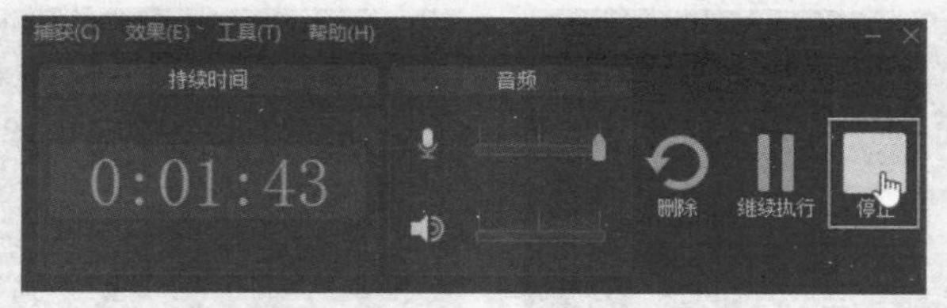

图 7-22

Step 04 停止录制后，会启动编辑软件，并将该录制的内容载入其中供用户编辑，如图7-23所示。编辑完毕后，可以将视频导出为视频文件，可以分享或者在播放器中播放，如图7-24所示。

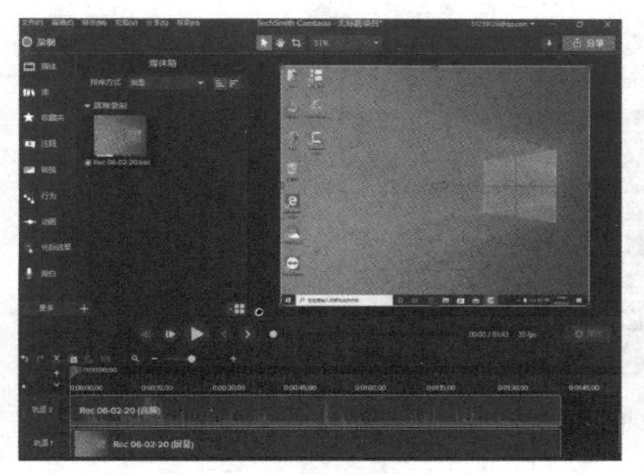

图 7-23

图 7-24

7.3.3 音视频编辑

视频在录制完成后，可以像图片一样进行编辑，包括裁剪、添加特效、添加文字、调整声音、导出为其他格式等。常见的视频编辑软件有Camtasia、会声会影等。下面以Camtasia为例介绍视频编辑软件的使用方法。

动手练 微课视频的剪辑

使用Camtasia Recorder录制的视频可以直接在Camtasia中进行编辑，该软件也可以对其他格式的视频文件进行编辑和渲染。下面对一些编辑时常见的操作进行介绍。

知识点拨

Camtasia将所有可以编辑的素材都称为媒体，用户在编辑前需要将其放入媒体箱中。

Step 01 启动软件，将视频文件直接拖曳到“媒体箱”中，如图7-25所示。

Step 02 使用鼠标拖曳的方法，将所有视频文件按照顺序拖曳到“轨道1”后面的轨道中，如图7-26所示。

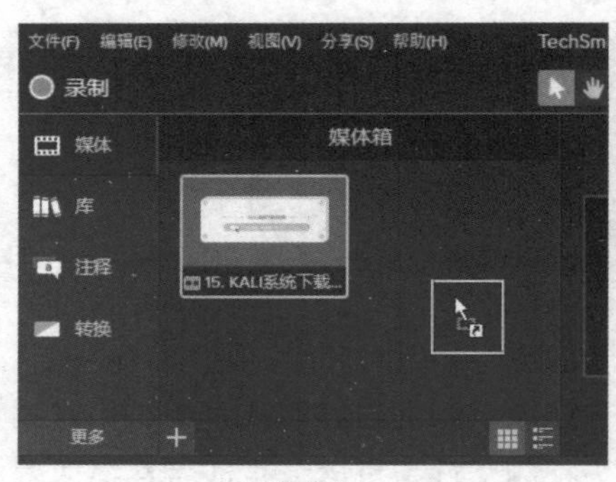

图 7-25

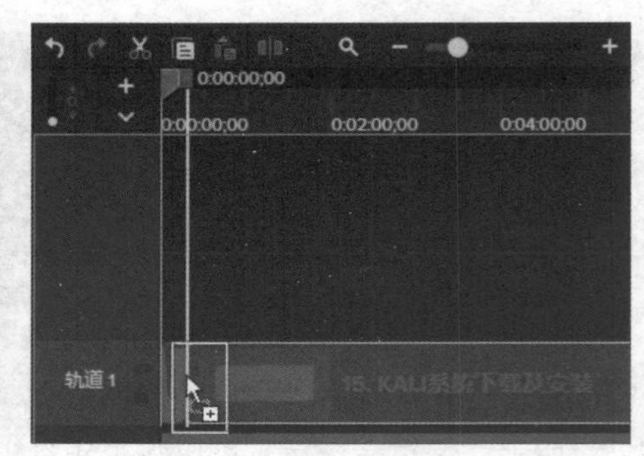

图 7-26

Step 03 在“轨道1”的视频中右击，在弹出的快捷菜单中选择“分开音频和视频”选项，如图7-27所示。

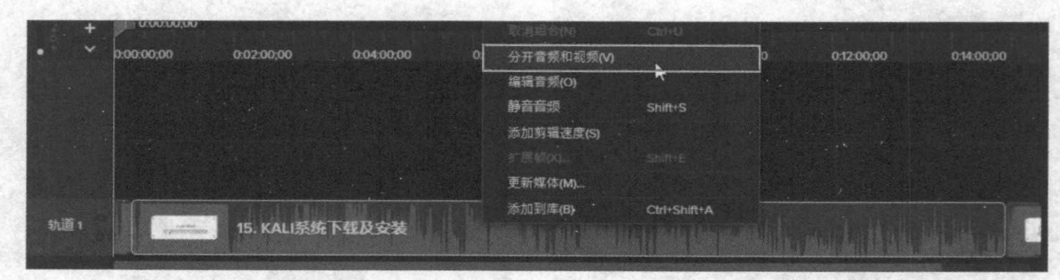

图 7-27

Step 04 界面上方会显示视频播放画面，按播放键即可播放。确定不想要的部分后，将绿色指示标志定位到需要裁剪的初始部分，将红色的指示标志定位到裁剪的结束部分，在选定区域上右击，在弹出的快捷菜单中选择“剪切”选项，即可删除不需要的部分，如图7-28所示。

Step 05 选中音轨会出现绿色的提示线，通过向上或者向下拖动提示线，可以提高或者降低音量，如图7-29所示①。

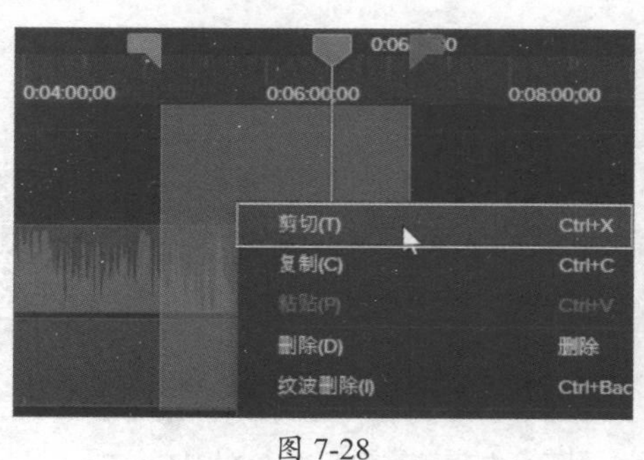

图 7-28

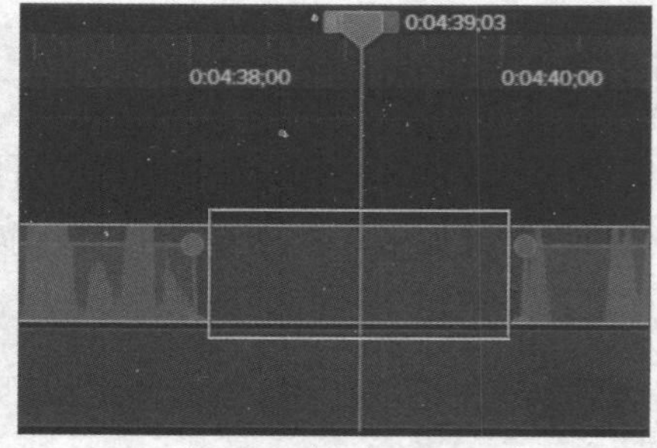

图 7-29

① 操作过程中的颜色标志请参照软件。

Step 06 如果噪声过大，可以加入降噪，在左侧选择“音效”选项，拖动“去噪”模块到音频轨道上，如图7-30所示。

Step 07 继续选中该视频段，添加“剪辑速度”，在右侧的属性窗格中，增加“剪辑速度”板块。默认为1.00倍，用户可以自由设置播放倍速，也可以在下方设置总体播放时间，而让软件自动调节倍速，如图7-31所示。

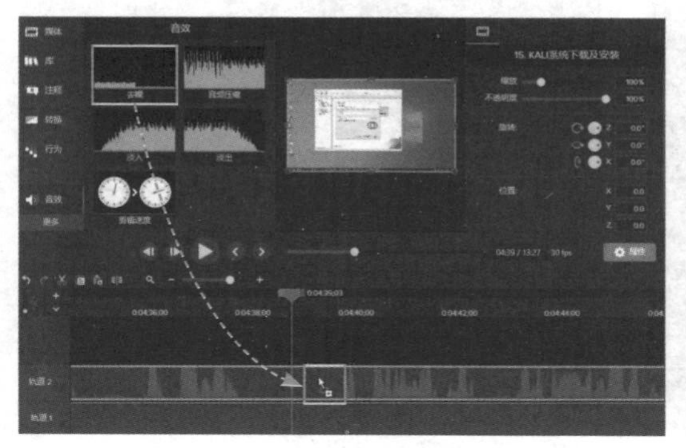

图 7-30

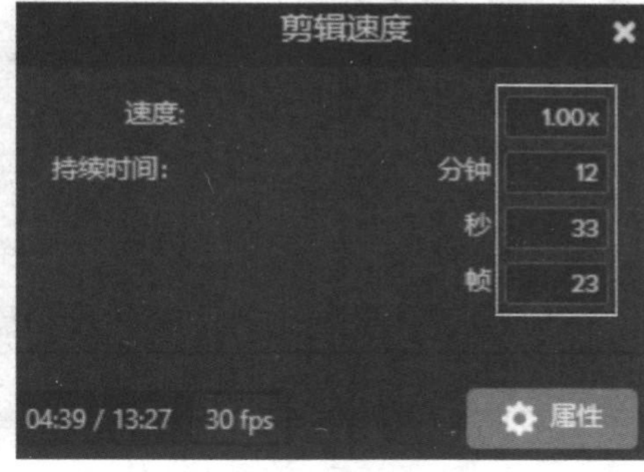

图 7-31

Step 08 选中视频轨道，来到需要添加转场动画的位置，在“转换”选项中，拖动需要的动画效果到两段视频之间，如图7-32所示。

Step 09 在轨道上找到需要添加注释的位置，在“注释”选项中找到需要的注释类型，拖动到视频画面中输入文字，如图7-33所示。

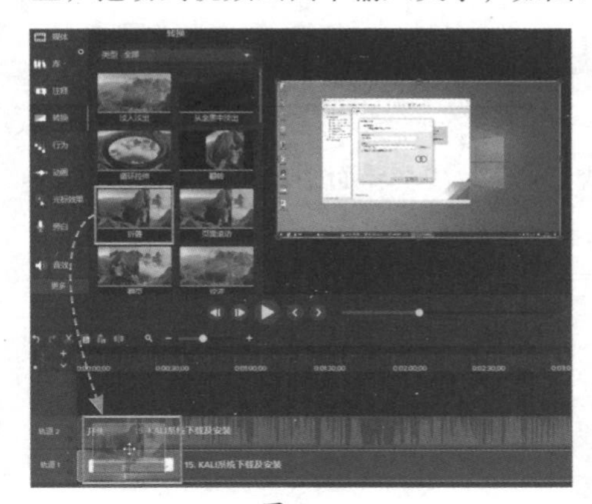

图 7-32

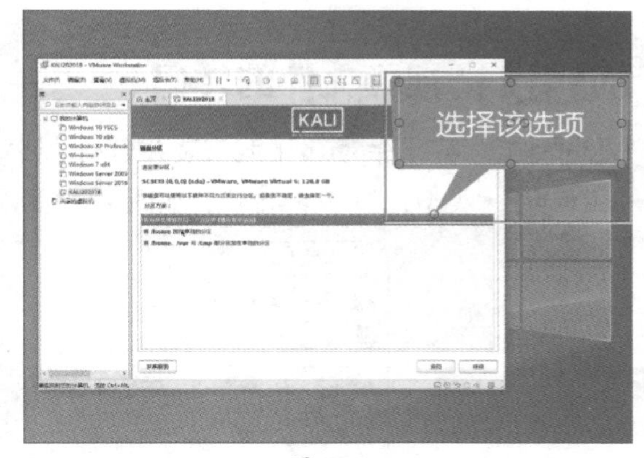

图 7-33

Step 10 在视频中显示特殊的组合键，以方便用户查看，如图7-34所示。

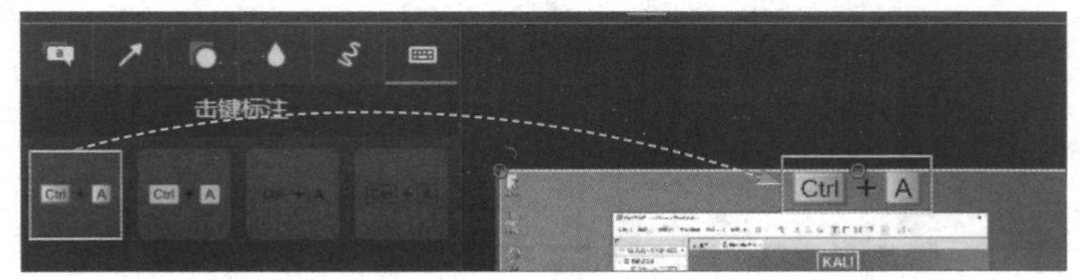

图 7-34

Step 11 还可以为视频添加特效，如图7-35所示。视频编辑完成后就可以进行导出，在界面右上角单击“分享”按钮，选择“本地文件”选项，如图7-36所示，保存为用户需要的格式。在设置过程中，还可以设置水印。

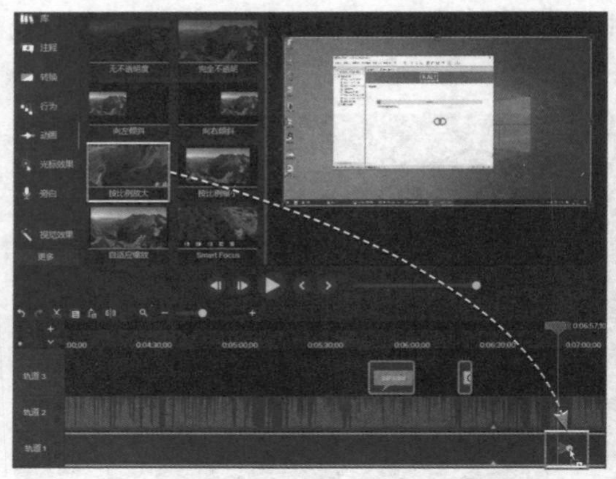

图 7-35

图 7-36

7.3.4 音视频格式转换

音视频转换是对音视频文件重新按照某种标准进行转码，将视频转换成其他格式的文件，通过这种方法进行音视频文件的压缩、调整分辨率及码率等。常用的软件是格式工厂，下面介绍该软件的使用方法。

动手练 音视频文件的转码

Step 01 下载安装并启动“格式工厂”，在主界面中单击需要转换为的类型，如“->MP4”，如图7-37所示。

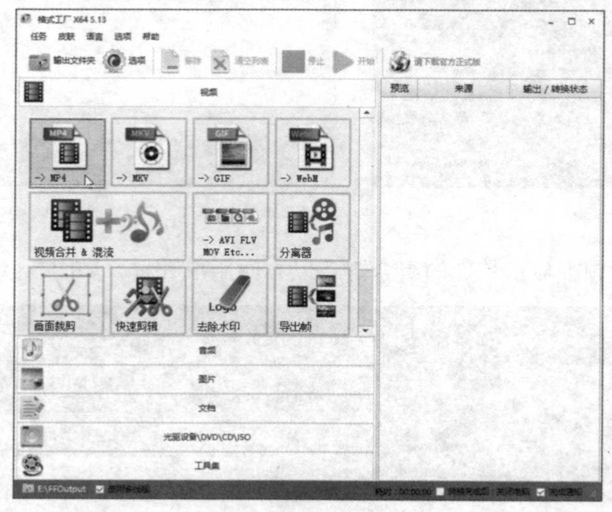

图 7-37

Step 02 将需要转换的文件拖到窗口中央，如图7-38所示。

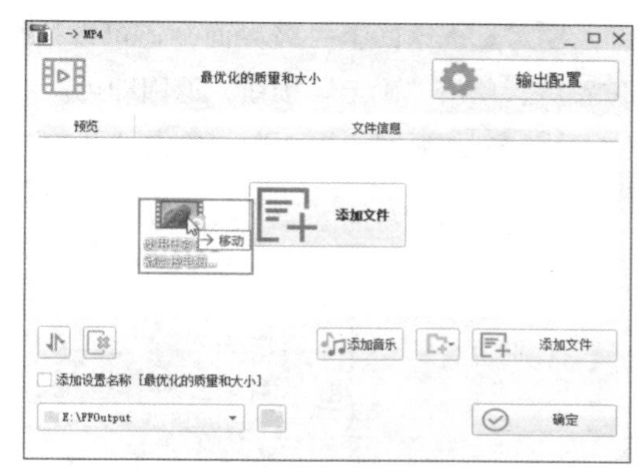

图 7-38

Step 03 单击界面右上方的"输出配置"按钮，如图7-39所示。

图 7-39

Step 04 在弹出的界面中，设置视频输出的大小、编码、码率、音频、字幕等，完成后，单击"确定"按钮，如图7-40所示。

图 7-40

知识点拨

也可以单击"最优化的质量和大小"下拉按钮，在下拉列表中选择内置的一些配置组合。

Step 05 返回上一级界面，还可以执行“分割”“添加音乐”等操作，设置好输出位置后，单击“确定”按钮，返回即可。

Step 06 返回主界面后，单击“开始”按钮，启动转换，如图7-41所示。

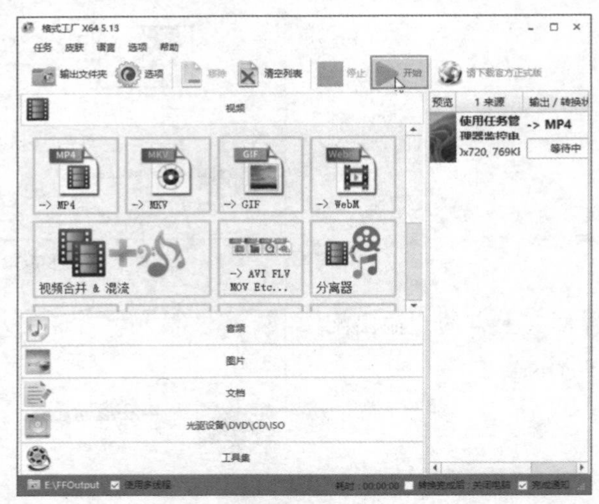

图 7-41

完成后，可以到对应的目录查看转换后的视频。

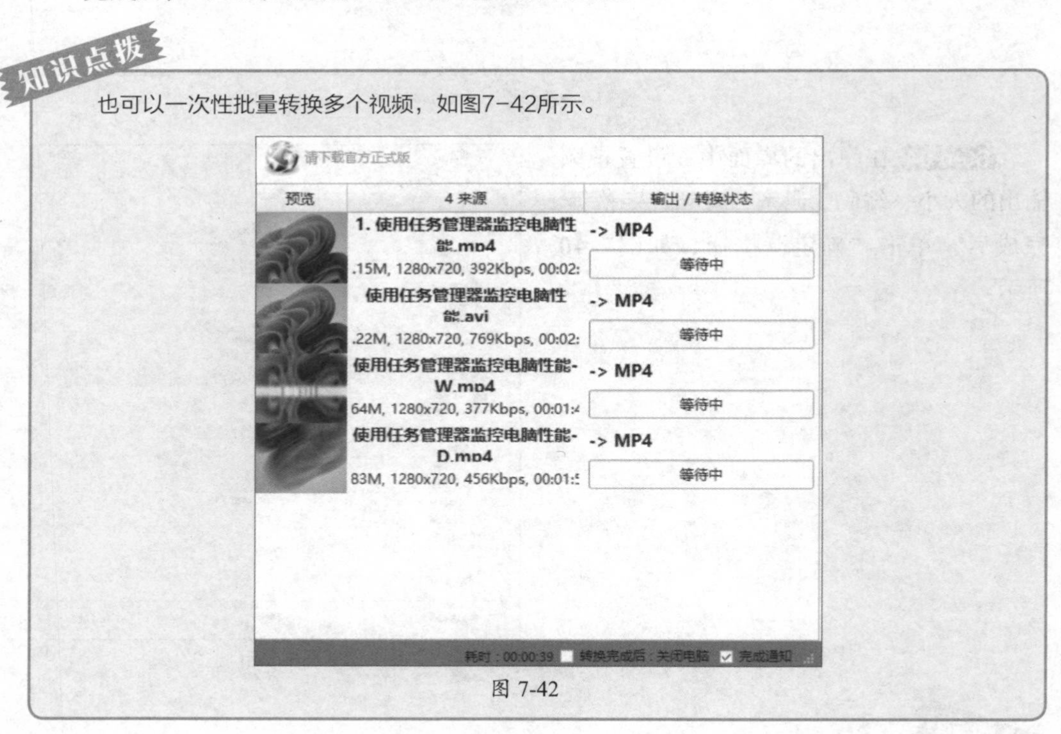

知识点拨

也可以一次性批量转换多个视频，如图7-42所示。

图 7-42

知识拓展：ChatGPT

ChatGPT是由OpenAI公司开发的“人工智能聊天机器人程序”，于2022年11月推出。该程序使用基于GPT 3.5架构的大型语言模型，并通过强化学习进行训练，如图7-43所示。

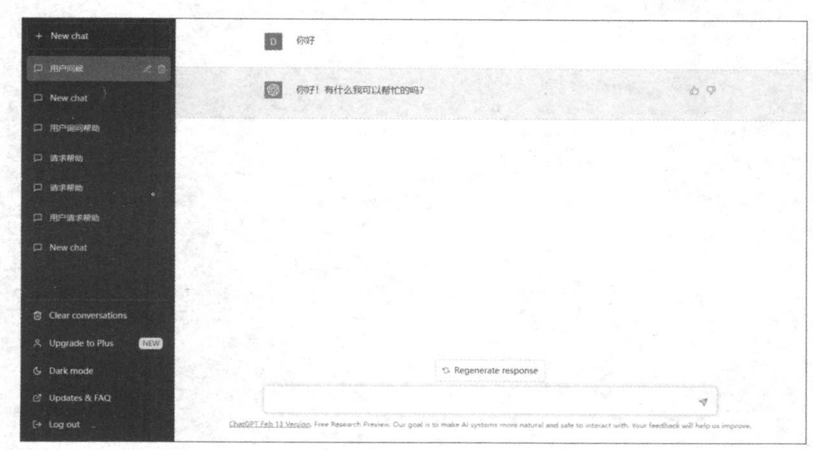

图 7-43

ChatGPT目前仍以文字方式互动，除了可以通过人类自然对话方式进行交互，还可以用于相对复杂的语言工作，包括自动文本生成、自动问答、自动摘要等在内的多种任务。例如，在自动文本生成方面，ChatGPT可以根据输入的文本自动生成类似的文本；在自动问答方面，ChatGPT可以根据输入的问题自动生成答案。还具有编写和调试计算机程序的能力，可以通过接口在很多程序中使用，如图7-44所示。在推广期间，所有人都可以免费注册，并在登录后免费使用ChatGPT与AI机器人对话。

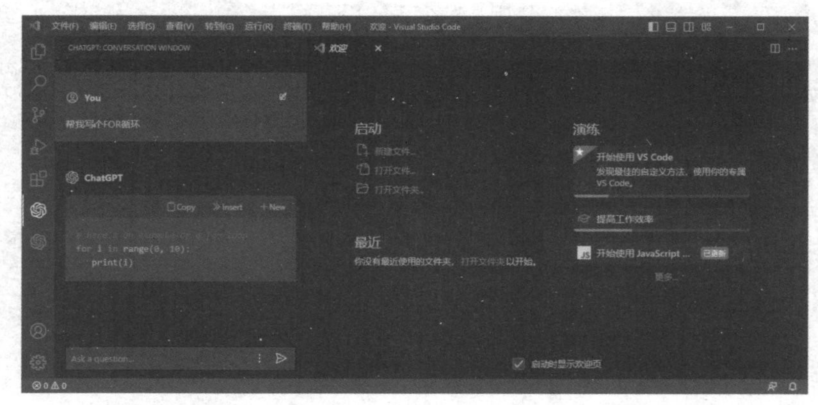

图 7-44

ChatGPT因其在许多知识领域给出详细的回答和清晰的答案而迅速获得关注，但其事实准确性参差不齐，被认为是一重大缺陷。ChatGPT于2022年11月发布后，OpenAI估值已涨至290亿美元。上线两个月后，用户数量达到1亿。

第 8 章

计算机网络与信息安全

计算机网络随着计算机技术的发展而产生，在“互联网+”战略以及“提速降费”的影响下，我国的互联网产业进入了一个高速发展的时期。本章从计算机网络的概念开始，介绍计算机网络的分类、组成、Internet和信息安全等相关知识。通过本章的学习，读者将对计算机网络有一个完整的了解。

8.1 计算机网络概述

计算机网络定义为“以能够相互共享资源的方式互联起来的、自治计算机系统的集合”，主要指利用线缆、无线技术、网络设备等，将不同位置的计算机连接起来，通过共同遵守的协议、网络操作系统、管理系统等，实现硬件、软件、资源、数据信息的传递、共享的一整套功能完备的系统。由处于核心的网络通信设备（主要是路由器）、软件以及各种线缆组成的结构，叫作通信子网，主要目的是传输及转发数据；而所有互联的设备，无论是提供共享资源的服务器，还是各种访问资源的终端，都叫作资源子网，负责提供及获取资源。

8.1.1 计算机网络的形成与发展

计算机网络不是凭空出现的，而是在计算机科学技术发展到一定阶段，有了互相传递数据的需求才产生的。一般可以将计算机网络的发展分为4个阶段。

第一阶段是计算机终端阶段，该阶段的主要特征是以大型计算机为中心，将可以操作计算机以及可以进行科学计算的终端通过通信线缆连接到中心计算机，构成以中心计算机为中心的、简单的网络体系。

第二阶段是计算机互联阶段，随着大型主机、程控交换技术的出现与发展，提出了对大型主机资源远程共享的要求。该阶段的网络已经摆脱了中心计算机的束缚，多台独立的计算机通过通信线路互联，任意两台主机间通过约定好的“协议”传输信息。这时的网络也称为分组交换网络，该阶段的网络多以电话线路以及少量的专用线路为基础。

第三阶段是计算机网络标准化阶段。随着网络规模越来越大，通信协议也越来越复杂。各个计算机厂商以及通信厂商都采用自家的通信协议，在网络互访方面给用户造成了很大的困扰。基于此原因，1984年，国际标准化组织制定了一种统一的网络分层结构——OSI参考模型，将网络分为七层结构。在OSI七层模型中，规定了设备之间必须在对应层之间沟通。

第四阶段是信息高速公路建设阶段。20世纪90年代中期开始，互联网进入高速发展阶段，发展出了以Internet为代表的第四代计算机网络。第四代计算机网络也可以称为信息高速公路（高速、多业务、大数据量）。

知识点拨

第四代网络使用了很多技术，包括宽带综合业务数字网技术、ATM技术、帧中继技术、高速局域网技术等。在高速网络的带动下，产生了很多网络应用，如电视电话会议、网络购物系统等。

8.1.2 计算机网络的分类

计算机网络按照网络覆盖范围，可以分为局域网、城域网和广域网。

1. 局域网

局域网的范围一般在10km以内，例如一个校园园区、一栋办公大楼、一个运动中心，最常见的是家庭局域网和公司局域网。特点是分布距离近、范围相对较小、用户相对较少、传输速度快、组建费用较低、易于实现、维护方便。速度大约为100～1000Mb/s。

2. 城域网

如某高校在某地的多个校区，某公司在城区的所有分公司，某连锁机构的所有门店，甚至一整座城市，都叫作城域网。城域网中数据传输延时相对较小，主要的传输载体为光纤。相对于局域网，城域网范围在10～100km，传输扩展距离更长、覆盖更广、规模更大、传输速度更快。技术和局域网类似，但费用较高，需要运营商的支持。

3. 广域网

广域网的范围通常为几十到几千千米，可以连接多个城市甚至国家。通过海底光缆的架设，可以跨几个洲，形成洲际型网络。广域网采用的技术包括分组交换、卫星通信等。广域网是现在覆盖最广、通信距离最远、技术最复杂、建设费用最高的网络。人们日常接触的Internet就是广域网的一种。

8.1.3 计算机网络的拓扑

拓扑学是几何学的一个分支，拓扑结构是一种逻辑结构，通常使用拓扑图表示。不考虑远近、线缆长度、设备大小等物理问题，通过简单的示意图形就可以绘制出整个网络结构。通过这种拓扑图对网络进行规划、设计、分析，方便交流以及排错。计算机网络按照拓扑结构可以分为以下5种。

1. 总线型拓扑

总线型网络拓扑使用单根传输线作为传输介质，所有的节点都直接连接到传输介质上，如图8-1所示，这根线就叫作总线。总线型网络的工作原理是采用广播的方式，一台节点设备开始传输数据时，会向总线上所有的设备发送数据包，其他设备接收后，校验包的目的地址是否和自己的地址一致，如果相同，则保留，如果不一致，则丢弃。带宽共享，每台设备只能获取1/*N*的带宽。

2. 星形拓扑

以网络设备为中心，其他节点设备通过中心设备传递信号，中心设备执行集中式通信控制。常见的中心设备是集线器或者比较常见的交换机，如图8-2所示。星形拓扑结构简单，添加删除节点方便，容易维护，升级方便。但中心依赖度高，对于中心设备的要求较高，如果中心节点发生故障，整个网络将会瘫痪。

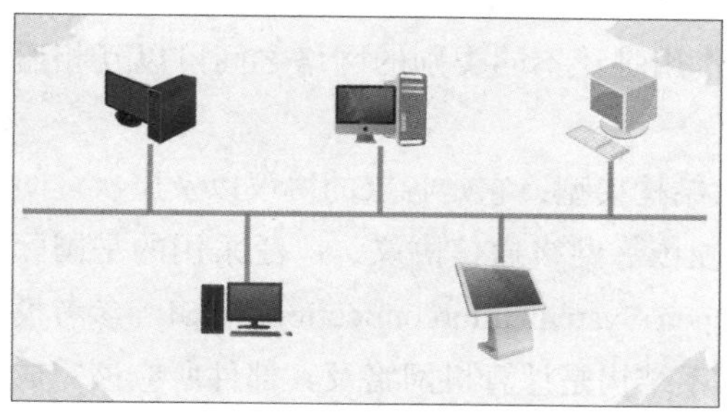

图 8-1

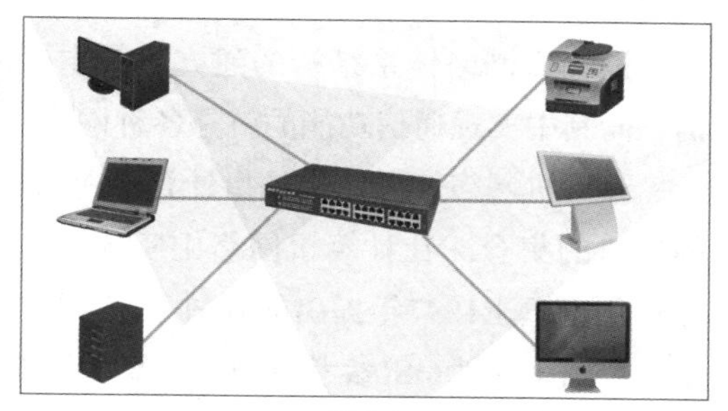

图 8-2

3. 环形拓扑

如果把总线型网络首尾相连，就是一种环形拓扑结构，如图8-3所示，其典型代表是令牌环局域网。在通信过程中，同一时间，只有拥有令牌的设备可以发送数据，然后将令牌交给下游的节点设备，从而开始新一轮的令牌传输。环形拓扑一个节点坏掉网络就无法通信，排查困难，扩充节点时网络必须中断。

4. 树形拓扑

树形拓扑属于分级集中控制，在大中型企业中比较常见。将星形拓扑按照一定标准组合起来，就变成了树形拓扑结构，如图8-4所示。该结构按照层次方式排列而成，非常适合主次、分等级层次的管理系统。

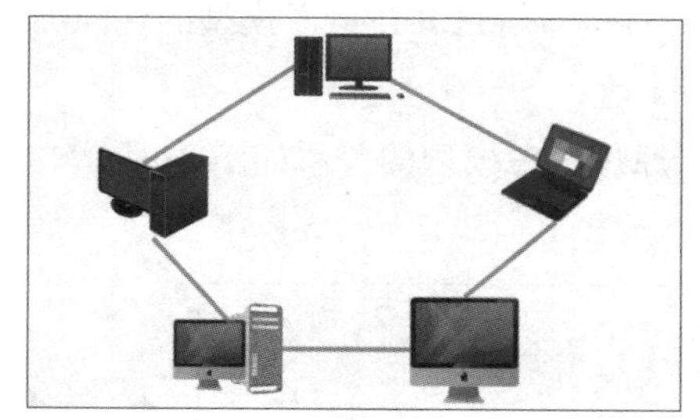

图 8-3

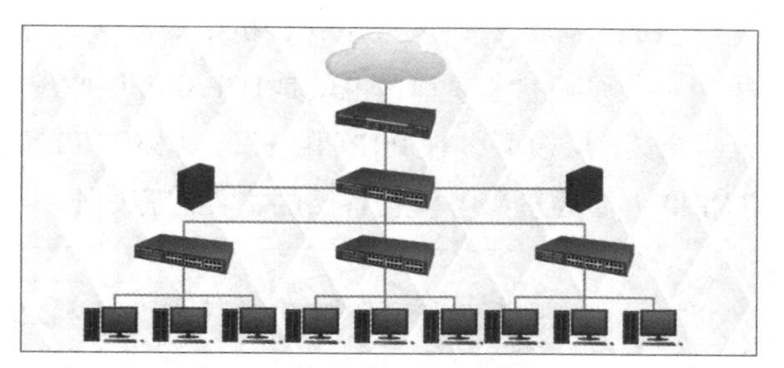

图 8-4

5. 网状拓扑

网状拓扑没有以上四种拓扑结构那么明显的规则，节点的连接是任意的，没有规律。网状拓扑的优点是系统可靠性高，但由于结构复杂，必须采用路由协议、流量控制等方法。在广域网中大多数采用的是网状拓扑结构，如图8-5所示。

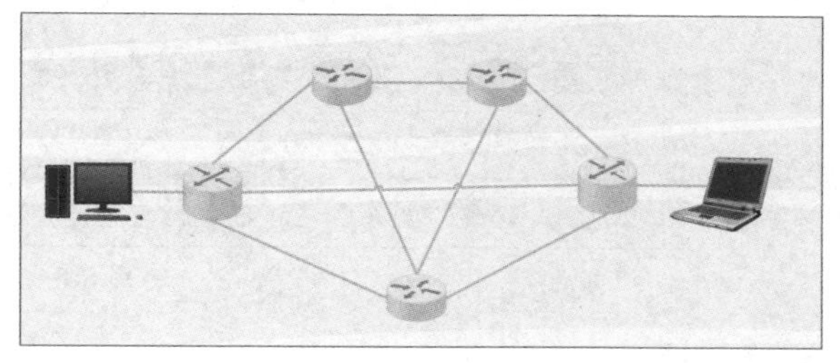

图 8-5

8.1.4 计算机网络体系结构与网络协议

计算机网络体系结构的建立，最主要的作用是让不同类别的网络之间可以互相通信，而其中实现通信功能的就是各种网络协议。

计算机网络体系结构是指计算机网络层次结构模型，它是各层的协议以及层次之间的端口的集合。在计算机网络中实现通信必须依靠网络通信协议，广泛采用的是国际标准化组织于1997年提出的开放系统互联（Open System Interconnection，OSI）参考模型，习惯上称为OSI参考模型。计算机网络体系结构是计算机网络及其部件所应该完成功能的精确定义。

知识点拨

OSI参考模型没有考虑任何一组特定的协议，所以OSI更具有通用性。

TCP/IP（Transmission Control Protocol/Internet Protocol）译为传输控制协议/因特网互联协议，又名网络通信协议。是Internet最基本的协议，Internet国际互联网络的基础，由网络层的IP协议和传输层的TCP协议组成。TCP/IP是最常用的一种协议，也可以算是网络通信协议的一种通信标准协议，同时它也是最复杂、最庞大的一种协议。

OSI模型是在协议开发前设计的，具有通用性。TCP/IP是先有协议集然后建立模型，不适用于非TCP/IP网络。OSI参考模型有七层结构，而TCP/IP有四层结构。所以为了学习完整体系，一般采用一种折中的方法，综合OSI模型与TCP/IP参考模型的优点，采用一种原理参考模型，也就是TCP/IP五层原理参考模型。

OSI七层模型、TCP/IP四层模型以及TCP/IP五层原理参考模型的关系如图8-6所示。TCP/IP五层原理参考模型各层的主要内容如下。

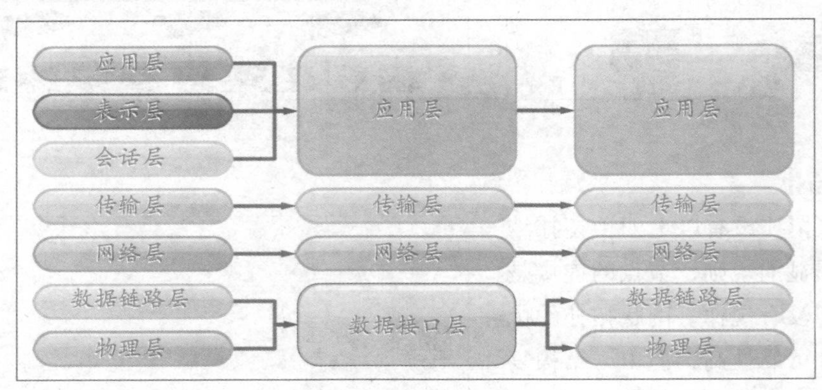

图 8-6

1. 物理层

物理层是为上层提供物理连接，实现比特流的透明传输。物理层定义了通信设备与传输线路接口的电气特性、机械特性、应具备的功能等。

2. 数据链路层

数据链路层将源自网络层的数据按照一定的格式分割成数据帧，然后将帧按顺序送出，等待由接收端送回的应答帧。该层的主要作用是链路的建立、拆除以及分离，使用的协议有SLIP、PPP、X.25和帧中继等。

3. 网络层

网络层处理来自传输层的分组发送请求，进行数据包的封装与解封，用于异构网络的连接，选择去往目的地的最优路径，然后将数据报发往适当的网络接口，并且管理流控、拥塞等问题。网络层的协议有IP协议、ICMP协议、IGMP协议等。

4. 传输层

传输层是一个端到端，即主机到主机的层次。传输层负责将上层数据分段并提供端到端的、可靠的（TCP）或不可靠的（UDP）传输。此外，传输层还要处理端到端的差错控制和流量控制问题。该层使用的协议包括TCP、UDP协议。

5. 应用层

应用层是OSI参考模型的最高层，是用户与网络的接口，用于确定通信对象，并确保有足够的资源用于通信。该层使用的协议包括文件传输（FTP）、远程操作（Telnet）、电子邮件服务（SMTP）、网页服务（HTTP）等。

8.1.5 计算机网络的组成

和计算机系统类似，计算机网络的组成包括网络硬件以及网络软件。

1. 网络硬件

网络硬件包括网络通信设备、传输介质、服务器、网络终端设备。

（1）通信设备

通信设备也就是常说的网络设备，包括交换机、路由器、网卡、无线设备、调制解调器等。

交换机（Switch）意为“开关”，是一种用电（光）信号转发数据的网络设备。它可以为接入交换机的任意两个网络节点提供独享的电信号通路，工作在数据链路层，最常见的交换机是以太网交换机。公司或者家用的交换机主要提供大量可以通信的传输端口，以方便局域网内部设备共享上网使用；或者在局域网中，各终端之间或者终端与服务器之间提供数据高速传输服务。

路由器作为网络层的设备，是互联网的枢纽设备，是连接因特网中局域网、广域网所必不可少的。它会根据网络的情况自动选择和设定路由表，以最佳路径发送数据包。

网卡是所有联网设备所必须具备的，网卡有连接网络、链路管理、帧的封装与解封、数据缓存、数据收发、串行/并行转换、介质访问控制等功能。

无线设备主要依靠无线电进行数据传输，无须传输介质，更具灵活性。无线设备包括无线接入点（AP）、无线控制器（AC）、无线网桥和无线网卡等。

调制解调器用来将数字信号转换为模拟信号，从而在同轴电缆、双绞线以及光纤设备中传输。

（2）传输介质

计算机网络使用的传输介质包括常见的传输电信号的双绞线、传输光信号的光纤等。

知识点拨

无线设备传输时，可以使用无线电波、微波、红外线等。

（3）服务器

服务器是计算机的一种，它比普通计算机更加专业化，运行更稳定，网络吞吐量更高。服务器在网络中为其他终端设备（如普通计算机、网络智能设备）提供计算或者应用服务。服务器具有长时间的可靠运行、冗余备份系统、强大的数据吞吐能力，以及更好的扩展性。

（4）网络终端设备

人们接触比较多的就是网络终端设备。网络终端设备连接网络，相互间进行网络通信，并可以使用各种网络资源。

2. 网络软件

网络软件包括网络设备使用的软件以及网络终端使用的软件。网络设备使用的软件，除了系统软件外，还包括各种网络通信协议。网络终端软件更加丰富，除了网络操作系统外，还有各种网络应用。网络软件除了保证设备本身的资源管理、调配外，还通过各种网络协议保证网络的连接，以及数据的有效传输。

8.1.6 结构化布线与组网方法

结构化布线与组网方法是网络规划过程中需要特别考虑的。

1. 结构化布线

大中型企业的网络布线设计需要考虑很多因素：怎样设计布线系统，系统有多少信息量，多少语音点，怎样通过水平干线、垂直干线、楼宇管理子系统把它们连接起来，需要选择哪些传输介质（线缆），需要哪些线材（槽管）及其材料价格如何，施工有关费用需多少，等等。一般的线路系统由以下几种系统组成。

- **工作区子系统：** 信息插座到用户终端设备这一段。
- **水平布线子系统：** 楼层配线间到信息插座，通常由超五类双绞线组成。需要高速传输的可采用六类及以上双绞线，过远的可以考虑光纤。

- **建筑物主干子系统：** 整栋楼的配线间至各楼层配线间，包括配线架、跳线等。一般采用光纤，或者超六类及以上的双绞线。
- **建筑群布线子系统：** 建筑群配线间至各建筑总配线间，多采用光纤。

布线施工应当与装修同时进行，尽量将电缆管槽埋藏于地板或装饰板之下，信息插座也要选用内嵌式，将底盒埋藏于墙壁内。

在布线设计时，应当综合考虑电话线、有线电视电缆、电力线和双绞线的布设。弱电线和电力线不能离双绞线太近，以避免对双绞线产生干扰，但也不宜离得太远，相对位置保持20cm左右即可。如果在房屋建设时已经布好网络，并在每个房间预留了信息点，则应根据这些信息点的位置考虑和计算机的位置的配对关系等。

信息点数量适当冗余。在布线过程中，要根据信息点的数量和未来的发展趋势选择有冗余量的产品，并根据未来的发展，留下冗余接口。

注意事项：在选择信息插座的位置时，也要非常注意，既要便于使用，不能被挡住，又要比较隐蔽，不太显眼。信息插座与地面的垂直距离应不少于20cm。

2. 中小型局域网组建

中小型局域网的网络拓扑图如图8-7所示。

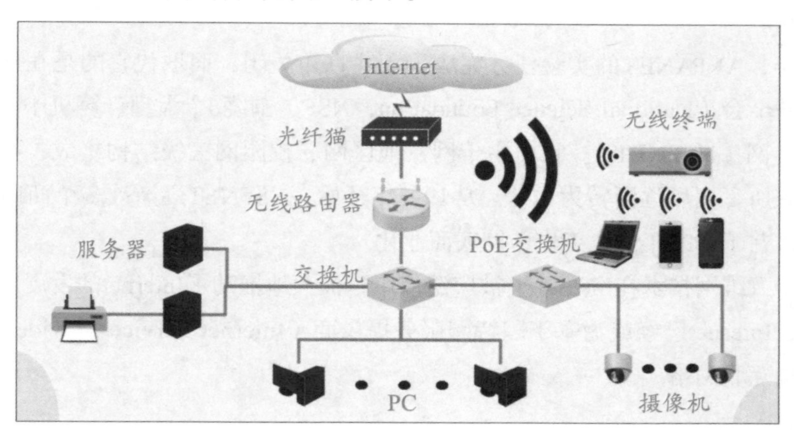

图 8-7

在实际连接设备时，光纤接入到光纤猫中，光纤猫的网线接入到路由器的WAN口，路由器的LAN口连接到交换机上，其他有线设备都接入到交换机上。如果有无线设备，可以直接接入到无线路由器中，PoE交换机为摄像机提供网络连接和电能，并接入到交换机中。

在无线路由器中，设置网络参数以便拨号上网，并为局域网的IP地址分配范围进行设置，即可完成中小型局域网的组建。

8.2 Internet基础

前面介绍了广域网的相关知识，而日常使用的Internet（因特网）就是广域网的一种，下面介绍Internet的相关知识。

8.2.1 Internet的发展

20世纪60年代，美国国防部高级研究计划局（Advanced Research Projects Agency，ARPA）为了防止一旦发生战争，中心型网络的核心计算机被摧毁，可能造成所有的指挥中心全部瘫痪的情况，提出了一种分散性的指挥系统，互相独立，且地位相等，也就是第二代计算机网络。

20世纪60年代末，ARPA资助并建立了ARPANET（ARPA网），将位于洛杉矶的加利福尼亚大学、位于圣芭芭拉的加利福尼亚大学、斯坦福大学，以及位于盐湖城的犹他州州立大学的计算机主机连接起来。该阶段通过专门的通信交换机和线路进行连接，采用分组交换技术，从而形成了Internet的雏形。

20世纪70年代，人们开始意识到网络互联的问题，在1983年TCP/IP协议成为ARPANET上的标准协议，任何使用该协议的网络都可以互相通信，所以也成为Internet的诞生时间。

1990年，ARPANET的实验任务完成，正式宣布关闭，而取代它的是在1985年美国国家科学基金会（National Science Foundation，NSF）围绕6个大型计算机中心建设的国家科学基金网（NSFNET）。它由主干网、地区网、校园网三级结构组成，覆盖主要的大学和研究所，而后逐渐转为私营。从1993年开始，NSFNET逐渐被多个商用Internet主干所替代，并于1995年停止工作，彻底商业化。

1994年万维网技术在Internet上被广泛使用，极大地推动了Internet的发展。

目前，Internet已经成为基于因特网服务提供商（Internet Service Provider，ISP）的多层次结构互联网络。

知识点拨

在我国主要的ISP有三个：中国电信、中国移动、中国联通。

8.2.2 Internet的协议

Internet采用TCP/IP协议，该协议包括TCP协议和IP协议两种。

1. IP 协议

IP协议是为终端在网络中相互连接进行通信而设计的协议，是TCP/IP体系中的网络层协议。设计该协议的目的是提高网络的可扩展性：一是解决网络互联问题，实现大规模、异构网络的互联互通；二是分割顶层网络应用和底层网络技术之间的耦合关系，以利于两者的独立发展。根据端到端的设计原则，IP协议只为主机提供一种无连接、不可靠的、尽力而为的数据报传输服务。

简单来说，现在的网络设备只要包括网络层、数据链路层、物理层，也遵循每一层相应的协议，那么就可以认为它们之间能够互相通信。而实际也是如此。不管其他上层协议如何，只需要这三层，数据包就可以在互联网中畅通无阻。正是因为IP协议的优势，Internet网才得以迅速发展成为世界上最大的、开放的计算机通信网络。因此，IP协议也可以叫作“Internet网协议”。

2. TCP 协议

TCP协议是一种面向连接的、可靠的、基于字节流的传输层通信协议。TCP协议旨在适应支持多网络应用的分层协议层次结构。 连接到不同但互联的计算机通信网络的主计算机中的成对进程之间依靠TCP协议提供可靠的通信服务。TCP协议假设它可以从较低级别的协议获得简单的、可能不可靠的数据报服务。原则上，TCP协议应该能够在从硬线连接到分组交换或电路交换网络的各种通信系统之上操作。

8.2.3 地址与域名服务

在Internet中，通过路由器将成千上万个不同类型的物理网络连接到一起，形成一个超大规模的网络。为了保证数据能在Internet中传输，到达指定的目的节点，必须给每个节点一个全局唯一的地址标识，这就是IP协议中的IP地址。另外，为了方便地在Internet中访问万维网资源，还需要域名服务的支持。

1. IP 地址

IP地址（Internet Protocol Address）是IP协议的一个重要组成部分。IP地址是指互联网协议地址，又称为网际协议地址。IP地址是IP协议提供的一种统一的地址格式，它为互联网上的每一个网络和每一台主机分配一个逻辑地址，以此来屏蔽物理地址的差异。

最常见的是IPv4地址，IPv4地址通常用32位的二进制表示，被分割成4个8位的二进制数，也就是4字节。IP地址通常使用点分十进制的形式表示（a.b.c.d），每位的范围是0～255，例如常见的192.168.0.1。Internet委员会定义了5种IP地址类型，以适应不同容量、不同功能的网络。根据地址的第一段，0～126为A类，128～191为B类，192～223为C类，224～239为D类，240～255为E类。另外有几段特殊的IP地址给予保留。

- **A类：** 10.0.0.0～10.255.255.255、100.64.0.0～100.127.255.255。
- **B类：** 172.16.0.0～172.31.255.255。
- **C类：** 192.168.0.0～192.168.255.255。

因为IPv4地址已经分配完毕，现在开始启用并向IPv6地址过渡，另外可以采用网络地址转换技术，将保留IP地址转换为公网可以传输的IP地址。IPv6采用128位地址长度，几乎可以不受限制地提供地址。

知识点拨

在IPv6的设计过程中，除解决地址短缺的问题以外，还考虑了性能的优化：端到端IP连接、服务质量（QoS）、安全性、多播、移动性、即插即用等。

2. 域名服务

可以通过IP地址访问主机，而随着主机越来越多，点分十进制的数字表示的服务器不容易被记住，而且容易产生错误，所以人们发明了一种命名规则，用字符来与某IP相对应，通过字符串就可以访问到该服务器资源，这种有规则的字符串叫作域名。而记录字符串与IP对应的表所存放的，并提供转换服务的服务器叫作DNS（Domain Name System）服务器。

Internet网采用树状层次结构的命名方法，任何一个连接在Internet网上的主机或路由器，都有一个唯一的层次结构的名字，即域名。域名的结构由标号序列组成，各标号之间用点隔开，例如“主机名.……二级域名.顶级域名”。

比较常见的顶级域名有com（公司和企业）、net（网络服务机构）、org（非营利性组织）、edu（教育机构）、gov（政府部门）、mil（军事部门）、.int（国际组织）。另外还有国家级别的域名，如cn（中国）、us（美国）、uk（英国）等。

企业、组织和个人都可以去申请二级域名。如常见的baidu、qq、taobao等都属于二级域名。

通过上面的三者就可以确定一个域。接下来通常输入的www，指的其实是主机的名字。因为习惯问题，常常将提供网页服务的主机标识为www；提供邮件服务的叫作mail；提供文件服务的叫作ftp。使用时，通过主机名加上本区的域名，如www.baidu.com、www.taobao.com。

8.2.4 Internet接入技术

用户连接到Internet中，可以使用多种技术，包括xDSL、小区宽带、FTTx技术等。

1. xDSL

所谓xDSL技术，是用数字技术对模拟电话用户线进行改造，使其能够承载宽带业务。标准模拟电话信号的频带被限制在300～3400kHz，但用户线本身实际可通过的信号频率仍然超过1MHz。xDSL技术就把0～4kHz的低频段频谱留给传统电话使用，而把原来没有被利用的高频段频谱留给用户上网使用。比较常见的是ADSL（Asymmetric Digital Subscriber Line，非对称数字用户线）。随着电话线路的落寞，该技术适用的范围也慢慢变小。

2. 小区宽带

小区宽带一般指的是光纤到小区，在小区内部使用以太网技术和设备（交换机），通过网线入户，小区居民共享上网。由于多人共用一根光纤上网，在上网高峰期会对网络质量有较大影响。而且由于以太网设备都放置在小区中，使用网线入户，并且所有设备都需要使用电能，所以出于网络质量、安全及成本的综合考虑，小区宽带基本退出了历史舞台。

3. FTTx技术

随着光纤成本越来越低，光纤连接Internet已经成为主流。FTTx是一个统称，前面介绍的小区宽带就是FTTx的一种。现在基本使用FTTH（Fiber To The Home）。光纤到家指光纤一直铺设到用户家庭，是居民接入Internet的最佳解决方案，不仅节能方便，而且非常安全。

8.3 网络信息安全基础

信息安全问题一直是人们关注的，随着互联网的发展，以及网络应用的爆发式增长，网络信息安全问题更加突出。现在网络信息安全问题已经跨越了国界，是世界范围的难题。网络管理是一个动态的长期过程，网络管理的内容、信息安全指标、安全防御技术等也将在本节进行讲述。

8.3.1 网络管理简介

计算机网络管理采用某种技术和策略，对网络上的各种网络资源进行检测、控制和协调，并在网络出现故障时及时进行报告和处理，从而实现尽快恢复，保证网络正常高效运行，达到充分利用网络资源的目的，并保证向用户提供可靠的通信服务。网络管理体系包括以下几方面。

- **网络管理工作站**：网络管理工作站是整个网络管理的核心，通常是一个独立的、具有良好图形界面的高性能工作站，并由网络管理员直接操作和控制。所有向被管设备发送的命令都是从网络管理工作站发出的。
- **被管理设备**：网络中有很多被管设备（包括设备中的软件），可以是主机、路由器、打印机、集线器、交换机等，每一个被管设备中可能有许多被管理对象。
- **管理信息库**：大规模复杂网络环境中，网络管理需监控来自不同厂商的设备，这些设备的系统环境、信息格式可能完全不同。因此，对被管设备的管理信息的描述需要定义统一的格式和结构，这就是管理信息库。
- **代理程序**：每一个被管理设备中都运行着一个程序，以便和网络管理工作站中的网络管理程序进行通信，这个程序称为网络管理代理程序，简称代理。

- **网络管理协议**：网络管理协议是网络管理程序和代理程序之间通信的规则，是两者之间的通信协议。

8.3.2 网络管理的基本功能

网络管理的基本功能包括故障管理、计费管理、配置管理、性能管理、安全管理。

1. 故障管理

故障管理是网络管理最基本的功能之一。当网络发生故障时，必须尽快找出故障发生的确切位置，将网络其他部分与故障部分隔离，以确保网络其他部分不受干扰地继续运行；重新配置或重组网络，尽可能降低由于隔离故障后对网络带来的影响，修复或替换故障部分，将网络恢复为初始状态。对网络组成部件状态的临测是网络故障检测的依据。不严重的简单故障或偶然出现的错误通常被记录在错误日志中，一般需做特别处理，而严重一些的故障则需要通知网络管理器，即发出报警。因此网络管理器必须具备快速和可靠的故障临测、诊断和恢复功能。

2. 计费管理

在有偿使用的商业网络上，计费管理功能统计有哪些用户、使用何种信道、传输多少数据、访问什么资源等信息；另一方面，计费管理功能还可以统计不同线路和各类资源的利用情况。由此可见，计费管理的根本依据是用这些信息制定一种用户可接受的计费方法。商业网络中的计费系统还要包含诸如每次通信的开始和结束时间、通信中使用的服务等级，以及通信中的另一方等更详细的计费信息，并且能够随时查询这些信息。

3. 配置管理

计算机网络由各种物理结构和逻辑结构组成，这些结构中有许多参数、状态等信息需要设置并协调。另外，网络运行在多变的环境中，系统本身也经常要随着用户的增减或设备的维修而调整配置。网络管理系统必须具有足够的手段支持这些调整的变化，使网络更有效地工作，这些手段构成了网络管理的配置管理功能。配置管理功能至少应包括识别被管理网络的拓扑结构、标识网络中的各种现象、自动修改指定设备的配置、动态维护网络配置数据库等内容。

4. 性能管理

性能管理的目的是在使用最少的网络资源和具有最小延迟的前提下，确保网络能提供可靠连接的通信能力，并使网络资源的使用达到最优。网络的性能管理有监测和控制两大功能，监测能实现对网络中的活动进行跟踪，控制功能实施相应调整来提高网络性能。性能管理的具体内容包括：从被管对象中收集与网络性能有关的数据；分析和统计历史数据；建立性能分析的模型；预测网络性能的长期趋势，并根据分析和预测的结果对网络拓扑结构、某些对象的配置和参数做出调整，逐步达到最佳运行状态。如果需要作出调整，还要考虑扩充或重建网络。

5. 安全管理

安全管理的目的是确保网络资源不被非法使用，防止网络资源由于入侵者攻击而遭受破坏，其主要内容包括：与安全措施有关的信息分发，如密钥的分发和访问权设置等；与安全有关的通知，如网络有非法侵入，无权用户对特定信息的访问；安全服务措施的创建、控制和删除；与安全有关的网络操作事件的记录、维护和查询日志管理工作，等等。一个完善的计算机网络管理系统必须制定网络管理的安全策略，并根据这一策略设计实现网络安全管理系统。

8.3.3 网络安全简介

网络安全是指网络系统的硬件、软件及其系统中的数据受到保护，不因偶然的或者恶意的原因而遭到破坏、更改、泄露，系统连续、可靠、正常地运行，网络服务不中断。

安全的基本含义：客观上不存在威胁，主观上不存在恐惧，即客体不担心其正常状态受到影响。可以把网络安全定义为：一个网络系统不受任何威胁与侵害，能正常地实现资源共享功能。要使网络能正常地实现资源共享功能，首先要保证网络的硬件、软件能正常运行，然后要保证数据信息交换的安全。从前面两节可以看到，由于资源共享的滥用，导致了网络的安全问题，因此网络安全的技术途径就是要实行有限制的共享。

8.3.4 网络信息安全指标

通俗地说，网络信息安全与保密主要是指保护网络信息系统，使其没有危险、不受威胁、不出事故。从技术角度来说，网络信息安全与保密的目标主要表现在系统的可靠性、可用性、保密性、完整性、不可抵赖性、可控性等方面。

1. 可靠性

可靠性是网络信息系统能够在规定条件下和规定的时间内完成规定的功能特性。可靠性是系统安全的最基本要求之一，是所有网络信息系统的建设和运行目标。网络信息系统的可靠性测度主要有三种：抗毁性、生存性和有效性。

可靠性主要表现在硬件可靠性、软件可靠性、人员可靠性、环境可靠性等方面。

2. 可用性

可用性是网络信息可被授权实体访问并按需求使用的特性，即网络信息服务在需要时，允许授权用户或实体使用的特性，或者是网络部分受损或需要降级使用时，仍能为授权用户提供有效服务的特性。可用性是网络信息系统面向用户的安全性能。可用性还应该满足以下要求：身份识别与确认、访问控制、业务流控制、路由选择控制、审计跟踪。

3. 保密性

保密性是网络信息不被泄露给非授权的用户、实体或程序，即防止信息泄露给非授权个人或实体，信息只为授权者使用的特性。保密性是在可靠性和可用性的基础上，保障网络信息安全的重要手段。最常使用的手段是数据的加密技术。

4. 完整性

完整性是网络信息未经授权不能进行改变的特性，即网络信息在存储或传输过程中，保持不被偶然或蓄意地删除、修改、伪造、乱序、重放、插入等破坏和丢失的特性。完整性是一种面向信息的安全性，它要求保持信息的原样，即信息的正确生成、正确存储和传输。

5. 不可抵赖性

不可抵赖性也称不可否认性，在网络信息系统的信息交互过程中，确信参与者的真实统一性。利用信息源证据可以防止发信方不真实地否认已发送信息，利用递交接收证据可以防止收信方事后否认已经接收的信息。

6. 可控性

可控性是对网络信息的传播及内容具有控制能力的特性。

8.3.5 安全防御技术

彻底根除网络威胁基本是不可能的，只能尽可能增强网络安全性，将入侵成本提高到让黑客望而却步。网络安全是一项复杂的系统工程，涉及技术、设备、管理和制度等多方面，安全解决方案的制定需要从整体上进行把握。网络安全解决方案是综合各种计算机网络信息系统安全技术，将安全操作系统技术、防火墙技术、病毒防护技术、入侵检测技术、安全扫描技术等综合起来，形成一套完整的、协调一致的网络安全防护体系。常见的主要对策有以下几种。

- **建立安全管理制度：**提高包括系统管理员和用户在内的人员的网络技术素质和专业修养。
- **网络访问控制：**访问控制是网络安全防范和保护的主要策略，主要任务是保证网络资源不被非法使用和访问。访问控制涉及的技术比较广，包括入网访问控制、网络权限控制、目录级控制以及属性控制等多种手段。

- **数据的备份与恢复：**针对重要数据要做到定期备份，在遇到重大灾难时可以随时进行恢复，将损失减少到最少。
- **加密及身份验证技术：**密码技术是信息安全的核心技术，密码手段为信息安全提供了可靠保证。基于密码的数字签名和身份认证是当前保证信息完整性的最主要方法之一，密码技术主要包括数字签名以及密钥管理等。
- **切断威胁途径：**部署网络防御手段和措施，包括使用防火墙技术和入侵检测系统，通过各种策略提高应对网络攻击的能力。
- **修补系统漏洞：**及时发现及修复系统和软件漏洞，预防黑客利用漏洞进行网络攻击和探测。

8.4 计算机安全与病毒防护

除了网络安全外，最重要的网络终端设备——计算机也应提高其安全性。下面介绍计算机安全以及病毒的防护。

8.4.1 计算机安全的定义

国际标准化委员会对计算机安全的定义是：为数据处理系统采取的和管理的安全保护，保护计算机硬件、软件、数据不因偶然的或恶意的原因而遭到破坏、更改、泄露。

中国公安部计算机管理监察司的定义是：计算机安全是指计算机资产安全，即计算机信息系统资源和信息资源不受自然和人为有害因素的威胁和危害。

8.4.2 计算机存储数据的安全

计算机安全中最重要的是存储数据的安全，其面临的主要威胁包括计算机病毒、非法访问、硬件损坏等。

计算机病毒是附在计算机软件中的、隐蔽的小程序，会破坏正常的程序和数据文件。恶性病毒可使整个计算机软件系统崩溃，数据全毁。

非法访问是指盗用者盗用或伪造合法身份，进入计算机系统，私自提取计算机中的数据，或进行修改、转移、复制等。防止的办法一是增设软件系统的安全机制，二是对数据进行加密处理，三是在计算机内设置操作日志。

计算机存储器硬件损坏，使得计算机存储数据读不出来是常见的事。防止这类事故的发生有几种办法，一是定期进行备份，二是在计算机中使用RAID技术。

8.4.3 计算机硬件的安全

计算机在使用过程中，对外部环境有一定的要求，即计算机周围的环境应尽量保持清洁，温度和湿度应该合适，电压稳定，以保证计算机硬件可靠地运行。计算机安全的另外一项技术是加固技术，经过加固技术生产的计算机防震、防水、防化学腐蚀，可以使计算机在野外全天候运行。

从系统安全的角度看，计算机的芯片和硬件设备也会对系统安全构成威胁。例如计算机内部信息外泄、计算机系统灾难性崩溃。

计算机里的每一个部件都是可控的，所以叫作可编程控制芯片，如果掌握了控制芯片的程序，就能控制计算机芯片。只要能控制，那么它就是不安全的。因此，在使用计算机时要注意做好计算机硬件的安全防护。

知识拓展：常见的计算机防护策略

计算机及计算机网络威胁关乎每个人的信息和设备安全，接下来介绍一些常见的计算机防护策略。

1. 安装杀毒软件

对于一般用户而言，首先要做的就是为计算机安装一套杀毒软件，并定期升级安装的杀毒软件，打开杀毒软件的实时监控程序。

2. 安装个人防火墙

安装个人防火墙以抵御黑客的袭击，最大限度地阻止网络中的黑客访问用户的计算机，防止他们更改、复制、毁坏重要信息。防火墙在安装后要根据需求进行详细配置。

3. 有效管理密码

在不同的场合使用不同的密码，如网上银行、电子邮件、聊天室以及一些网站的会员等，应尽可能使用不同的密码，以免因一个密码泄露导致所有资料外泄。对于重要的密码（如网上银行的密码）一定要单独设置，且不要与其他密码相同。

设置密码时要尽量避免使用有意义的英文单词、姓名缩写、生日、电话号码等容易泄露的字符作为密码，最好采用字符、数字和特殊符号混合的密码。建议定期修改自己的密码，这样可以确保即使原密码泄露，也能将损失降低到最小程度。

4. 警惕不明软件及程序

应选择信誉较好的下载网站下载软件，将下载的软件及程序集中放在非引导分区的某个目录，在使用前最好用杀毒软件查杀病毒。

不要打开来历不明的电子邮件及其附件，以免遭受病毒邮件的侵害，这些病毒邮件通常都会以带有噱头的标题来吸引用户打开其附件，如果下载或运行了其附件，就会受到感染。也不要接收和打开来历不明的QQ、微信等发来的文件。

5. 防范流氓软件

对将要在计算机上安装的共享软件进行甄别选择。在安装共享软件时，应该仔细阅读各步骤出现的协议条款，特别留意那些有关安装其他软件行为的语句。

6. 仅在必要时共享

一般情况下不要设置文件夹共享，如果是共享文件则应该设置密码，一旦不需要共享时立即关闭。共享时访问类型一般设为只读，不要将整个分区设置为共享。

7. 定期备份

数据备份的重要性毋庸讳言，无论防范措施做得多么严密，也无法完全防止受到网络威胁的情况出现。如果遭到致命攻击，操作系统和应用软件可以重装，而重要的数据只能靠用户日常的备份。

第9章 网络新技术

随着互联网的发展，互联网新技术也层出不穷。现阶段的热门技术包括云计算、大数据、虚拟现实、物联网技术及应用，而且它们互相之间也有内在联系。本章将介绍这几种技术的特点以及应用。

9.1 云计算技术

云计算（cloud computing）最初的目标是对资源的管理，包括计算资源、网络资源以及存储资源三方面，按照用户的需求合理配置这几种资源，以满足用户的实际需要。云计算的众多优势之一是用户只需为实际用量付费，无须购买和维护自己的物理数据中心和服务器，能够更快、更高效地进行扩缩。

9.1.1 云计算的概念

云计算是分布式计算的一种，指的是通过网络"云"将巨大的数据计算处理程序分解成无数个小程序，然后通过多部服务器组成的系统进行处理和分析，这些小程序得到结果并返回给用户。云计算早期就是简单的分布式计算，解决任务分发，并进行计算结果的合并。因而云计算又称为网格计算。通过这项技术，可以在很短的时间内（几秒钟）完成对数以万计的数据的处理，从而实现强大的网络服务。

现阶段的云计算服务已经不单单是一种分布式计算，而是分布式计算、效用计算、负载均衡、并行计算、网络存储、热备份冗杂和虚拟化等计算机技术混合演进并跃升的结果。

1. 云计算部署模型

共有三种不同的云计算部署模型：公有云、私有云和混合云。

- 公有云由第三方云服务提供商运营，它们通过互联网提供计算、存储和网络资源，使企业能够根据其独特的要求和业务目标访问共享的按需资源。
- 私有云由单个组织构建、管理和拥有，并以非公开方式托管在自己的数据中心（通常称为"本地"）内。私有云可提供更强的数据控制、安全和管理功能，同时内部用户仍能够受益于共享的计算、存储和网络资源池。
- 混合云结合了公有云和私有云模型，使企业能够利用公有云服务，并仍可保持私有云架构中常见的安全和合规功能。

2. 云计算的优势

相对于其他的计算方式，云计算具有以下的优势。

- **性价比较高：** 云计算让用户无须购买硬件、软件，以及在设置运行现场数据中心（包括服务器机架、用于供电和冷却的全天不间断电力、管理基础结构的IT专家）方面进行资金投入。
- **速度快：** 大多数云计算服务作为按需自助服务提供，因此通常只需单击几下鼠标，即可在数分钟内调配海量计算资源，赋予企业非常大的灵活性，并消除了容量规划的压力。
- **动态扩展：** 即云计算服务弹性扩展能力。对于云而言，这意味着能够在需要的时候从适当的地理位置提供适量的IT资源，例如更多或更少的计算能力、存储空间、带宽。

知识点拨

用户能够对计算机处理、内存和存储资源进行动态设置和取消设置，以满足不断变化的需求，而无须考虑使用率峰值的容量规划及工程设计。

- **提高效率：** 现场数据中心通常需要大量的“机架和堆栈”、硬件设置、软件补丁和其他费时的IT管理事务。云计算避免了这些任务中的大部分，让IT团队可以把时间用来实现更重要的业务目标。
- **高可用性：** 最大的云计算服务在安全数据中心的全球网络上运行，该网络会定期升级到最新的、快速高效的计算机硬件。与单个企业数据中心相比，它能提供多项益处，包括降低应用程序的网络延迟和提高缩放的经济性。
- **高可靠性：** 云计算能够以较少的费用简化数据备份、灾难恢复和实现业务连续性，因为可以在云提供商网络中的多个冗余站点上对数据进行镜像处理。
- **高安全性：** 许多云提供商提供广泛的、用于提高整体安全情况的策略、技术和控件，这些有助于保护数据、应用和基础结构免受潜在威胁。
- **虚拟化技术：** 虚拟化突破了时间、空间的界限，是云计算最显著的特点，虚拟化技术包括应用虚拟和资源虚拟两种。

3. 云计算的用途

云计算提供可让组织受益的众多应用，以下是一些常见的使用场景。

- **基础架构扩缩：** 许多组织（包括零售业组织）对计算能力的需求波动较大，云计算可以轻松适应这些波动。
- **数据存储：** 云计算支持存储大量数据，从而提高数据的可访问性，简化数据分析并让备份操作更轻松，从而使原本不堪重负的数据中心缓解压力。
- **大数据分析：** 云计算提供近乎无限的资源，支持处理海量数据。
- **灾难恢复：** 企业使用云计算来安全地备份其数字资产，而不必构建更多的数据中心来确保发生灾难期间的连续性。
- **应用开发：** 云计算可让企业开发者快速访问用于应用开发和测试的工具和平台，从而缩短应用的开发时间。

9.1.2 云计算特征

云计算具有以下几种显著特征。

1. 以网络为中心

云计算的组件和整体架构由网络连接在一起并存储于网络中，同时通过网络向用户提供服务。

2. 以服务为提供方式

有别于传统的、一次性买断统一规格的有形产品，通过云计算，用户的个性化需求可得到多层次的服务。云计算服务的提供者可以从一片大云中切割，组合或塑造出各种形态特征的云，以满足不同用户的个性化需求。

3. 资源的池化与透明化

对云计算服务的提供者而言，各种底层资源（计算、存储、网络、逻辑资源等）的异构性被屏蔽，边界被打破，所有资源可以被统一管理、调度，成为所谓的“资源池”，从而为用户提供按需服务。对用户而言，这些资源是透明的、无限大的，用户无须了解资源池复杂的内部结构、实现方法和地理分布等，只需要关心自己的需求是否得到满足。

4. 高扩展与高可靠性

云计算要快速、灵活、高效、安全地满足海量用户的海量需求，必须有非常完善的底层技术架构，这个架构应该有足够大的容量，足够好的弹性，足够快的业务响应和故障冗余机制，足够完备的安全和用户管理措施，以及灵活的计费方式。

5. 支持异构基础资源

云计算可以构建在不同的基础平台之上，即可以有效兼容各种不同种类的硬件和软件基础资源。硬件基础资源主要包括网络环境中的三类设备，即计算、存储和网络；软件基础资源则包括单机操作系统、中间件、数据库等。

6. 支持资源动态扩展

支持资源动态扩展，实现基础资源的网络冗余，意味着添加、删除、修改云计算环境的任一资源节点，亦或任一资源节点的异常宕机，都不会导致云环境中的各类业务的中断，也不会导致用户数据的丢失。

7. 支持异构多业务体系

在云计算平台上，可以同时运行多个不同类型的业务。异构表示该业务不是同一的，不是已有的或事先定义好的，而是用户可以自己创建并定义的服务。这也是云计算与网格计算的一个重要差异。

8. 支持海量信息处理

在底层，云计算需要面对各类众多的基础软硬件资源；在上层，需要能够同时支持各类众多的异构的业务；而具体到某一业务，往往需要面对大量的用户。由此，云计算必然需要面对海量信息交互，需要有高效、稳定的海量数据通信、存储系统作支撑。

9. 按需分配

按需分配是云计算平台支持资源动态流转的外部特征表现。云计算平台通过虚拟分拆技术，可以实现计算资源的同构化和可度量化，可以提供小到一台计算机，多到千台计算机的计算能力。按量计费起源于效用计算，在云计算平台实现按需分配后，按量计费也成为云计算平台向外提供服务时的有效收费形式。

9.1.3 云计算服务模式及种类

云计算的服务模式大致可以分为以下4种。

1. 基础结构即服务（IaaS）

基础结构即服务是云计算服务的最基本类别。使用IaaS时，以即用即付的方式从服务提供商处租用IT基础结构，如服务器和虚拟机（VM）、存储空间、网络和操作系统。

通过将组织的基础结构迁移到IaaS解决方案，可帮助用户降低对本地数据中心的维护，节省硬件成本，同时获得实时业务见解。借助IaaS解决方案，用户可根据需要灵活地纵向扩展和缩减IT资源。还能帮助用户快速预配新的应用程序，并提高底层基础结构的可靠性。

购买和管理物理服务器与数据中心基础结构既费钱又复杂，而使用IaaS可避开这些。每项资源作为单独服务组件提供，只需根据需要为特定资源付费。云计算服务提供商负责管理基础结构，而用户只需购买、安装、配置和管理自己的软件，包括操作系统、中间件和应用程序。

2. 平台即服务（PaaS）

平台即服务是指云计算服务，它们可以按需提供开发、测试、交付和管理软件应用程序所需的环境。PaaS旨在让开发人员能够更轻松地快速创建Web或移动应用，而无须考虑对开发所必需的服务器、存储空间、网络和数据库基础结构进行设置或管理。

主要优势：减少编码时间，无须增员便可提高开发能力，更轻松地针对多种平台进行开发包括移动平台，使用经济实惠的先进工具，支持地理位置分散的开发团队，有效管理应用程序生命周期等。

3. 无服务器计算

使用PaaS进行重叠，无服务器计算侧重于构建应用功能，无须花费时间管理服务器和基础结构。云提供商可为用户处理设置、容量规划和服务器管理。无服务器体系结构具有高度可缩放和事件驱动的特点，且仅在出现特定函数或事件时才使用资源。

要理解无服务器计算的定义，认识到服务器仍在运行代码很重要。服务器名称来源于这样一个事实：与基础结构预配和管理相关联的任务对开发者不可见。这种方式让开发者能够更多地专注于业务逻辑，向业务核心交付更多价值。无服务器计算可帮助团队提高生产力，更快地将产品推向市场，并让用户可以更好地优化资源，专注于创新。

4. 软件即服务（SaaS）

软件即服务是通过Internet交付软件应用程序的方法，通常以订阅为基础按需提供。使用SaaS时，云提供商托管并管理软件应用程序和基础结构，并负责软件升级和安全修补等维护工作。用户（通常使用电话、平板电脑或计算机上的Web浏览器）通过Internet连接到应用程序。

SaaS的优点：可以使用先进的应用程序，只为自己使用的东西付费，免客户端软件使用，轻松增强员工的移动性，从任何位置访问应用数据等。

9.2 大数据技术

大数据（big data）指无法在一定时间范围内用常规软件工具进行捕捉、管理和处理的数据集合，是需要新处理模式才能具有更强的决策力、洞察发现力和流程优化能力的海量、高增长率和多样化的信息资产。现在大数据技术已经应用到了生活的各方面，在需要做重大决策时，总能看到大数据的身影。

9.2.1 大数据相关理论

大数据需要特殊的技术，以有效地处理大量的数据。适用于大数据的技术包括大规模并行处理（MPP）数据库、数据挖掘、分布式文件系统、分布式数据库、云计算平台、互联网和可扩展的存储系统。

1. 大数据的工作原理

大数据提供了可满足整个数据管理周期需求的新工具，因此具有技术上和经济上的可行性，不仅能够收集并存储更大的数据集，还能对其进行分析，以发掘有价值的新应用。在大多数情况下，大数据处理包含一种常见的数据流——从收集原始数据到使用可付诸行动的信息。

（1）收集

收集原始数据（事务、日志、移动设备等）是众多用户在应对大数据时所面临的第一个难题。优秀的大数据平台可使这一步事半功倍，使开发人员能够以任意速度（从实时处理到批处理）获取多种数据（从结构化数据到非结构化数据）。

（2）存储

任何大数据平台都需要一个安全、可控制且持久耐用的存储库，用于在处理任务之前（甚至之后）存储数据。根据具体需求，用户可能还需要临时存储来存储传输过程中的数据。

（3）处理和分析

在这一步中，数据将从其原始状态转换为可使用的格式，实现的方法通常是排序、聚合、合并，甚至是执行更高级的函数和算法。随后将存储转换后产生的数据集进行进一步处理，或者通过商业智能和数据可视化工具向用户提供这些数据集。

（4）使用和可视化

大数据解决方案的意义在于从用户的数据集中获取高价值、可付诸行动的方案。理想情况下，用户可通过自助式商业智能工具和灵活的数据可视化工具向相关人员提供数据，他们可利用这些工具轻松快速地浏览这些数据集。根据分析的类型，最终用户还可能以统计“预测”（预测分析）或建议行动（规范分析）的形式使用分析结果数据。

2. 数据来源类型

大数据获取来源影响其应用的效益与质量，依照获取的直接程度，一般可分为三种。

第一种：己方单位和消费者、用户、目标客群交互产生的数据，具有高质量、高价值的特性，但易局限于既有顾客数据，如企业搜集的顾客交易数据、追踪用户在App上的浏览行为等，数据拥有者可用来分析研究、营销推广等。

第二种：取自第一方的数据，通常与第一方具有合作、联盟或契约关系，因此可共享或采购第一方数据。如订房品牌与飞机品牌共享数据，当客人购买某一方的商品后，另一单位即可推荐其他相关的旅游产品；或是已知某单位具有己方想要的数据，通过议定采购直接从第一方获取数据。

第三种：提供数据的来源单位，并非产出该数据的原始者，该数据即为第三方数据。通常提供第三方数据的单位为数据供应商，其广泛搜集各类数据，并出售给数据需求者，其数据可来自第一方、第二方与其他第三方，如爬取网络公开数据、市调公司所发布的研究调查、经去识别化的交易信息等。

3. 大数据的使用

如今，很多主要行业使用不同类型的数据分析，围绕产品策略、运营、销售、营销和客户服务做出更明智的决策。通过大数据分析，处理大量数据的用户能从这些数据中获得有意义的信息。大数据分析有很多实际应用，下面仅列举一小部分。

- **产品开发**：大数据分析通过大量业务分析数据，挖掘客户的需求、指导功能开发和路线图策略，帮助用户确定他们的客户想要什么。
- **个性化定制**：流式处理平台和在线零售商分析用户参与情况，以推荐、定向广告、追加销售和忠诚度计划的形式创建更加个性化的体验。
- **供应链管理**：预测分析可定义和预测供应链的各方面，包括仓储、采购、交付和退货。
- **医疗保健**：大数据分析可用于从患者数据中收集关键信息，这有助于供应商发现新的诊断和治疗方法。

- **定价**：可分析销售和交易数据来创建更优的定价模型，帮助公司做出能实现收入最大化的定价决策。
- **预防诈骗**：金融机构使用数据挖掘和机器学习来检测和预测欺诈活动的模式，从而降低风险。
- **运营**：分析财务数据可帮助组织检测和降低隐藏的运营成本，进而节省资金和提高生产力。
- **赢得和留住客户**：在线零售商使用订单历史记录、搜索数据、在线评论和其他数据源来预测客户行为，通过使用预测结果来更好地留住客户。

9.2.2 大数据相关技术

大数据需要特殊的技术，主要包括大规模并行处理数据库、数据挖掘网络、分布式文件系统、分布式数据库、云计算平台、互联网和可扩展的存储系统。大数据技术分为整体技术和关键技术两方面。

1. 整体技术

整体技术主要有数据采集、数据存取、基础架构、数据处理、统计分析、数据挖掘、模型预测和结果呈现等。

2. 关键技术

大数据处理关键技术一般包括大数据采集技术、大数据预处理技术、大数据存储及管理技术、大数据分析及挖掘技术、大数据展现和应用技术（大数据检索、大数据可视化、大数据应用、大数据安全等）。

（1）大数据采集技术

数据采集是通过RFID射频技术、传感器以及移动互联网等方式获得的各种类型的结构化及非结构化的海量数据。大数据采集一般分为大数据智能感知层和基础支撑层。大数据智能感知层主要包括数据传感体系、网络通信体系、传感适配体系、智能识别体系及软硬件资源接入系统。实现对结构化、半结构化、非结构化的海量数据的智能化识别、定位、跟踪、接入、传输、信号转换、监控、初步处理和管理等。必须着重攻克针对大数据源的智能识别、感知、适配、传输、接入等技术。

基础支撑层提供大数据服务平台所需的虚拟服务器，结构化、半结构化及非结构化数据的数据库及物联网网络资源等基础支撑环境。重点攻克分布式虚拟存储技术，大数据获取、存储、组织、分析和决策操作的可视化接口技术，大数据的网络传输与压缩技术，大数据隐私保护技术，等等。

（2）大数据预处理技术

大数据预处理主要完成对已接收数据的抽取、清洗等操作。抽取：因获取的数据可能具有多种结构和类型，数据抽取过程可以将这些复杂的数据转化为单一的或者便于处理的结构和类型，以达到快速分析处理的目的。清洗：数据并不全是有价值的，有些数据并不是用户所关心的内容，而另一些数据则是完全错误的干扰项，因此要对数据通过过滤“去噪”，从而提取出有效数据。

（3）大数据存储及管理技术

大数据存储及管理要用存储器把采集到的数据存储起来，建立相应的数据库，并进行管理和调用。要解决大数据的可存储、可表示、可处理、使用可靠及有效传输等几个关键问题。

（4）大数据分析及挖掘技术

数据分析及挖掘技术是大数据的核心技术。主要是在现有的数据上进行基于各种预测和分析的计算，从而起到预测的效果，满足一些高级别数据分析的需求。数据挖掘是从大量的、不完全的、有噪声的、模糊的随机数据中，提取隐含在其中的、人们事先不知道的，但又潜在有用的信息和知识的过程。

（5）大数据展现和应用技术

大数据技术能够将隐藏于海量数据中的信息挖掘出来，从而提高各个领域的运行效率。

3. 大数据技术栈

根据大数据的需要，不同的数据处理阶段也需要不同的数据处理工具。

（1）基础软件

Java语言是当今全世界使用最广泛的语言之一，是程序员的必备技能，大数据生态组件是通过Java开发的。Python通常用在爬虫、数据分析、机器学习方面。

（2）数据采集

一般通过filebeat、logstash、Kafka、Flume做日志采集。一些应用系统的数据，也会通过Kafka或者binlog的方式同步到大数据组件做存储。

（3）数据存储

这里的数据存储引擎和传统的关系型数据库有很大的区别。常见的分布式存储文件系统有HDFs。此外，对于一些非结构化的数据会通过NoSQL的方式存储，常见的NoSQL存储组件有HBase、Redis。

（4）数据查询

常见的数据查询组件有Hive、Spark SQL、Presto、Kylin、Impala、Durid、ClickHouse、GreePlum，每个组件都有自己的查询特性和使用场景。

（5）数据计算

常见的计算方式有流计算和批处理，按实效性又分为离线计算和实时计算。对应的计算组件有Storm、Spark Stream、Flink。

（6）其他

分布式协调器：为了提高可靠性，大数据组件通常是分布式存储的，这样就涉及各个组件之间的协调同步，最常见的协调器是ZooKeeper。

资源管理器：为了提高计算能力，会对计算资源（CPU、内存、磁盘）做分配，常见的组件有yarn、mesos。

调度管理器：调度管理器管理任务何时执行、周期执行、是否重试等。常见的有airflow、dalphine schduler、oozie、azkaban。

9.3 虚拟现实技术

虚拟现实技术（Virtual Reality，VR）又称虚拟实境或灵境技术，是21世纪发展起来的一项全新的实用技术。虚拟现实技术包括计算机、电子信息、仿真技术，其基本实现方式是以计算机技术为主，利用并综合三维图形技术、多媒体技术、仿真技术、显示技术、伺服技术等多种高科技的最新发展成果，借助计算机等设备，产生一个逼真的三维虚拟世界，从而使处于虚拟世界中的人产生一种身临其境的感觉。随着社会生产力和科学技术的不断发展，各行各业对虚拟现实技术的需求日益旺盛。VR技术也取得了巨大进步，并逐步成为一个新的科学技术领域。

9.3.1 虚拟现实技术的分类

虚拟现实技术涉及学科众多，应用领域广泛，系统种类繁杂，这是由其研究对象、研究目标和应用需求决定的。从不同角度出发，可对虚拟现实系统做出不同分类。

1. 根据沉浸式体验角度分类

沉浸式体验分为非交互式体验、人—虚拟环境交互式体验和群体—虚拟环境交互式体验等几类。该角度强调用户与设备的交互体验，相比之下，非交互式体验中的用户更被动，所体验的内容均为提前规划好的，即便允许用户在一定程度上引导场景数据的调度，但是仍没有实质性的交互行为，如场景漫游等，用户几乎全程无事可做；而在人—虚拟环境交互式体验系统中，用户则可使用诸如数据手套、数字手术刀等设备与虚拟环境进行交互，如驾驶战斗机模拟器等，此时的用户可感知虚拟环境的变化，进而产生在相应的现实世界中可能产生的各种感受。

知识点拨

如果将该套系统网络化、多机化，使多个用户共享一套虚拟环境，便得到群体—虚拟环境交互式体验系统，如大型网络交互游戏等，此时的虚拟现实系统与真实世界无甚差异。

2. 根据系统功能角度分类

系统功能分为规划设计、展示娱乐、训练演练等几类。规划设计系统可用于新设施的实验验证，可大幅缩短研发周期，降低设计成本，提高设计效率，城市排水、社区规划等领域均可使用，如虚拟现实模拟给排水系统，可大幅减少原本需用于实验验证的经费；展示娱乐类系统适用于给用户提供逼真的观赏体验，如数字博物馆、大型3D交互式游戏、影视制作等，虚拟现实技术早在20世纪70年代便被Disney公司用来拍摄特效电影；训练演练类系统则可应用于各种危险环境，以及一些难以获得操作对象或实操成本极高的领域，如外科手术训练、空间站维修训练等。

9.3.2 虚拟现实技术的特征

虚拟现实技术是一项革命性的技术，它可以让人们进入一个完全虚拟的世界，仿佛身临其境。虚拟现实技术可以让用户体验到虚拟现实世界中的声音、视觉和触觉，这使得它成为一种非常有趣的体验。虚拟现实技术有如下特征。

1. 沉浸性

沉浸性是虚拟现实技术最主要的特征，是让用户成为并感受到自己是计算机系统所创造的环境中的一部分。虚拟现实技术的沉浸性取决于用户的感知系统，当使用者感知到虚拟世界的刺激时，如触觉、味觉、嗅觉、运动感知等，便会产生思维共鸣，形成心理沉浸，感觉如同进入真实世界。

2. 交互性

交互性是指用户对模拟环境内物体的可操作程度和从环境得到反馈的自然程度，使用者进入虚拟空间，相应的技术让使用者跟环境产生相互作用，当使用者进行某种操作时，周围的环境也会做出某种反应。如使用者接触到虚拟空间中的物体，那么使用者手上应该能够感受到，若使用者对物体有所动作，物体的位置和状态也应改变。

3. 多感知性

多感知性表示计算机技术应该拥有很多感知方式，例如听觉、触觉、嗅觉等。理想的虚拟现实技术应该具有一切人所具有的感知功能。由于相关技术，特别是传感技术的限制，目前大多数虚拟现实技术所具有的感知功能仅限于视觉、听觉、触觉、运动等几种。

4. 构想性

构想性也称想象性，使用者在虚拟空间中，可以与周围物体进行互动，可以拓宽认知范围，创造客观世界不存在的场景或不可能产生的环境。构想可以理解为使用者进入虚拟空间，根据自己的感觉与认知能力吸收知识，拓宽思维，创立新的概念和环境。

5. 自主性

自主性指虚拟环境中物体依据物理定律动作的程度。如当受到力的推动时，物体会向力的方向移动、翻倒，或从桌面落到地面等。

9.3.3 虚拟现实的关键技术

虚拟现实中的关键技术如下。

1. 动态环境建模技术

虚拟环境的建立是虚拟现实系统的核心内容，目的是获取实际环境的三维数据，并根据应用的需要建立相应的虚拟环境模型。

2. 实时三维图形生成技术

三维图形的生成技术已经较为成熟，那么关键就是“实时”生成。为保证实时，至少保证图形的刷新频率不低于15帧/秒，最好高于30帧/秒。

3. 立体显示和传感器技术

虚拟现实的交互能力依赖于立体显示和传感器技术的发展，现有设备不能满足需要，力学和触觉传感装置的研究也有待进一步深入，虚拟现实设备的跟踪精度和跟踪范围也有待提高。

4. 应用系统开发工具

虚拟现实应用的关键是寻找合适的场合和对象，选择适当的应用对象可以大幅提高生产效率，减轻劳动强度，提高产品质量。想要达到这一目的，需要研究虚拟现实的开发工具。

5. 系统集成技术

由于虚拟现实系统中包括大量的感知信息和模型，因此系统集成技术起着至关重要的作用，集成技术包括信息的同步技术、模型的标定技术、数据转换技术、数据管理模型、识别与合成技术等。

9.3.4 虚拟现实技术的应用

虚拟现实技术是一种可以创造出沉浸式体验的技术，它可以让用户体验到一种真实的环境，可以用于游戏、教育、医疗等多种领域，为用户带来一种全新的体验。

1. 在影视娱乐中的应用

近年来，由于虚拟现实技术在影视业的广泛应用，以虚拟现实技术为主而建立的第一现场9D虚拟现实体验馆得以实现。此体验馆可以让观影者体会到置身于真实场景之中的感觉，让体验者沉浸在影片所创造的虚拟环境之中。同时，随着虚拟现实技术的不断创新，此技术在游戏领域也得到了快速发展。

2. 在教育中的应用

传统的教育只是一味地给学生灌输知识，而现在利用虚拟现实技术可以帮助学生打造生动、逼真的学习环境，使学生通过真实感受来增强记忆，相比于被动性灌输，利用虚拟现实技术进行自主学习更容易让学生接受，更容易激发学生的学习兴趣。

3. 在设计领域的应用

人们可以利用虚拟现实技术把室内结构、房屋外形通过虚拟技术表现出来，使其变成可以看得见的物体和环境。同时，在设计初期，设计师可以将自己的想法通过虚拟现实技术模拟出来，可以在虚拟环境中预先看到室内的实际效果，这样既节省了时间，又降低了成本。

4. 在医学方面的应用

医学专家们利用计算机在虚拟空间中模拟出人体组织和器官，让学生在其中进行模拟操作，并且能让学生感受到手术刀切入人体肌肉组织、触碰到骨头的感觉，使学生能够更快地掌握手术要领。主刀医生们在手术前，也可以建立一个病人身体的虚拟模型，在虚拟空间中先进行一次手术预演，这样能够大大提高手术的成功率。

5. 在军事方面的应用

利用虚拟现实技术，能将原本平面的地图变成一幅三维立体的地形图，再通过全息技术将其投影出来，这更有助于进行军事演习等训练，另外可以利用虚拟现实技术模拟无人机的飞行、射击等工作模式。

6. 在航空航天方面的应用

人们利用虚拟现实技术和计算机的统计模拟，在虚拟空间中重现现实中的航天飞机与飞行环境，使飞行员在虚拟空间中进行飞行训练和实验操作，极大地降低实验经费和实验的危险系数。

7. 在工业方面的应用

虚拟现实技术已大量应用于工业领域，虚拟现实技术既是一个最新的技术开发方法，更是一个复杂的仿真工具，可以模拟驾驶、操作和设计等实时活动，也可以用于类似汽车设计、实验、培训等方面的工作。

9.4 物联网

物联网（Internet of Things，IoT）技术可以让物体与物体之间的信息传输更加便捷、高效，可以使物体与网络连接，从而使它们可以互相交流，交换数据和信息，实现自动化控制和管理。

9.4.1 物联网的概念

物联网是指通过信息传感器、射频识别技术、全球定位系统、红外感应器、激光扫描器等各种装置与技术，实时采集需要监控、连接、互动的物体或过程，采集其声、光、热、电、力学、化学、生物、位置等各种需要的信息，通过各类可能的网络接入，实现物与物、物与人的泛在连接，以及对物品和过程的智能化感知、识别和管理。物联网是一个基于互联网、传统电信网等的信息承载体，通过能够被独立寻址的普通物理对象形成互联互通的网络。

9.4.2 物联网的原理与应用

物联网是一种新兴的技术，利用传感器和其他技术将物理世界与虚拟世界连接起来。它可以收集来自物理世界的数据，并将其传输到虚拟世界中的计算机系统，以便进行分析和处理。物联网的原理是通过物理传感器将现实世界的信息传输到计算机系统，然后通过软件应用程序处理这些信息，最终将处理后的信息传输回现实世界，从而实现物联网的功能。

1. 物联网参考体系

物联网的参考体系结构可分为三层，即感知层、网络层和应用层。

（1）感知层

感知层是物联网的皮肤和五官，主要完成信息的收集与简单处理。感知层包括二维码标签和识读器、RFID 标签和读写器、摄像头、GNSS（全球导航卫星系统）、传感器、终端和传感器网络等，主要用于识别物体和采集信息，与人体结构中的皮肤和五官的作用类似。

（2）网络层

网络层是物联网的神经中枢和大脑，主要完成信息的远距离传输等功能。网络层包括通信网与互联网的融合网络、网络管理中心、信息中心和智能处理中心等。网络层将感知层获取的信息进行传递和处理，其作用类似于人体结构中的神经中枢和大脑。

（3）应用层

应用层主要完成服务发现和服务呈现的工作，其作用是将物联网的“社会分工”与行业需求相结合，实现广泛的智能化。应用层通过物联网与行业专业技术深度融合，与行业需求相结合，实现行业智能化，其作用类似于人类的社会分工。

知识点拨

在感知层与网络层之间通常还应该包括接入层。接入层主要完成各类设备的网络接入，该层重点强调各类接入方式，例如2G、3G、4G、Mesh 网络、WiFi、有线或者卫星等方式。

2. 物联网的应用

物联网的应用领域涉及方方面面，在工业、农业、环境、交通、物流、安保等基础设施领域的应用，有效地推动了这些领域的智能化发展，下面介绍一些物联网的具体应用。

（1）智慧物流

智慧物流是新技术应用于物流行业的统称，指的是以物联网、大数据、人工智能等信息技术为支撑，在物流的运输、仓储、包装、装卸、配送等各个环节实现系统感知、全面分析及处理等功能。智慧物流的实现能大大降低各行业运输的成本，提高运输效率，提升整个物流行业的智能化和自动化水平。

（2）智慧交通

交通被认为是物联网所有应用场景中最有前景的应用之一。而智慧交通是物联网的体现形式，利用先进的信息技术、数据传输技术以及计算机处理技术等，集成到交通运输管理体系中，使人、车和路能够紧密配合，改善交通运输环境，保障交通安全以及提高资源利用率。

知识点拨

智慧交通应用较多的场景包括智能公交车、共享单车、汽车联网、智慧停车以及智能红绿灯等。

（3）智能安防

安防是物联网的另一大应用市场，传统安防对人员的依赖性比较大，非常耗费人力，而智能安防能够通过设备实现智能判断。通过物联网实现监控、设备联动以及报警等。

（4）智慧能源

物联网在能源领域，可用于水表、电表、燃气表等表计系统以及路灯的远程控制。

（5）智能医疗

智能医疗的两大主要应用场景：医疗可穿戴和数字化医院。医疗可穿戴通过传感器采集人体及周边环境的参数，经传输网络传到云端，数据处理后反馈给用户。数字化医院将传统的医疗设备进行数字化改造，实现数字化设备远程管理、远程监控以及电子病历查阅等功能。

（6）智能家居

智能家居的发展分为三个阶段：单品连接、物物联动以及平台集成，当前处于单品向物物联动过渡阶段。物联网应用于智能家居领域，能够对家居类产品的位置、状态、变化进行监测，分析其变化特征，同时根据用户的需要，在一定的程度上进行反馈。

（7）智慧农业

智慧农业指的是利用物联网、人工智能、大数据等现代信息技术，与农业进行深度融合，实现农业生产全过程的信息感知、精准管理和智能控制的一种全新的农业生产方式，可实现农业的可视化诊断、远程控制以及灾害预警等功能。

（8）其他

其他常见应用还包括智慧建筑：主要体现在用电照明、消防监测以及楼宇控制等；智能制造：物联网技术赋能制造业，实现工厂的数字化和智能化改造；智能零售：智能零售依托于物联网技术，主要有两大应用场景，即自动售货机和无人便利店。

知识点拨

无人便利店采用RFID技术，用户仅需扫码开门，便可进行商品选购，关门之后系统会自动识别所选商品，并自动完成扣款结算。

知识拓展：数据库技术

数据是数据库中存储的基本对象，描述事物的符号记录。数据库是长期存储在计算机内、有组织的、可共享的大量数据的集合，它具有统一的结构形式，并存放于统一的存储介质内，是多种应用数据的集成，可被各个应用程序所共享，所以数据库技术的根本目标是解决数据共享问题。

数据库管理系统（Database Management System，DBMS）是一种系统软件，负责数据库中的数据组织、数据操作、数据维护、数据控制、数据保护和数据服务等。数据库管理系统是数据系统的核心。

数据库管理功能包括如下几方面。

- **数据模式定义：**数据库管理系统负责为数据库构建模式，即为数据库构建其数据框架。
- **数据存取的物理构建：**数据库管理系统负责为数据模式的物理存取与构建提供有效的存取方法与手段。
- **数据操纵：**数据库管理系统为用户使用数据库中的数据提供方便，一般提供如查询、插入、修改以及删除数据的功能。
- **数据的完整性、安全性定义与检查：**数据库中的数据具有内在语义上的关联性与一致性，它们构成了数据的完整性。数据的完整性是保证数据库中数据正确的必要条件，因此必须经常检查以维护数据正确。

- **数据库的并发控制与故障恢复：** 在并发操作中如果不加控制和管理，多个应用程序间就会相互干扰，从而对数据库中的数据造成破坏。如果发生了破坏，数据库管理系统必须有能力及时进行恢复。
- **数据的服务：** 数据库管理系统提供对数据库中数据的多种服务功能，如数据复制、转存、重组、性能监测、分析等。

数据库应用系统由数据库系统、应用软件及应用界面组成。

1. 数据库系统的发展

数据库系统的发展至今已经历了三个阶段：人工管理阶段、文件系统阶段和数据库系统阶段。三个阶段的特点及区别如表9-1所示。

表 9-1

	人工管理阶段	文件系统阶段	数据库系统阶段	说明
背景	应用背景	科学计算	科学计算、管理	大规模管理
	硬件背景	无直接存取存储设备	磁盘、磁鼓	大容量磁盘
	软件背景	没有操作系统	有文件系统	有数据库管理系统
	处理方式	批处理	联机实时处理、批处理	联机实时处理、分布处理
特点	数据的管理者	用户（程序员）	文件系统	数据库管理系统
	数据面向的对象	某一应用程序	某一应用	现实世界
	数据的共享程度	无共享，冗余度极高	共享性差，冗余度高	共享性高，冗余度小
	数据的独立性	不独立，完全依赖于程序	独立性差	具有高度的物理独立性和一定的逻辑独立性
	数据的结构化	无结构	记录内有结构，整体无结构	整体结构化，用数据模型描述
	数据的控制能力	应用程序自己控制	应用程序自己控制	由数据库管理系统提供数据安全性、完整性、并发控制和恢复能力

2. 数据库的基本特点和内部结构

（1）数据库的特点

- 数据的高集成性。
- 数据的高共享性与低冗余性。

注意事项 数据库系统可以减少数据冗余，但无法避免一切冗余。

- **数据独立性：** 数据独立性是数据与程序间的互不依赖性，即数据库中数据独立于应用程序，数据的逻辑结构、存储结构与存取方式的改变不会影响应用程序。
- 数据的统一管理与控制。

数据统一管理与控制主要包含以下三方面。

- 数据的完整性检查：检查数据库中数据的正确性，以保证数据的正确。
- 数据的安全性保护：检查数据库访问者，以防止非法访问。
- 并发控制：控制多个应用的并发访问所产生的相互干扰，以保证其正确性。

（2）数据库的内部结构

数据库系统在其内部具有三级模式及两级映射，共同构成数据库的抽象结构体系。

数据模式是数据库中数据结构的一种表示形式，具有不同的层次与结构方法。三级模式如下。

- **概念模式：** 数据库系统中全局数据逻辑结构的描述，是全体用户（应用）的公共数据视图。
- **外模式：** 也称子模式或用户模式，是用户的数据视图，也就是用户所见到的数据模式，由概念模式推导而出。
- **内模式：** 又称物理模式，给出了数据库物理存储结构与物理存取方法。内模式的物理性主要体现在操作系统及文件级上，还未深入到设备级上（如磁盘及磁盘操作）。内模式对一般用户是透明的，但它的设计直接影响数据库的性能。

两级映射包括内模式和外模式两种。

（1）内模式

内模式实现概念模式到内模式之间的相互转换。当数据库的存储结构发生变化时，通过修改相应的概念模式/内模式的映射，使得数据库的逻辑模式不变，其外模式不变，应用程序不用修改，从而保证数据具有很高的物理独立性。

（2）外模式

外模式实现外模式到概念模式之间的相互转换。当逻辑模式发生变化时，通过修改相应的外模式/逻辑模式映射，使用户所使用的那部分外模式不变，从而应用程序不必修改，保证数据具有较高的逻辑独立性。

3. 数据模型

数据库中的数据模型可以将复杂的现实世界要求反映到计算机数据库中的物理世界，它分为两个阶段：由现实世界开始，经历信息世界至计算机世界，从而完成整个转化。

（1）数据模型内容

数据模型是数据特征的抽象，在抽象层次上描述系统的静态特征、动态行为和约束条件，为数据库系统的信息表示与操作提供一个抽象的框架。数据模型描述的内容有三部分：数据结构、数据操作与数据的约束条件。

- **数据结构：**数据结构是研究的对象类型的集合，包括与数据类型、内容、性质有关的对象，以及与数据之间的联系有关的对象，数据结构描述系统的静态特性。
- **数据操作：**数据操作是对数据库中各种对象（型）的实例（值）允许执行的操作的集合，包括操作的含义、符号、操作规则及实现操作的语句等。数据操作描述系统的动态特性。
- **数据的约束条件：**数据的约束条件是一组完整性规则的集合。完整性规则是给定的数据模型中数据及其联系所具有的制约和依存规则，用以限定符号数据模型的数据库状态及状态的变化，以保证数据的正确、有效和相容。

（2）数据模型类型

数据模型按照不同的应用层次，分为以下三种类型。

- **概念数据模型：**简称概念模型，是对客观世界复杂事物的结构描述及事物之间的内在联系的刻画。概念模型主要有E-R模型（实体联系模型）、扩充的E-R模型、面向对象模型及谓词模型等。
- **逻辑数据模型：**又称数据模型，是一种面向数据库系统的模型，该模型着重于在数据库系统一级的实现。逻辑数据模型主要有层次模型、网状模型、关系模型、面向对象模型等。
- **物理数据模型：**又称物理模型，是一种面向计算机物理表示的模型，此模型给出了数据模型在计算机上的物理结构的表示。

（3）E-R模型

实体-联系模型（Entity-Relationship model）简称E-R模型，它提供不受任何DBMS约束的面向用户的表达方法，在数据库设计中被广泛用作数据建模的工具。E-R模型的构成成分是实体集、属性和联系集。

- **实体：**现实世界中的事物可以抽象成实体，实体是概念世界中的基本单位，是客观存在且又能相互区别的事物。
- **属性：**现实世界中事物均有一些特性，这些特性可以用属性表示。
- **联系：**在现实世界中事物间的关联称为联系。两个实体集间的联系实际上是实体集间的函数关系，这种函数关系可以是一对一的联系、一对多或多对一的联系、多对多的联系。

（4）E-R模型图示法

E-R模型使用一种非常直观的、图的形式表示，这种图称为E-R图，在图中分别以不同的图形代表不同的含义。

- **实体集**：用矩形表示，在矩形内写上该实体集的名字。
- **属性**：用椭圆表示，在椭圆内写上该属性的名称。
- **联系**：用菱形表示，在菱形内写上联系的名字。
- **实体集与属性间的联接关系**：用无向线段表示。
- **实体集与联系间的联接关系**：用无向线段表示。

常见的E－R图如图9-1所示。

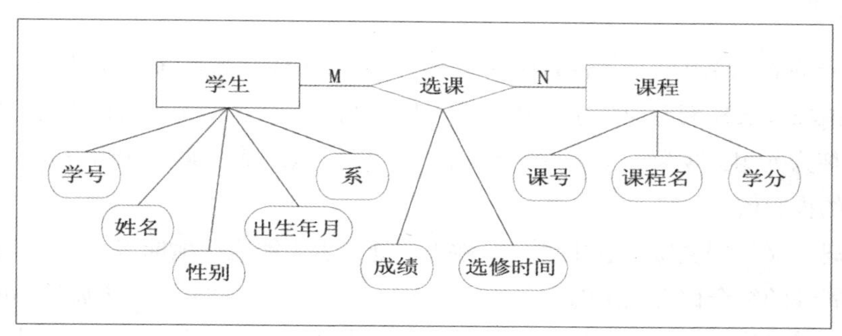

图 9-1

（5）常见的数据模型

数据库管理系统常见的数据模型有层次模型、网状模型和关系模型三种。

- **层次模型**：层次模型的基本结构是树形结构，每棵树有且仅有一个无双亲节点，称为根；树中除根以外，所有节点有且仅有一个双亲，如图9-2所示。
- **网状模型**：网状模型是层次模型的一个特例，从图论的角度看，网状模型是一个不加任何条件限制的无向图，如图9-3所示。

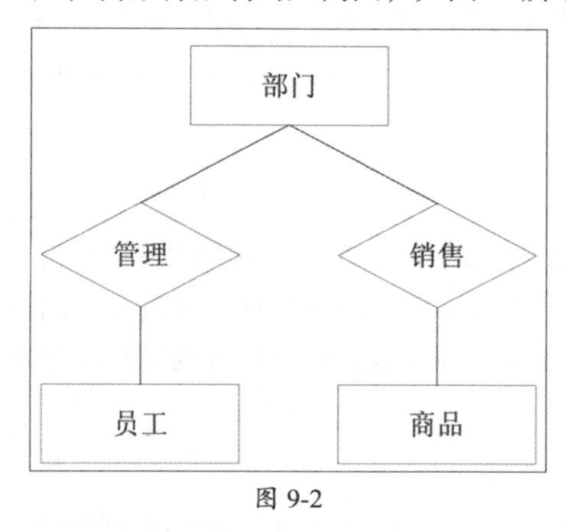

图 9-2

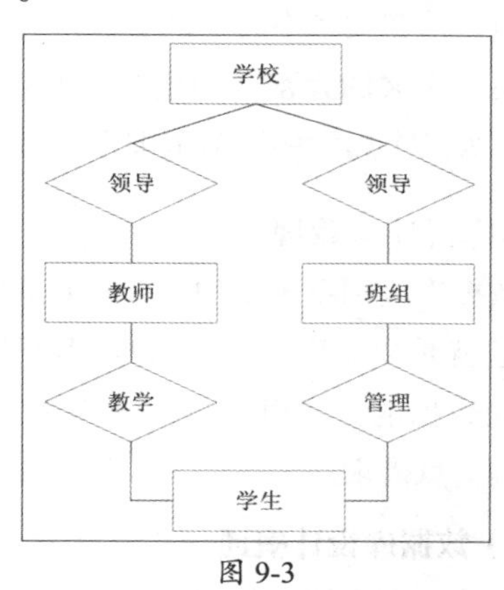

图 9-3

- **关系模型**：关系模型用二维表表示，简称表，由表框架及表的元组组成。一个二维表就是一个关系，如表9-2所示。

表 9-2

学号	姓名	性别	班级	籍贯
2023001	马鹏	男	播音01班	北京
2023002	徐晓磊	男	表演03班	安徽合肥
2023003	周毅	男	管理02班	湖南长沙
2023004	田文文	女	新闻04班	江苏南京

二维表的表框架由n个命名的属性组成，n称为属性元数。每个属性有一个取值范围，称为值域。表框架对应关系模式，即类型的概念。在表框架中可以按行存放数据，每行数据称为元组。实际上，一个元组由n个元组分量组成，每个元组分量是表框架中每个属性的投影值。

- **主码：**又称为关键字、主键，简称码、键，表中能唯一地标识一个元组的一个属性或几个属性的组合称为关系的主码或关键字，例如学生的学号。主码属性不能取空值。
- **外部关键字：**又称为外键。在一个关系中含有与另一个关系的关键字相对应的属性组，称为该关系的外部关键字。外部关键字取空值或为外部表中对应的关键字值。

（6）关系模型中的数据约束

关系模型中允许定义三类数据约束。

- **实体完整性约束：**要求关系的主键中属性值不能为空值，因为主键是唯一决定元组的，如为空值则其唯一性就成为不可能。
- **参照完整性约束：**关系之间相互关联的基本约束，不允许关系引用不存在的元组，即在关系中的外键要么是所关联关系中实际存在的元组，要么为空值。
- **用户定义的完整性约束：**反映某一具体应用所涉及的数据必须满足的语义要求，例如某个属性的取值范围在0～100。

4. 数据库设计与管理

在数据库应用系统中的一个核心问题就是设计一个能满足用户要求、性能良好的数据库，这就是数据库设计。数据库设计有两种方法，面向数据的方法和面向过程的方法：面向数据的方法以信息需求为主，兼顾处理需求；面向过程的方法以处理需求为主，兼顾信息需求。

（1）数据库设计概述

由于数据在系统中稳定性高，因此数据已成为系统的核心，面向数据的设计方法已成为主流。数据库设计目前一般采用生命周期法，即将整个数据库应用系统的开发分解成目标独立的若干阶段，分别是需求分析阶段、概念设计阶段、逻辑设计阶段、物理设计阶段、编码阶段、测试阶段、运行阶段和进一步修改阶段。

数据库设计阶段包括需求分析、概念分析、逻辑设计、物理设计。数据库设计的每个阶段各自的任务如下。

- **需求分析阶段：** 是数据库设计的第一个阶段，任务主要是收集和分析数据，这一阶段收集到的基础数据和数据流图是下一步设计概念结构的基础。
- **概念设计阶段：** 分析数据间内在的语义关联，在此基础上建立一个数据的抽象模型，即形成E-R图。
- **逻辑设计阶段：** 将E-R图转换成指定RDBMS中的关系模式。
- **物理设计阶段：** 对数据库内部物理结构做调整，并选择合理的存取路径，以提高数据库的访问速度，以及有效利用存储空间。

（2）概念设计概述

数据库概念设计的目的是分析数据间内在的语义关联，在此基础上建立一个数据的抽象模型。数据库概念设计的方法有以下两种。

- **集中式模式设计法：** 根据需求，由一个统一的机构或人员设计一个综合的全局模式，适合于小型或不复杂的单位或部门。
- **视图集成设计法：** 将系统分解成若干部分，对每部分进行局部模式设计，建立各部分的视图，再以各视图为基础进行集成。比较适合大型与复杂的单位，是现在使用较多的方法。

概念设计的过程包括选择局部应用、视图设计以及视图集成。

选择局部应用需要根据系统情况，在多层的数据流图中选择一个适当层次的数据流图，将这组图中的每一部分对应一个局部应用，以该层数据流图为出发点，设计各自的E-R图。

视图设计三种次序如下。

- **自顶向下：** 从抽象级别高且普遍性强的对象开始，逐步细化、具体化和特殊化。
- **由底向上：** 从具体的对象开始，逐步抽象、普遍化和一般化，最后形成一个完整的视图设计。
- **由内向外：** 从最基本与最明显的对象开始，逐步扩充至非基本、不明显的对象。

视图集成是将所有局部视图统一并合并成一个完整的数据模式。视图集成的重点是解决局部设计中的冲突，常见的冲突主要有如下几种。

- **命名冲突：** 同名异义或同义异名。
- **概念冲突：** 同一概念在一处为实体，而在另一处为属性或联系。
- **域冲突：** 相同的属性在不同视图中有不同的域。
- **约束冲突：** 不同的视图可能有不同的约束。

注意事项 视图经过合并生成E-R图时，其中可能还存在冗余的数据和冗余的实体间联系。

（3）数据库的逻辑设计

数据库的逻辑设计的基本方法是将E-R图转换成指定RDBMS中的关系模式，此外还包括关系的规范化以及性能调整，最后是约束条件设置，包括命名与属性域的处理、非原子属性处理以及联系的转换。

（4）数据库的物理设计

数据库的物理设计的主要目标是对数据库内部的物理结构做调整，并选择合理的存取路径，以提高数据库访问速度，以及有效利用存储空间。在现代关系数据库中已大量屏蔽了内部物理结构，因此留给用户参与物理设计的余地并不多，一般的RDBMS中留给用户参与物理设计的内容大致包括索引设计、集簇设计和分区设计。

（5）数据库管理

数据库是一种共享资源，对数据库进行维护与管理，称为数据库管理，而实施此项管理的人则称为数据库管理员（DBA）。数据库管理一般包括数据库的建立、数据库的调整、数据库的重组、数据库安全性控制与完整性控制、数据库的故障修复、数据库监控。

数据库的建立包括两部分内容：数据库模式的建立及数据加载。

- **数据库模式的建立：** 该工作由DBA负责完成。DBA利用RDBMS提供的工具或DDL语言，首先定义数据库名、申请空间资源、定义磁盘空间等，然后定义关系及相应属性、主键及完整性约束，再定义索引、聚簇、用户访问权限和视图等。
- **数据加载：** 在数据库模式定义后即可加载数据，除了利用DDL语言加载数据以外，DBA也可编写一些数据加载程序来完成数据加载任务。

在数据库建立并经过一段时间运行后，往往会产生一些不适应的情况，此时需要对其做相应的修改与调整。数据库的修改与调整一般由DBA完成，调整包括以下内容。

- 修改或调整关系模式与视图，使其能够适应用户的需要。
- 修改或调整索引与集簇，使数据库性能与效率最佳。
- 修改磁盘分区、调整数据库缓冲区大小以及调整并发度，使数据库性能更好。

数据库中的数据一旦遭受破坏后必须及时进行恢复，RDBMS一般都提供此种功能，并由DBA负责执行故障恢复功能。DBA需随时观察数据库的动态变化，并在发生错误、故障或产生不适应情况时随时采取措施，如数据库死锁、对数据库的误操作等，同时还需监视数据库的性能变化，必要时需对数据库做调整。